高等院校计算机教材系列

DATABASE PRINCIPLES AND APPLICATIONS 3RD EDITION

数据库原理与应用
第3版

U0218601

何玉洁 编著

机械工业出版社
China Machine Press

图书在版编目（CIP）数据

数据库原理与应用 / 何玉洁编著 . —3 版 . —北京：机械工业出版社，2017.5（2022.6 重印）
（高等院校计算机教材系列）

ISBN 978-7-111-56827-8

I. 数… II. 何… III. 数据库系统 – 高等学校 – 教材 IV. TP311.13

中国版本图书馆 CIP 数据核字（2017）第 103094 号

　　本书主要介绍以下内容：数据库理论，包括数据模型、关系代数、关系数据库规范化理论、数据库设计、事务与并发控制；数据库相关的一些内容，包括创建数据库、创建数据库对象、数据查询、数据修改等；数据库的维护性工作，包括安全管理、备份和恢复数据库；处理非结构化数据的新型数据库 NoSQL 的一些基本概念。

　　本书采用的实践平台为 SQL Server 2012，该软件具有界面友好、使用方便、功能全面的特点，非常适合学生作为数据库实践平台使用。

　　本书内容全面、实例丰富，并为教师配备了电子教案，方便教师开展教学工作。本书可作为高等院校计算机专业以及信息管理等相关专业本科生的数据库教材，也可作为相关人员学习数据库知识的参考书。

出版发行：机械工业出版社（北京市西城区百万庄大街 22 号　邮政编码：100037）
责任编辑：佘　洁　　　　　　　　　　　　责任校对：殷　虹
印　　刷：河北鹏盛贤印刷有限公司
版　　次：2022 年 6 月第 3 版第 8 次印刷
开　　本：185mm×260mm　1/16　　　　　印　　张：19.25
书　　号：ISBN 978-7-111-56827-8　　　　定　　价：39.00 元

前　　言

数据库技术起源于 20 世纪 60 年代末，经过几十余年的迅速发展，已经形成一套较完整的理论体系，产生了一大批商用软件产品。随着数据库技术的推广使用，计算机应用已深入到国民经济和社会生活的各个领域，这些应用一般都以数据库技术及其应用为基础和核心。因此，数据库技术与操作系统一起构成信息处理的平台已成为业界的共识。在计算机应用中，数据存储和数据处理是计算机最基本的功能，数据库技术为人们提供了科学和高效地管理数据的方法。从某种意义上讲，数据库技术的教学成为计算机专业教学的重中之重，数据库课程也成为很多高校计算机专业的重点核心课程。目前市场上数据库类的教科书非常之多，每本书各有其特色，本书博采众家之所长，在完整包括数据库基础理论知识的同时，加入了将数据库知识与具体数据库管理系统结合的内容，以方便学生在实践中更好地掌握所学知识。

本书具有如下特色。

- 内容安排求全、求新。本教材从数据库基础理论、数据库设计、数据库发展、数据库实践几个方面全面阐述了数据库技术的应用体系。在选择实践平台时，充分考虑软件的流行性和易获得性，后台数据库管理系统选用的是 SQL Server 2012，它是目前应用范围广泛且功能完善、操作界面友好的数据库管理系统。

- 理论阐述求精、求易。数据库基础理论较为抽象，但又是实践的基础，没有扎实的基本功是无法灵活运用并付诸实践的。因而基础理论的教学历来是重点和难点。在理论阐释方面，本书力求深入浅出，突出概念和技术的直观意义，并用大量图表和示例帮助理解，启发思维，使读者不仅能深刻理解相关理论的来源、思路、适用范围和条件，并能灵活运用，举一反三。

- 理论实践丝丝相扣。知之明也，因知进行，理论和技术的学习是为了更好地指导实践。本书的每部分内容根据相关理论和应用需求进行了精当的选取，不以全面泛泛取胜，但求精而实用。本书不但以图例的形式细致地描述了实践步骤，还给出执行结果，使学生能够以行验知，以行证知，最后达到知行并进，相资为用，为进一步的学习和实践打下良好的基础。同时，各章后都有大量的习题，供读者验证自己对知识的掌握程度。在实践部分除概念题之外，还附有上机练习题，以方便读者上机实践。

相对于第 2 版，第 3 版主要修订的内容如下。

1）删去了第 2 版中客户端编程（ASP.NET）部分的全部内容。主要是基于这样的考虑：一方面，学时的减少，使得有些内容不得不放弃；另一方面，客户端访问数据库的技术不断发展，一般高校都开设有专门介绍客户端应用编程的课程，学生在这些课程中学习数据库应用编程的新知识更加合适。

2）将实践平台从 SQL Server 2005 升级到 SQL Server 2012。

3）将数据类型全部更新为 SQL Server 2012 所支持的。

4）将第 2 版的第 10 章 "SQL Server 基础"移至第 4 章，以更利于讲解和实践。

5）将"主码"改为"主键"，"外码"改为"外键"，"候选码"改为"候选键"，更符合当下普遍使用的术语。

6）将第 2 版的第 11 章"创建数据库"内容移至第 4 章，使得知识内容更加合理（先建库，再建表）。

7）交换了"数据库设计"与"事务与并发控制"两章顺序，更利于对数据库设计中事务设计的理解。

8）在"数据操作语句"部分增加了两项内容：将查询结果保存到新表中；查询结果的并、交、差运算。

9）增加了对 NoSQL 数据库的介绍。

作者在修订本书过程中得到了机械工业出版社华章分社姚蕾等人的大力支持和鼓励，是他们认真的工作态度以及一直以来的热情帮助，鼓励着我坚持完成此教材的修订工作。在此，对机械工业出版社的全体人员表示诚挚的感谢。同时非常感谢我们数据库课程组的全体同仁：殷旭、谷葆春、李宝安、岳清、张良、刘京志、张鸿斌、梁琦、韩麦燕老师。最后感谢我的学生们，是他们对知识的渴求，对教师的尊重让我感受到了自己的责任和价值。师者之尊，缘自"用心"。

真诚地希望读者和同行们对本书提出宝贵的意见。我深知教学探索的道路没有止境，教师是我的职业，但是在人生的道路上我永远是一名学生。

何玉洁

2017 年 3 月

教 学 建 议

教学章节	教学要求	课时
第 1 章 数据库概述	理解数据库管理与文件管理的区别 理解数据独立性的概念 掌握数据库管理系统的组成	2
第 2 章 数据模型与数据库系统结构	理解数据模型的概念 掌握概念层数据模型 理解关系数据模型及其特点 掌握数据库三级模式结构及两个数据独立性	2
第 3 章 关系数据库	掌握关系数据模型、关系的含义、关系操作 了解数据完整性约束在数据库系统中的作用	2
	掌握传统的集合运算	1
	掌握专门的关系运算	2
第 4 章 SQL Server 2012 基础	了解 SQL Server 2012 的主要组件和工具 了解 SQL Server 2012 的安装过程	1
	了解 SQL Server 2012 基本工具的使用 掌握数据库的组成和创建方法	2
第 5 章 数据类型及关系表创建	了解 SQL 的发展 理解 SQL 的特点 理解主要的数据类型	2
	掌握基本表的定义、删除和修改语句	2
	理解数据完整性约束的含义 掌握数据完整性约束的定义语句	2
第 6 章 数据操作语句	掌握单表查询语句 掌握多表连接查询	4
	掌握子查询语句及其作用	2
	理解将查询结果保存到新表中 理解查询结果的并、交、差运算	2
	掌握数据插入语句 掌握数据更新语句 掌握数据删除语句	2
第 7 章 索引和视图	掌握索引的概念及优点 掌握索引的存储结构和分类 掌握索引的创建、修改和删除	2
	了解视图的概念及优点 掌握视图的创建、修改和删除 掌握通过视图修改数据表的数据	2
第 8 章 关系数据库规范化理论	掌握函数依赖的概念 掌握第一范式、第二范式和第三范式的概念 掌握模式分解的方法	4

（续）

教学章节	教学要求	课时
第 9 章 事务与并发控制	掌握事务的 4 个基本特征 理解并发控制的基本概念 理解事务相互干扰的几种情况 掌握共享锁、排他锁的含义 理解三个封锁协议 理解两段锁的含义及作用	4
第 10 章 数据库设计	理解数据库设计步骤 了解需求分析的主要方法 掌握概念结构设计和逻辑结构设计方法 了解物理结构设计方法 了解数据库的行为设计 了解数据库的实施和运行、维护	6 ~ 8
第 11 章 存储过程和触发器	理解 SQL 中的变量和流程控制语句	2
	理解存储过程的作用 掌握存储过程的创建、修改、删除方法 理解触发器的作用和分类	2
	掌握创建后触发型触发器的方法 理解创建前触发型触发器的方法 掌握删除、修改触发器的方法	2
第 12 章 函数和游标	理解系统内置的主要函数	2
	理解三种用户自定义函数的定义方法 理解函数的修改、删除方法	2
	理解游标的概念和作用 理解游标的定义步骤和方法	2
第 13 章 安全管理	理解 SQL Server 安全认证过程 了解在 SQL Server 中创建登录名、数据库用户及管理权限的方法 掌握授权、收权语句 理解角色的作用 了解在 SQL Server 中创建角色及为角色授权的方法 了解在 SQL Server 中为角色添加、删除成员的方法	4
第 14 章 备份和恢复数据库	掌握数据库的备份策略 了解备份设备的概念 理解备份和恢复的方法	2
第 15 章（选讲） NoSQL 数据库	了解 NoSQL 数据库的基本概念 了解 NoSQL 数据库的常见分类 了解目前的一些 NoSQL 数据库 了解 NoSQL 数据库发展现状及挑战	2
附录（选讲） 数据库分析与设计示例		2
总课时		68 ~ 70

说明：

1）建议课堂教学全部在多媒体机房内完成，实现"讲 – 练"结合。

2）建议教学分为核心知识技能模块（前 14 章的内容）和技能提高模块（第 15 章、附录内容），其中核心知识技能模块建议教学学时为 64~68，技能提高模块建议学时为 4，不同学校可以根据各自的教学要求和计划学时数对教学内容进行取舍。

目　　录

第1章 数据库概述

随着管理水平的不断提高和应用范围的日益扩大，信息已成为企业的重要财富和资源。同时，作为管理信息的数据库技术也得到了很大的发展，应用领域越来越广泛。人们在不知不觉中扩展着对数据库的使用，信用卡购物，飞机、火车订票系统，商场的进货与销售、图书馆对书籍及借阅的管理等，无一不使用了数据库技术。从小型事务处理到大型信息系统，从联机事务处理到联机分析处理，从一般企业管理到计算机辅助设计与制造（CAD/CAM）、地理信息系统等，数据库系统已经渗透到日常生活的方方面面，数据库中信息量的大小以及使用的程度已经成为衡量企业的信息化程度的重要标志。

数据库技术是数据管理的最新技术，其主要研究内容是如何对数据进行科学的管理，以提供可共享、安全、可靠的数据。数据库技术一般包含数据管理和数据处理两部分内容。

数据库系统本质上是一个用计算机存储数据的系统，数据库本身可以看作一个电子文件柜，也就是说，数据库是收集数据文件的仓库或容器。

本章介绍数据库的基本概念，包括数据管理的发展过程、数据库系统的组成以及使用数据库技术的一些考虑等。读者可从本章了解为什么要学习数据库技术，并为后续章节的学习做好准备。

1.1 一些基本概念

在系统地介绍数据库技术之前，首先介绍数据库中常用的一些术语和基本概念。

1.1.1 数据

数据（data）是数据库中存储的基本对象。早期的计算机系统主要用在科学计算领域，处理的数据基本是数值型数据，因此数据在人们头脑中的直觉反应就是数字。但其实数字只是数据的一种最简单的形式，是对数据的传统和狭义的理解。目前计算机的应用范围已十分广泛，因此数据种类也更加丰富，如文本、图形、图像、音频、视频、商品销售情况等都是数据。

可以将数据定义为：数据是描述事物的符号记录。描述事物的符号可以是数字，也可以是文字、图形、图像、声音、语言等，数据有多种表现形式，它们都可以经过数字化后保存在计算机中。

数据的表现形式并不一定能完全表达其内容，有些还需要经过解释才能明确其表达的含义。比如 20，当解释其代表人的年龄时是 20 岁，当解释其代表商品的价格时，就是 20 元。因此，数据和数据的解释是不可分的。数据的解释是对数据演绎的说明，数据的含义称为数据的语义。

在日常生活中，人们一般直接用自然语言来描述事物，如一门课程的信息可以描述为：数据库系统基础，4 个学分，第 5 学期开设。但在计算机中经常按如下形式描述：

（数据库系统基础，4，5）

以上形式是把课程名、学分、开课学期信息组织在一起，形成一个记录，这个记录就是描述课程的数据。这样的数据是有结构的。记录是计算机表示和存储数据的一种格式或方法。

1.1.2　数据库

数据库（DataBase，简称 DB），顾名思义，就是存放数据的仓库，只是这个仓库是存储在计算机存储设备上的，而且是按一定的格式存储的。

人们在收集并抽取出一个应用所需要的大量数据之后，就希望将这些数据保存起来，以供进一步从中得到有价值的信息，并进行相应的加工和处理。在科学技术飞速发展的今天，人们对数据的需求越来越多，数据量也越来越大。最早人们把数据存放在文件柜里，现在人们可以借助计算机和数据库技术来科学地保存和管理大量的复杂数据，以便能方便而充分地利用宝贵的数据资源。

严格地讲，数据库是长期存储在计算机中的、有组织的、可共享的大量数据的集合。数据库中的数据按一定的数据模型组织、描述和存储，具有较小的数据冗余、较高的数据独立性和易扩展性，并可为多个用户共享。

概括起来，数据库数据具有永久存储、有组织和可共享三个基本特点。

1.1.3　数据库管理系统

在了解了数据和数据库的基本概念之后，下一个需要了解的就是如何科学有效地组织和存储数据，如何从大量的数据中快速地获得所需的数据以及如何对数据进行维护，这些都是数据库管理系统（Database Management System，简称 DBMS）要完成的任务。数据库管理系统是一个专门用于对数据进行管理和维护的系统软件。

数据库管理系统位于用户应用程序与操作系统软件之间，如图 1-1 所示。数据库管理系统与操作系统一样都是计算机的基础软件，同时也是一个非常复杂的大型系统软件，其主要功能包括如下几个方面。

图 1-1　数据库管理系统在
计算机系统中的位置

1. 数据库的建立与维护功能

该功能包括创建数据库及对数据库空间的维护、数据库的备份与恢复、数据库的重组、数据库的性能监视与调整功能等。这些功能一般是通过数据库管理系统中提供的一些实用工具实现的。

2. 数据定义功能

该功能包括定义数据库中的对象，比如表、视图、存储过程等。这些功能的实现一般是通过数据库管理系统提供的数据定义语言（Data Definition Language，DDL）实现的。

3. 数据组织、存储和管理功能

为提高数据的存取效率，数据库管理系统需要对数据进行分类存储和管理。数据库中的数据包括数据字典、用户数据和存取路径数据等。数据库管理系统要确定这些数据的存储结构、存取方法以及存储位置，以及如何实现数据之间的关联。确定数据的组织和存储的主要目的是提高存储空间利用率和存取效率。一般的数据库管理系统都会根据数据的具体组织和存储方式提供多种数据存取方法，比如索引查找、Hash 查找、顺序查找等。

4. 数据操作功能

数据操作功能包括对数据库数据的查询、插入、删除和更改操作。这些操作一般是通过数据库管理系统提供的数据操作语言（Data Manipulation Language，DML）实现的。

5. 事务的管理和运行功能

数据库中的数据是可供多个用户同时使用的共享数据。为保证数据能够安全、可靠地运行，数据库管理系统提供了事务管理功能。这些功能保证数据能够并发使用并且不会产生相互干扰的情况，而且在发生故障时（包括硬件故障和操作故障等）能够对数据库进行正确的恢复。

6. 其他功能

其他功能包括与其他软件的网络通信功能、不同数据库管理系统间的数据传输以及互访问功能等。

1.1.4 数据库系统

数据库系统（DataBase System，DBS）是指在计算机中引入数据库后的系统，一般由数据库、数据库管理系统（及相关的实用工具）、应用程序、数据库管理员组成。为保证数据库中的数据能够正常、高效地运行，除了数据库管理系统之外，还需要一个（或一些）专门人员来对数据库进行维护，这个专门人员就称为数据库管理员（Database Administrator，DBA）。

一般在不引起混淆的情况下，常常把数据库系统简称为数据库。

1.2 数据管理技术的发展

数据库技术是应数据管理任务的需要而产生和发展的。数据管理包括对数据进行分类、组织、编码、存储、检索和维护，是数据处理的核心，而数据处理则是对各种数据进行收集、存储、加工和传播等一系列活动的总和。

自计算机产生之后，人们就希望用它来帮助我们对数据进行存储和管理。最初对数据的管理是以文件方式进行的，也就是通过编写应用程序来实现对数据的存储和管理。后来，随着数据量越来越大，人们对数据的要求越来越多，希望达到的目的也越来越复杂，文件管理方式已经很难满足人们对数据的需求，由此产生了数据库技术，也就是用数据库来存储和管理数据。数据管理技术的发展因此也就经历了文件管理和数据库管理两个阶段。

本节介绍文件管理方式和数据库管理方式在数据管理上的主要差别。

1.2.1 文件管理

理解今日数据库特征的最好办法是了解在数据库技术产生之前，人们是如何通过文件的方式对数据进行管理的。

20 世纪 50 年代后期到 60 年代中期，计算机的硬件方面已经有了磁盘等直接存取的存储设备，在软件方面，操作系统中已经有了专门的数据管理软件，一般称为文件管理系统。文件管理系统把数据组织成相互独立的数据文件，利用"按文件名访问，按记录进行存取"的管理技术，可以对文件中的数据进行修改、插入和删除等操作。

在出现程序设计语言之后，开发人员不但可以创建自己的文件并将数据保存在自己定义的文件中，而且还可以通过编写应用程序的方式来处理文件中的数据，即编写应用程序来定义文件的结构，实现对文件内容的插入、删除、修改和查询操作。当然，真正实现磁盘文件的物理存取操作的还是操作系统中的文件管理系统，应用程序只是告诉文件管理系统对哪个文件的哪些数据进行哪些操作。我们将由开发人员定义存储数据的文件及文件结构，并借助文件管理系统的功能编写访问这些文件的应用程序，以实现对用户数据的处理的方式称为**文件管理**。为叙述简单，在本章后面的讨论中将忽略文件管理系统，假定应用程序是直接对磁盘文件进行操作的。

如果用文件管理数据，用户必须编写应用程序来管理存储在文件中的数据，其操作模式如图 1-2 所示。

假设某学校要用文件的方式保存学生及其选课的数据，并在这些数据文件基础之上构建对学生进行管理的系统。此系统主要实现两部分功能：学生基本信息管理和学生选课情况管理。假设教务部门管理学生选课情况，各系部管理学生基本信息。学生基本信息管理中涉及学生的基本信息数据，假设这些数据保存在 F1 文件中；学生选课情况管理涉及学生的部分基本信息、课程基本信息和学生选课信息。假设用 F2 和 F3 文件分别保存课程基本信息和学生选课信息的数据。

设 A1 为实现"学生基本信息管理"功能的应用程序，A2 为实现"学生选课管理"功能的应用程序。由于学生选课管理中要用到 F1 文件中的一些数据，为减少冗余，它将使用"学生基本信息管理"（即 F1 文件）中的数据，如图 1-3 所示（图中省略了操作系统部分）。

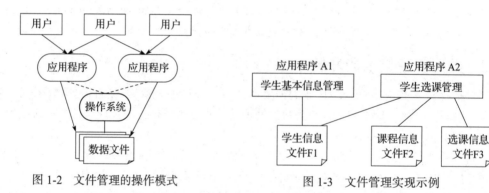

图 1-2 文件管理的操作模式   图 1-3 文件管理实现示例

假设 F1、F2 和 F3 文件分别包含如下信息：

F1 文件——学号、姓名、性别、出生日期、联系电话、所在系、专业、班号。

F2 文件——课程号、课程名、授课学期、学分、课程性质。

F3 文件——学号、姓名、所在系、专业、课程号、课程名、修课类型、修课时间、考试成绩。

我们将文件中所包含的每一个子项称为文件结构中的"字段"或"列"，将每一行数据称为一个"记录"。

"学生选课管理"的处理过程大致为：在学生选课管理中，若有学生选课，则先查 F1 文件，判断有无此学生；若有，则再访问 F2 文件，判断其所选的课程是否存在；若一切符合规则，就将学生选课信息写到 F3 文件中。

这看似很好，但仔细分析一下，就会发现直接用文件管理数据有如下缺点。

（1）编写应用程序不方便

应用程序编写者必须清楚地了解所用文件的逻辑及物理结构，如文件中包含多少个字段，每个字段的数据类型，采用何种逻辑结构和物理存储结构。操作系统只提供了打开、关闭、读、写等几个底层的文件操作命令，而对文件的查询、修改等处理都必须在应用程序中编程实现。这样就容易造成各应用程序在功能上的重复，比如图 1-3 中的"学生基本信息管理"和"学生选课管理"都要对 F1 文件进行操作，而共享这两个功能相同的操作却很难。

（2）数据冗余不可避免

由于 A2 应用程序需要在学生选课信息文件（F3 文件）中包含学生的一些基本信息，比如学号、姓名、所在系、专业等，而这些信息同样包含在学生信息文件（F1 文件）中，因此 F3 文件和 F1 文件中存在相同数据，从而造成数据的重复，称为**数据冗余**。

数据冗余所带来的问题不仅仅是存储空间的浪费（其实，随着计算机硬件技术的飞速发展，存储容量不断扩大，空间问题已经不是我们关注的主要问题），更为严重的是造成了数据的不一致（inconsistency）。例如，某个学生所学的专业发生了变化，我们一般只会想到在 F1 文件中进行修改，而往往忘记了在 F3 中应进行同样的修改。由此就造成了同一名学生在 F1 文件和 F3 文件中的"专业"不一样，也就是数据不一致。人们不能判定哪个数据是正确的，尤其是当系统中存在多处数据冗余时，更是如此。这样数据就失去了可信性。

文件本身并不具备维护数据一致性的功能，这些功能完全要由用户（应用程序开发者）负责维护。这在简单的系统中还可以勉强应付，但在复杂的系统中，若让应用程序开发者来保证数据的一致性，几乎是不可能的。

（3）应用程序依赖性

就文件管理而言，应用程序对数据的操作依赖于存储数据的文件结构。文件和记录的结构通常是应用程序代码的一部分，如 C 程序的 struct。文件结构的每一次修改，比如添加字段、删除字段，甚至修改字段的长度（如电话号码从 7 位扩展到 8 位），都将导致应用程序的修改，因为在打开文件进行数据读取时，必须将文件记录中不同字段的值对应到应用程序的变量中。随着应用环境和需求的变化，修改文件的结构不可避免，这些都需要在应用程序中作相应的修改，而（频繁）修改应用程序是很麻烦的。人们首先要熟悉原有程序，修改后还需要对程序进行测试、安装等；甚至在只是修改了文件的存储位置或者文件名的情况下，也需要对应用程序进行修改，这显然会给程序维护人员带来很多麻烦。

所有这些都是由于应用程序对文件结构以及文件物理特性的过分依赖造成的，换句话说，用文件管理数据时，其数据独立性（data independence）很差。

（4）不支持对文件的并发访问

在现代计算机系统中，为了有效利用计算机资源，一般都允许同时运行多个应用程序（尤其是在多任务操作系统环境中）。文件最初是作为程序的附属数据出现的，它一般不支持多个应用程序同时对同一个文件进行访问。回忆一下，某个用户打开了一个 Excel 文件，当第二个用户在第一个用户未关闭此文件前打开此文件时，会得到什么信息呢？他只能以只读方式打开此文件，而不能在第一个用户打开的同时对此文件进行修改。再回忆一下，如果用某种程序设计语言编写一个对某文件内容进行修改的程序，其过程是先以写的方式打开文件，然后修改其内容，最后再关闭文件。在关闭文件之前，不管是在其他的程序中，还是在同一个程序中都不允许再次打开此文件，这就是文件管理方式不支持并发访问的含义所在。

对于以数据为中心的系统来说，必须要支持多个用户对数据的并发访问，否则就不会有我们现在这么多的火车或飞机的订票点，也不会有这么多的银行营业网点。

（5）数据间联系弱

当用文件管理数据时，文件与文件之间是彼此独立、毫不相干的，文件之间的联系必须通过编程来实现。比如上述的 F1 文件和 F3 文件，F3 文件中的学号、姓名等学生的基本信息必须是 F1 文件中已经存在的（即选课的学生必须是已经存在的学生）；同样，F3 文件中课程号等与课程有关的基本信息也必须存在于 F2 文件中（即学生选的课程也必须是已经存在的课程）。这些数据之间的联系是实际应用当中所要求的很自然的联系，但文件本身不具备自动实现这些联系的功能，我们必须通过编写应用程序，即手工地建立这些联系。这不但增加了编写代码的工作量和复杂度，而且当联系很复杂时，也难以保证其正确性。因此，用文件管理数据时很难反映现实世界事物间客观存在的联系。

（6）难以满足不同用户对数据的需求

不同的用户（数据使用者）关注的数据往往不同。例如对于学生基本信息，负责分配学生宿舍的部门可能只关心学生的学号、姓名、性别和班号，而教务部门可能关心的是学号、姓名、所在系和专业。

若多个不同用户希望看到的是不同的基本信息，就需要为每个用户单独建立一个文件，这势必造成更多的数据冗余。而我们希望的是，用户关心哪些信息就为他生成哪些信息，将用户不关心的数据屏蔽，使用户感觉不到其他信息的存在。

可能还会有一些用户，其所需要的信息来自于多个不同的文件，例如，假设各班班主任关心的是班号、学号、姓名、课程名、学分、考试成绩等。这些信息涉及了三个文件：从 F1 文件中得到"班号"，从 F2 文件中得到"学分"，从 F3 文件中得到"考试成绩"；而"学号"和"姓名"可以从 F1 文件或 F3 文件中得到，"课程名"可以从 F2 文件或 F3 文件中得到。在生成结果数据时，必须对从三个文件中读取的数据进行比较，然后组合成一行有意义的数据。比如，将从 F1 文件中读取的学号与从 F3 文件中读取的学号进行比较，学号相同时，才可以将 F1 文件中的"班号"与 F3 文件中的当前记录所对应的学号和姓名组合起来。之后，还需要将组合结果与 F2 文件中的内容进行比较，找出课程号相同的课程的学分，再与已有的结果组合起来。然后再从组合后的数据中提取出用户需要的信息。如果数据量很大，涉及的文件比较多时，我们可以想象这个过程有多复杂。因此，这种大容量复杂信息的查询，在按文件管理数据的方式中是很难处理的。

（7）无安全控制功能

在文件管理方式中，很难控制某个人对文件能够进行的操作，比如只允许某个人查询和修改数据，但不能删除数据，或者对文件中的某个或者某些字段不能修改等。而在实际应用中，数据的安全性是非常重要且不可忽视的。比如，在学生选课管理中，我们不允许学生修改其考试成绩；在银行系统中，更是不允许一般用户修改其存款数额。

随着人们对数据需求的增加，迫切需要对数据进行有效、科学、正确、方便的管理。针对文件管理方式的这些缺陷，人们逐步开发出了以统一管理和共享数据为主要特征的数据库管理系统。

1.2.2　数据库管理

自 20 世纪 60 年代末以来，计算机管理数据的规模越来越大，应用范围越来越广泛，数据量急剧增加，多种应用同时共享数据集合的要求也越来越强烈。

随着大容量磁盘的出现，硬件价格不断下降，软件价格不断上升，编制和维护系统软件和应用程序的成本相应地不断增加。在数据处理方式上，对联机实时处理的要求越来越多，同时开始提出和考虑分布式处理技术。在这种背景下，以文件方式管理数据已经不能满足应用的需求，于是出现了新的管理数据的技术——数据库技术，同时出现了统一管理数据的专门软件——数据库管理系统。

从 1.2.1 节的介绍我们可以看到，在数据库管理系统出现之前，人们对数据的操作是直接针对数据文件编写应用程序实现的，这种模式会产生很多问题。在有了数据库管理系统之后，人们对数据的操作全部是通过数据库管理系统实现的，而且应用程序的编写也不再直接针对存放数据的文件。有了数据库技术和数据库管理系统软件之后，人们对数据的操作模式发生了根本性的变化，如图 1-4 所示。

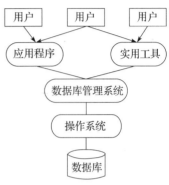

比较图 1-2 和图 1-4，可以看到主要区别有两个：第一，是在操作系统和用户应用程序之间增加了一个系统软件——数据库管理系统，使得用户对数据的操作都是通过数据库管理系统实现的；第二，有了数据库管理系统之后，用户不再需要有数据文件的概念，即不再需要知道数据文件的逻辑和物理结构及物理存储位置，而只需要知道存放数据的场所——数据库即可。

从本质上讲，即使在有了数据库技术之后，数据最终还是以文件的形式存储在磁盘上，只是这时对物理数据文件的存取和管理是由数据库管理系统统一实现的，而不是由每个用户通

图 1-4   数据库管理的操作模式

过应用程序编程实现。数据库和数据文件既有区别又有联系，它们之间的关系类似于单位的名称和地址之间的关系。单位地址代表了单位的实际存在位置，单位名称是单位的逻辑代表。而且一个数据库可以包含多个数据文件，就像一个单位可以有多个不同的地址一样（我们现在的很多大学，都是一个学校有多个校址），每个数据文件存储数据库的部分数据。不管一个数据库包含多少个数据文件，对用户来说，他只针对数据库进行操作，而无需对数据文件进行操作。这种模式极大地简化了用户对数据的访问。

在有了数据库技术之后，用户只需要知道数据库的名字，就可以对数据库对应的数据文件中的数据进行操作。而将对数据库的操作转换为对物理数据文件的操作是由数据库管理系统自动实现的，用户不需要知道，也不需要干预。

对于 1.2.1 节中介绍的学生基本信息管理和学生选课管理两个子系统，如果使用数据库技术来管理，其实现方式如图 1-5 所示。

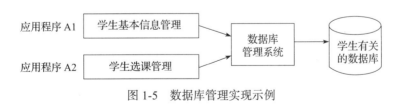

图 1-5   数据库管理实现示例

与文件管理相比，数据库管理具有以下优点。

（1）相互关联的数据集合

在数据库系统中，所有相关的数据都存储在一个称为数据库的环境中，它们作为一个整体定义。比如学生基本信息管理中的"学号"与学生选课管理中的"学号"，这两个学号之间是有关联关系的，即学生选课管理中的"学号"的取值范围在学生基本信息管理的"学号"取值范围内。在关系数据库中，数据之间的关联关系是通过定义外键实现的。

（2）较少的数据冗余

由于数据是统一管理的，因此可以从全局着眼，合理地组织数据。例如，将 1.2.1 节中文件 F1、F2 和 F3 的重复数据挑选出来，进行合理的管理，就可以形成如下所示的几部分信息。

学生基本信息：学号、姓名、性别、出生日期、联系电话、所在系、专业、班号。
课程基本信息：课程号、课程名、授课学期、学分、课程性质。
学生选课信息：学号、课程号、修课类型、修课时间、考试成绩。

在关系数据库中，可以将每一类信息存储在一个表中（关系数据库的概念将在第 2 章介绍），重复的信息只存储一份，当在学生选课管理中需要学生的姓名等其他信息时，根据学生选课管理中的学号，可以很容易地在学生基本信息中找到此学号对应的姓名等信息。因此，消除数据的重复存储不影响对信息的提取，同时还可以避免由于数据重复存储而造成的数据不一致问题。比如，当某个学生所学的专业发生变化时，只需在"学生基本信息"中进行修改即可。

同 1.2.1 节中的问题一样，当所需的信息来自不同地方，比如（班号，学号，姓名，课程名，学分，考试成绩），这些信息需要从 3 个地方（关系数据库为 3 张表）得到，这种情况下，也需要对信息进行适当的组合，即学生选课信息中的学号只能与学生基本信息中学号相同的信息组合在一起，同样，学生选课信息中的课程号也必须与课程基本信息中课程号相同的信息组合在一起。过去在文件管理方式中，这个工作是由开发者编程实现的，而现在有了数据库管理系统，这些烦琐的工作完全交给了数据库管理系统来完成。

因此，在数据库管理系统中，避免数据冗余不会增加开发者的负担。在关系数据库中，避免数据冗余是通过关系规范化理论实现的。

（3）程序与数据相互独立

在数据库中，数据所包含的所有数据项以及数据的存储格式都与数据存储在一起，它们通过 DBMS 而不是应用程序来操作和管理，应用程序不再需要处理文件和记录的格式。

程序与数据相互独立有两方面的含义。一方面是当数据的存储方式发生变化时（这里包括逻辑存储方式和物理存储方式），比如从链表结构改为散列表结构，或者是顺序和非顺序之间的转换，应用程序不必作任何修改。另一方面是当数据的逻辑结构发生变化时，比如增加或减少了一些数据项，如果应用程序与这些修改的数据项无关，则不用修改应用程序。这些变化都将由 DBMS 负责维护。大多数情况下，应用程序并不知道也不需要知道数据存储方式或数据项已经发生了变化。

在关系数据库中，数据库管理系统可以自动保证程序与数据相互独立。

（4）保证数据的安全和可靠

数据库技术能够保证数据库中的数据是安全和可靠的。它的安全控制机制可以有效地防止数据库中的数据被非法使用和非法修改；其完整的备份和恢复机制可以保证当数据遭到破坏时（由软件或硬件故障引起的）能够很快地将数据库恢复到正确的状态，并使数据不丢失或只有很少的丢失，从而保证系统能够连续、可靠地运行。保证数据的安全是通过数据库管理系统的安全控制机制实现的，保证数据的可靠是通过数据库管理系统的备份和恢复机制实现的。

（5）最大限度地保证数据的正确性

数据的正确性（也称为数据的完整性）是指存储到数据库中的数据必须符合现实世界的实际情况，比如人的性别只能是"男"和"女"，人的年龄应该在 0 ~ 150 岁之间（假设没有年龄超过 150 岁的人）。如果在性别中输入了其他值，或者将一个负数输入到年龄中，在现实世界中显然是不对的。数据的正确性是通过在数据库中建立约束来实现的。当建立好保证数据正确的约束之后，如果有不符合约束的数据存储到数据库中，数据库管理系统能主动拒绝这些数据。

（6）数据可以共享并能保证数据的一致性

数据库中的数据可以被多个用户共享，即允许多个用户同时操作相同的数据。当然，这个特点是针对支持多用户的大型数据库管理系统而言的，对于只支持单用户的小型数据库管理系统（比如 Access），在任何时候最多只有一个用户访问数据库，因此不存在共享的问题。

多用户共享问题是数据库管理系统内部解决的问题，它对用户是不可见的。这就要求数据库能够对多个用户进行协调，保证多个用户之间对数据的操作不会产生矛盾和冲突，即在多个用户同时使用数据库时，能够保证数据的一致性和正确性。设想一下火车订票系统，如果多个订票点同时对某一天的同一列火车进行订票，那么必须保证不同订票点订出票的座位不能重复。

数据可共享并能保证共享数据的一致性是由数据库管理系统的并发控制机制实现的。

到今天，数据库技术已经发展成为一门比较成熟的技术，通过上述讨论，我们可以概括出数据库具备如下特征：数据库是相互关联的数据的集合，它用综合的方法组织数据，具有较小的数据冗余，可供多个用户共享，具有较高的数据独立性，具有安全控制机制，能够保证数据的安全、可靠，允许并发地使用数据库，能有效、及时地处理数据，并能保证数据的一致性和正确性。

需要强调的是，所有这些特征并不是数据库中的数据固有的，而是靠数据库管理系统提供和保证的。

1.3 数据独立性

数据独立性是指应用程序不会因数据的物理表示方式和访问技术的改变而改变，即应用程序不依赖于任何特定的物理表示方式和访问技术。数据独立性包含两个方面：物理独立性和逻辑独立性。物理独立性是指当数据的存储位置或存储结构发生变化时，不影响应用程序的特性；逻辑独立性是指当表达现实世界的信息内容发生变化时，比如增加一些列、删除无用列等，也不影响应用程序的特性。要理解数据独立性的含义，最好先搞清什么是非数据独立性。在数据库技术出现之前，也就是在使用文件管理数据的时候，实现的应用程序常常是数据依赖的，也就是说数据的物理表示方式和有关的存取技术都要在应用程序中考虑，而且，有关物理表示的知识和访问技术直接体现在应用程序的代码中。例如，如果数据文件使用了索引，那么应用程序必须知道有索引存在，也要知道记录的顺序是索引的，这样应用程序的内部结构就是基于这些知识而设计的。一旦数据的物理表示方式改变了，就会对应用程序产生很大的影响。例如，如果改变了数据的排序方式，则应用程序不得不进行相应的修改。而且在这种情况下，应用程序修改的部分恰恰是与数据管理密切联系的部分，而与应用程序最初要解决的问题毫不相干。

在数据库管理方式中，可以尽量避免应用程序对数据的依赖，这有如下两种情况。

1）不同的用户关心的数据并不完全相同，即使对同样的数据不同用户的需求也不尽相同。比如前述的学生基本信息数据，包括学号、姓名、性别、出生日期、联系电话、所在系、专业、班号，分配宿舍的部门可能只需要学号、姓名、班号、性别，教务部门可能只需要学号、姓名、所在系、专业和班号。好的实现方法应根据全体用户对数据的需求存储一套完整的数据，而且只编写一个针对全体用户的公共数据的应用程序，但能够按每个用户的具体要求只展示其需要的数据，当公共数据发生变化时（比如增加新信息），可以不修改应用程序，每个不需要这些变化数据的用户也不需要知道有这些变化。这种独立性（逻辑独立性）在文件管理方式下是很难实现的。

2）随着科学技术的进步以及应用业务的变化，有时必须要改变数据的物理表示方式和访问技术以适应技术发展及需求变化，比如改变数据的存储位置或存储方式（就像一个单位可以搬到新的地址，或者是调整单位各科室的布局）以提高数据的访问效率。在理想情况下，这些变化不应该影响应用程序（物理独立性）。这在文件管理方式下也是很难实现的。

因此，数据独立性的提出是一种客观应用的要求。数据库技术的出现正好克服了应用程序对数据的物理表示和访问技术的依赖。

1.4 数据库系统的组成

我们在 1.1 节简单介绍了数据库系统的组成，数据库系统是基于数据库的计算机应用系统，一般包括数据库、数据库管理系统（及相应的实用工具）、应用程序和数据库管理员四个部分，如图 1-6 所示。数据库是数据的汇集，它以一定的组织形式保存在存储介质上；数据库管理系统是管理数据库的系统软件，它可以实现数据库系统的各种功能；应用程序专指以数据库数据为基础的程序，数据库管理员负责整个数据库系统的正常运行。

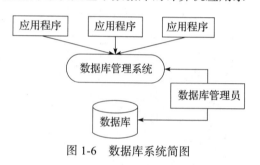

图 1-6　数据库系统简图

下面从数据库系统的软、硬件及人员角度介绍其包含的主要内容。

1. 硬件

由于数据库中的数据量一般都比较大，且 DBMS 由于丰富的功能而使得自身的规模也很大（SQL Server 2012 的完整安装需要 6GB 的硬盘空间），因此整个数据库系统对硬件资源的要求很高。必须要有足够大的内存存放操作系统、数据库管理系统、数据缓冲区和应用程序，而且还要有足够大的硬盘空间存放数据库，最好还有足够的存放备份数据的磁盘空间。

2. 软件

数据库系统的软件主要包括以下几部分。

1）数据库管理系统。它是整个数据库系统的核心，是建立、使用和维护数据库的系统软件。

2）支持数据库管理系统运行的操作系统。数据库管理系统中的很多底层操作是靠操作系统完成的，数据库中的安全控制等功能也是与操作系统共同实现的。因此，数据库管理系统要与操作系统协同工作来完成很多功能。不同的数据库管理系统需要的操作系统平台不尽相同，比如 SQL Server 只支持在 Windows 平台上运行，而 Oracle 支持 Windows 平台和 Linux 平台的不同版本。

3）具有数据库访问接口的高级语言及其编程环境，以便于开发应用程序。

4）以数据库管理系统为核心的实用工具，这些实用工具一般是数据库厂商提供的随数据库管理系统软件一起发行的。

3. 人员

数据库系统中包含的人员主要有：数据库管理员、系统分析人员、数据库设计人员、应用程序编程人员和最终用户。

1）数据库管理员负责维护整个系统的正常运行，负责保证数据库的安全和可靠。

2）系统分析人员主要负责应用系统的需求分析和规范说明。这些人员要与最终用户以及数据库管理员配合，以确定系统的软、硬件配置，并参与数据库系统的概要设计。

3）数据库设计人员主要负责确定数据库数据、设计数据库结构等。数据库设计人员也必须参与用户需求调查和系统分析。在很多情况下，数据库设计人员就由数据库管理员担任。

4）应用程序编程人员负责设计和编写访问数据库的应用系统程序模块，并对程序进行调试和安装。

5）最终用户是数据库应用程序的使用者，他们是通过应用程序提供的操作界面操作数据库中数据的人员。

小结

本章首先介绍了数据库中涉及的一些基本概念，然后介绍了数据管理技术的发展，重点介绍了文件管理和数据库管理在操作数据上的差别。文件管理不能提供数据的共享、缺少安全性、不利于数据的一致性维护、不能避免数据冗余，更为重要的是应用程序与文件结构是紧耦合的，文件结构的任何修改都将导致应用程序的修改，而且对数据的一致性、安全性等管理都要在应用程序中编程实现，对复杂数据的检索也要由应用程序来完成，这使得编写使用数据的应用程序非常复杂和烦琐，而且当数据量很大、数据操作比较复杂时，应用程序几乎不能胜任。而数据库管理技术的产生就是为了解决文件管理的诸多不便。它将以前在应用程序中实现的复杂功能转由数据库管理系统（DBMS）统一实现，不但减轻了开发者的负担，而且更重要的是带来了数据的共享、安全、一致性等诸多好处，并将应用程序与数据的结构和存储方式彻底分开，使应用程序的编写不再受数据存储结构和存储方式的影响。

数据独立性是为方便维护应用程序而提出来的，其主要宗旨是尽量减少因数据的逻辑结构和物理结构的变化而导致的应用程序的修改，同时尽可能满足不同用户对数据的需求。

数据库系统主要由数据库管理系统、数据库、应用程序和数据库管理员组成，其中数据库管理系统是数据库系统的核心。数据库管理系统、数据库和应用程序的运行需要一定的硬件资源的支持，同时数据库管理系统也需要有相应的操作系统的支持。

习题

1. 试说明数据、数据库、数据库管理系统和数据库系统的概念。
2. 数据管理技术的发展主要经历了哪几个阶段？
3. 与文件管理相比，数据库管理有哪些优点？
4. 在数据库管理方式中，应用程序是否需要关心数据的存储位置和存储结构？为什么？
5. 在数据库系统中，数据库的作用是什么？
6. 在数据库系统中，应用程序可以不通过数据库管理系统而直接访问数据文件吗？
7. 数据独立性指的是什么？它能带来哪些好处？
8. 数据库系统由哪几部分组成，每一部分在数据库系统中的作用大致是什么？

第 2 章 数据模型与数据库系统结构

第 1 章我们介绍了数据库技术对管理数据带来的好处，其中一个好处就是数据库技术能够做到使应用程序对数据的访问独立于数据的存储，即用户在编写访问数据的应用程序时不再需要关心数据的存储结构、存储位置及存储方法。本章我们将说明数据库技术实现程序和数据相互独立的基本原理，即数据库系统结构。在介绍数据库系统结构之前，我们先介绍数据模型的一些基本概念。本章的内容是理解用数据库技术管理数据的关键。

2.1 数据和数据模型

现实世界的数据是散乱无章的，散乱的数据不利于人们对其进行有效的管理和处理，特别是海量数据。因此，必须把现实世界的数据按照一定的格式组织起来，以方便对其进行操作和使用。数据库技术也不例外，在用数据库技术管理数据时，数据被按照一定的格式组织起来，比如二维表结构或者层次结构，以使数据能够被更高效地管理和处理。本节就对数据和数据模型进行简单介绍。

2.1.1 数据与信息

在介绍数据模型之前，我们先了解数据与信息的关系。在 1.2 节已经介绍了数据的概念，说明数据是数据库中存储的基本对象。为了了解世界、研究世界和交流信息，人们需要描述各种事物。用自然语言来描述虽然很直接，但过于烦琐，不便于形式化，而且也不利于用计算机来表达。为此，人们常常只抽取那些感兴趣的事物特征或属性来描述事物。例如，一名学生可以用信息 "（张三，99121，男，1981，计算机系，应用软件）" 描述，这样的一行数据称为一条记录。单看这行数据我们很难准确知道其确切含义，但对其进行解释：张三是99121 班的男学生，1981 年出生，计算机系应用软件专业，其内容就是有意义的。我们将描述事物的符号记录称为数据，将从数据中获得的有意义的内容称为信息。数据有一定的格式，如姓名一般是长度不超过 4 个汉字的字符（假设不包括少数民族的姓名），性别是一个汉字的字符。这些格式的规定是数据的语法，而数据的含义是数据的语义。因此，数据是信息存在的一种形式，只有通过解释或处理才能成为有用的信息。

一般来说，数据库中的数据具有静态特征和动态特征两个方面。

（1）静态特征

数据的静态特征包括数据的基本结构、数据间的联系以及对数据取值范围的约束。比如1.2.1 节中给出的学生管理的例子。学生基本信息包含学号、姓名、性别、出生日期、联系电话、所在系、专业、班号，这些都是学生所具有的基本性质，是学生数据的基本结构。学生选课信息包括学号、课程号和考试成绩等，这些是学生选课的基本性质。但学生选课信息中的学号与学生基本信息中的学号是有一定关联的，即学生选课信息中的 "学号" 所能取的值必须在学生基本信息中 "学号" 的取值范围之内，因为只有这样，学生选课信息中所描述的学生选课情况才是有意义的（我们不会记录不存在的学生的选课情况），这就是数据之间的联系。最后我们看数据取值范围的约束。我们知道人的性别一项的取值只能是"男"或"女"、课程的学分一般是大于 0 的整数值、学生的考试成绩一般在 0 ~ 100 分之间等，这些都是对某个列的数据取值范围进行的限制，目的是在数据库中存储正确的、有意义的数据。这就是对数据取值范围的约束。

  （2）动态特征

  数据的动态特征是指对数据可以进行的操作以及操作规则。对数据库数据的操作主要有查询数据和更改数据，更改数据一般又包括对数据的插入、删除和更新。

  一般将对数据的静态特征和动态特征的描述称为数据模型三要素，即在描述数据时要包括数据的基本结构、数据的约束条件（这两个属于数据的静态特征）和定义在数据上的操作（属于数据的动态特征）三个方面。

2.1.2 数据模型

  对于模型，特别是具体的模型，人们并不陌生。一张地图、一组建筑设计沙盘、一架飞机模型等都是具体的模型。人们可以从模型联想到现实生活中的事物。计算机中的模型是对事物、对象、过程等客观系统中感兴趣的内容的模拟和抽象表达，是理解系统的思维工具。数据模型（data model）也是一种模型，它是对现实世界数据特征的抽象。

  数据库是企业或部门相关数据的集合，数据库不仅要反映数据本身的内容，而且要反映数据之间的联系。由于计算机不可能直接处理现实世界中的具体事物，因此，必须把现实世界中的具体事物转换成计算机能够处理的对象。在数据库中用数据模型这个工具来抽象、表示和处理现实世界中的数据和信息。

  数据库管理系统是基于某种数据模型对数据进行组织的，因此，了解数据模型的基本概念是学习数据库知识的基础。

  在数据库领域中，数据模型用于表达现实世界中的对象，即将现实世界中杂乱的信息用一种规范的、形象化的方式表达出来。而且这种数据模型既要面向现实世界（表达现实世界信息），同时又要面向机器世界（因为要在机器上实现出来），因此一般要求数据模型满足三个方面的要求。

  第一，能够真实地模拟现实世界。因为数据模型是抽象现实世界的对象信息，经过整理、加工，成为一种规范的模型。但构建模型的目的是为了真实、形象地表达现实世界情况。

  第二，容易被人们理解。因为构建数据模型一般是数据库设计人员做的事情，而数据库设计人员往往并不是所构建的业务领域的专家，因此，数据库设计人员所构建的模型是否正确，是否与现实情况相符，需要由精通业务的用户来评判。而精通业务的人员往往又不是计算机领域的专家，因此要求所构建的数据模型要形象化，要容易被业务人员理解，以便于他们对模型进行评判。

  第三，能够方便地在计算机上实现。因为对现实世界业务进行设计的最终目的是能够在计算机上实现出来，用计算机来表达和处理现实世界的业务。因此所构建的模型必须能够方便地在计算机上实现，否则就没有任何意义。

  用一种模型来同时很好地满足这三方面的要求在目前是比较困难的，因此在数据库领域中是针对不同的使用对象和应用目的，采用不同的数据模型来实现。

  数据模型实际上是模型化数据和信息的工具。根据模型应用的不同目的，可以将模型分为两大类，它们分别属于两个不同的层次。

第一类是概念层数据模型，也称为概念模型或信息模型，它从数据的应用语义视角来抽取现实世界中有价值的数据并按用户的观点来对数据进行建模。这类模型主要用在数据库的设计阶段，它与具体的数据库管理系统无关，也与具体的实现方式无关。另一类是组织层数据模型，也称为组织模型（有时也直接简称为数据模型，本书后述凡是称数据模型的都指的是组织层数据模型），它从数据的组织方式来描述数据。所谓组织层就是指用什么样的逻辑结构来组织数据。数据库发展到现在主要采用了如下几种组织方式（组织模型）：层次模型（用树形结构组织数据）、网状模型（用图形结构组织数据）、关系模型（用简单二维表结构组织数据）以及对象 – 关系模型（用复杂的表格以及其他结构组织数据）。组织层数据模型主要是从计算机系统的观点对数据进行建模，它与所使用的数据库管理系统的种类有关，因为不同的数据库管理系统支持的数据模型可以不同。组织层数据模型主要用于 DBMS 的实现。

为了把现实世界中的具体事物抽象、组织为某一具体 DBMS 支持的数据模型，人们通常首先将现实世界抽象为信息世界，然后再将信息世界转换为机器世界。即，首先把现实世界中的客观对象抽象为某一种描述信息的模型，这种模型并不依赖于具体的计算机系统，而且也不与具体的 DBMS 有关，而是概念意义上的模型，也就是我们前面所说的概念层数据模型；然后再把概念层数据模型转换为具体的 DBMS 支持的数据模型，也就是组织层数据模型（比如关系数据库的二维表）。注意从现实世界到概念层数据模型使用的是"抽象"技术，从概念层数据模型到组织层数据模型使用的是"转换"技术，也就是说先有概念模型，然后再到组织模型。从概念模型到组织模型的转换是比较直接和简单的，我们将在第 10 章数据库设计中详细介绍转换方法。这个过程如图 2-1 所示。

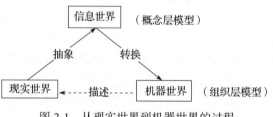

图 2-1　从现实世界到机器世界的过程

2.2　概念层数据模型

从图 2-1 可以看出，概念层数据模型实际上是现实世界到机器世界的一个中间层，机器世界实现的最终目的是为了反映和描述现实世界。本节介绍概念层数据模型的基本概念及基本构建方法。

2.2.1　基本概念

概念层数据模型是指抽象现实系统中有应用价值的元素及其关联关系，反映现实系统中有应用价值的信息结构，并且不依赖于数据的组织层数据模型。

概念层数据模型用于对信息世界的建模，是现实世界到信息世界的第一层抽象，是数据库设计人员进行数据库设计的工具，也是数据库设计人员和业务领域的用户之间进行交流的工具，因此，该模型一方面应该具有较强的语义表达能力，能够方便、直接地表达应用中的各种语义知识；另一方面还应该简单、清晰和易于被用户理解。因为概念模型设计的正确与否，即所设计的概念模型是否合理、是否正确地表达了现实世界的业务情况，是由业务人员来判定的。

概念层数据模型是面向用户、面向现实世界的数据模型，它与具体的 DBMS 无关。采用概念层数据模型，设计人员可以在数据库设计的开始把主要精力放在了解现实世界上，而把涉及 DBMS 的一些技术性问题推迟到后面去考虑。

常用的概念层数据模型有实体－联系（Entity-Relationship，E-R）模型、语义对象模型。本书只介绍实体－联系模型，这也是最常用的一种模型。

2.2.2 实体－联系模型

如果直接将现实世界数据按某种具体的组织模型进行组织，必须同时考虑很多因素，设计工作也比较复杂，并且效果并不一定理想，因此需要一种方法能够对现实世界的信息结构进行描述。事实上这方面已经有了一些方法，我们要介绍的是 P.P.S.Chen 于 1976 年提出的实体－联系方法，即通常所说的 E-R 方法。这种方法由于简单、实用，因此得到了广泛的应用，也是目前描述信息结构最常用的方法。

实体－联系方法使用的工具称为 E-R 图，它所描述的现实世界的信息结构称为企业模式（Enterprise Schema），也把这种描述结果称为 E-R 模型。

在实体－联系模型中主要涉及三方面内容：实体、属性和联系。

（1）实体

实体是具有公共性质并可相互区分的现实世界对象的集合，或者说是具有相同结构的对象的集合。实体是具体的，如职工、学生、教师、课程都是实体。

在 E-R 图中用矩形框表示具体的实体，把实体名写在框内，如图 2-2a 中的"经理"和"部门"实体。

实体中每个具体的记录值（一行数据），比如学生实体中的每个具体的学生，我们称之为实体的一个实例。（注意，有些书也将实体称为实体集或实体类型，而将每行具体的记录称为实体。）

（2）属性

每个实体都具有一定的特征或性质，这样我们才能根据实体的特征来区分一个个实例。属性就是描述实体或者联系的性质或特征的数据项，属于一个实体的所有实例都具有相同的性质。在 E-R 模型中，这些性质或特征就是属性。比如学生的学号、姓名、性别等都是学生实体具有的特征，这些特征就构成了学生实体的属性。实体应具有多少个属性是由用户对信息的需求决定的。例如，假设用户还需要学生的出生日期信息，则可以在学生实体中加一个"出生日期"属性。

在实体的属性中，将能够唯一标识实体的一个属性或最小的一组属性（称为属性集或属性组）称为实体的标识属性，这个属性或属性组也称为实体的键。例如，"学号"就是学生实体的键。

属性在 E-R 图中用圆角矩形表示，在圆角矩形框内写上属性的名字，并用连线将属性框与它所描述的实体联系起来，如图 2-2c 所示。

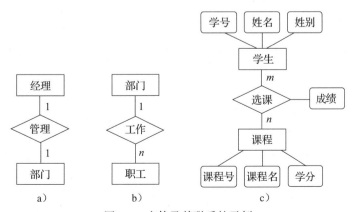

图 2-2　实体及其联系的示例

（3）联系

在现实世界中，事物内部以及事物之间是有联系的，这些联系在信息世界反映为实体内部的联系和实体之间的联系。实体内部的联系通常是指一个实体内部属性之间的联系，实体之间的联系通常是指不同实体属性之间的联系。比如在"职工"实体中，假设有职工号、职工姓名、所在部门和部门经理号等属性，其中"部门经理号"描述的是这个职工所在部门的经理的编号。一般来说，部门经理也属于单位的职工，而且通常与职工采用的是同一套职工编码方式，因此"部门经理号"与"职工号"之间有一种关联的关系，即"部门经理号"的取值在"职工号"取值范围内。这就是实体内部的联系。而"学生"和"系"之间就是实体之间的联系，"学生"是一个实体，假设该实体中有学号、姓名、性别、所在系等属性，"系"也是一个实体，假设该实体中包含系名、系联系电话，系办公地点等属性，则"学生"实体中的"所在系"与"系"实体中的"系名"之间存在一种关联关系，即"学生"实体中"所在系"属性的取值范围必须在"系"实体中"系名"属性的取值范围内，因为不可能招收不在学校已有系范围内的学生。因此像"系"和"学生"这种关联到两个不同实体的联系就是实体之间的联系。通常情况下我们遇到的联系大多都是实体之间的联系。

联系是数据之间的关联关系，是客观存在的应用语义链。在 E-R 图中联系用菱形框表示，框内写上联系名，并用连线将联系框与它所关联的实体连接起来，如图 2-2c 中的"选课"联系。

联系也可以有自己的属性，比如图 2-2c 所示的"选课"联系中有"成绩"属性。

两个实体之间的联系通常有如下三种类型。

1）一对一联系（1∶1）。如果实体 A 中的每个实例在实体 B 中至多有一个（也可以没有）实例与之关联，反之亦然，则称实体 A 与实体 B 具有一对一联系，记作 1∶1。

例如，部门和经理（假设一个部门只允许有一个经理，一个人只允许担任一个部门的经理）、系和正系主任（假设一个系只允许有一个正主任，一个人只允许担任一个系的主任）都是一对一的联系，如图 2-2a 所示。

2）一对多联系（1∶n）。如果实体 A 中的每个实例在实体 B 中有 n（$n \geq 0$）个实例与之关联，而实体 B 中的每个实例在实体 A 中最多只有一个实例与之关联，则称实体 A 与实体 B 是一对多联系，记作 1∶n。

例如，假设一个部门有若干职工，而一个职工只允许在一个部门工作，则部门和职工之间就是一对多联系。又比如，假设一个系有多名教师，而一个教师只允许在一个系工作，则系和教师之间也是一对多联系，如图 2-2b 所示。

3）多对多联系（$m∶n$）。如果实体 A 中的每个实例在实体 B 中有 n（$n \geq 0$）个实例与之关联，而实体 B 中的每个实例在实体 A 中也有 m（$m \geq 0$）个实例与之关联，则称实体 A 与实体 B 是多对多联系，记为 $m∶n$。

比如学生和课程，一个学生可以选修多门课程，一门课程也可以被多个学生选修，因此学生和课程之间是多对多的联系，如图 2-2c 所示。

实际上，一对一联系是一对多联系的特例，而一对多联系又是多对多联系的特例。

注意：实体之间联系的种类是与语义直接相关的，也就是由客观实际情况决定的。例如，部门和经理，如果客观情况是一个部门只有一个经理，一个人只担任一个部门的经理，则部门和经理之间是一对一联系。但如果客观情况是一个部门可以有多个经理，而一个人只担任一个部门的经理，则部门和经理之间就是一对多联系。如果客观情况是一个部门可以有多个经理，而且一个人也可以担任多个部门的经理，则部门和经理之间就是多对多联系。

E-R 图不仅能描述两个实体之间的联系，而且还能描述两个以上实体之间的联系。比如有顾客、商品、售货员三个实体，并且有语义：每个顾客可以从多个售货员那里购买商品，并且可以购买多种商品；每个售货员可以向多名顾客销售商品，并且可以销售多种商品；每种商品可由多个售货员销售，并且可以销售给多名顾客。描述顾客、商品和售货员之间的关联关系的 E-R 图如图 2-3 所示，这里联系被命名为"销售"。

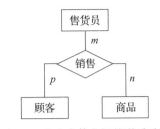

图 2-3 多个实体之间的联系示例

E-R 图被广泛用于数据库设计的概念结构设计阶段。用 E-R 图表示的数据库概念设计结果非常直观，易于用户理解，而且所设计的 E-R 图与具体的数据组织方式无关，并且可以被直观地转换为关系数据库中的关系表。

2.3 组织层数据模型

组织层数据模型是从数据的组织形式的角度来描述信息，目前，在数据库技术的发展过程中用到的组织层数据模型主要有：层次模型（Hierarchical Model）、网状模型（Network Model）、关系模型（Relational Model）、面向对象模型（Object Oriented Model）和对象关系模型（Object Relational Model）。组织层数据模型是按组织数据的逻辑结构来命名的，比如层次模型采用树形结构。而且各数据库管理系统也是按其所采用的组织层数据模型来分类的，比如层次数据库管理系统就是按层次模型来组织数据，而网状数据库管理系统就是按网状模型来组织数据。

1970 年，美国 IBM 公司研究员 E.F.Codd 首次提出了数据库系统的关系模型，开创了关系数据库和关系数据理论的研究，为关系数据库技术奠定了理论基础。关系模型从 20 世纪 70 ~ 80 年代开始到现在已经发展得非常成熟，本书的重点也是介绍关系模型。20 世纪 80 年代以来，计算机厂商推出的数据库管理系统几乎都支持关系模型，非关系系统的产品也大都加上了关系接口。

一般将层次模型和网状模型统称为非关系模型。非关系模型的数据库系统在 20 世纪 70 年代至 80 年代初曾非常流行，在数据库管理系统的产品中占主导地位，但现在已逐步被采用关系模型的数据库管理系统所取代。20 世纪 80 年代以来，面向对象的方法和技术在计算机各个领域，包括程序设计语言、软件工程、信息系统设计、计算机硬件设计等方面都产生了深远的影响，也促进了数据库中面向对象数据模型的研究和发展。

2.3.1 层次数据模型

层次数据模型（层次模型）是数据库管理系统中最早出现的数据模型。层次数据库管理系统采用层次模型作为数据的组织方式。层次数据库管理系统的典型代表是 IBM 公司的 IMS（Information Management System），这是 IBM 公司 1968 年推出的第一个大型的商用数据库管理系统。

层次数据模型用树形结构表示实体和实体之间的联系。现实世界中许多实体之间的联系本身就呈现出一种自然的层次关系，如行政机构、家族关系等。

构成层次模型的树由节点和连线组成，节点表示实体，节点中的项表示实体的属性，连线表示相连的两个实体间的联系，这种联系是一对多的。通常把表示"一"的实体放在上方，称为父节点；把表示"多"的实体放在下方，称为子节点。将不包含任何子节点的节点称为叶节点，如图 2-4 所示。

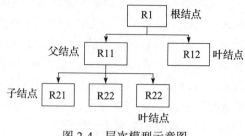

图 2-4 层次模型示意图

层次模型可以直接、方便地表示一对多的联系。但在层次模型中有以下两点限制：

1）有且仅有一个节点无父节点，这个节点即为树的根。

2）其他节点有且仅有一个父节点。

层次模型的一个基本特点是，任何一个给定的记录值只有从层次模型的根部开始按路径查看时，才能明确其含义，任何子节点都不能脱离父节点而存在。

图 2-5 说明了一个具有层次结构的学校组织机构数据模型，该模型有 4 个节点，"学院"是根节点，由学院编号、学院名称和办公地点三项组成。"学院"节点下有两个子节点，分别为"教研室"和"学生"。"教研室"节点由"教研室名"、"室主任"和"室人数"三项组成，"学生"节点由"学号""姓名""性别"和"年龄"四项组成。"教研室"节点下又有一个子节点"教师"，因此，"教研室"是"教师"的父节点，"教师"是"教研室"的子节点。"教师"节点由"教师号""教师名"和"职称"项组成。

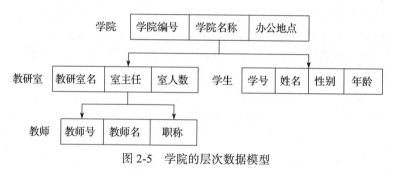

图 2-5 学院的层次数据模型

图 2-6 是图 2-5 数据模型对应的一个值。

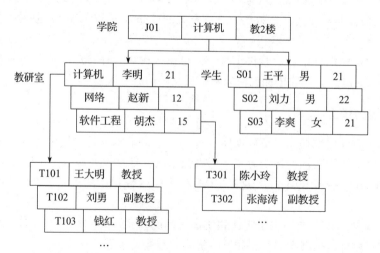

图 2-6 学院层次数据库的一个值

层次数据模型只能表示一对多联系，不能直接表示多对多联系。但如果把多对多联系转换为一对多联系，又会出现一个子节点有多个父节点的情况（如图 2-7 所示，学生和课程原本是一个多对多联系，在这里将其转换为两个一对多联系），这显然不符合层次数据模型的要求。一般常用的解决办法是把一个层次模型分解为两个层次模型，如图 2-8 所示。

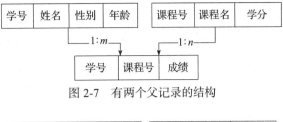

图 2-7　有两个父记录的结构

层次数据库是由若干个层次模型构成的，或者说它是一个层次模型的集合。

图 2-8　将图 2-8 分解成两个层次模型

2.3.2　网状数据模型

在现实世界中事物之间的联系更多的是非层次的，用层次数据模型表达现实世界中存在的联系有很多限制。如果去掉层次模型中的两点限制，即允许一个以上的节点无父节点，并且每个节点可以有多个父节点，便构成了网状模型。

用图形结构表示实体和实体之间的联系的数据模型称为网状数据模型（网状模型）。在网状模型中，同样使用父节点和子节点这样的术语，并且同样一般把父节点放置在子节点的上方。图 2-9 所示为几个不同形式的网状模型形式。

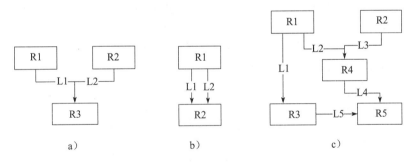

图 2-9　网状数据模型示例

从图 2-9 可以看出，网状模型父节点与子节点之间的联系可以不唯一，因此，就需要为每个联系命名。如图 2-9a 中，节点 R3 有两个父节点 R1 和 R2，因此，将 R1 与 R3 之间的联系命名为 L1，将 R2 与 R3 之间的联系命名为 L2。图 2-9b 和 c 与此类似。

由于网状模型没有层次模型的两点限制，因此可以直接表示多对多联系。但在网状模型中多对多的联系实现起来太复杂，因此一些支持网状模型的数据库管理系统对多对多联系还是进行了限制。例如，网状模型的典型代表 CODASYL（Conference On Data System Language）就只支持一对多联系。

网状模型和层次模型在本质上是一样的。从逻辑上看，它们都是用连线表示实体之间的联系，用节点表示实体；从物理上看，它们都是用指针来实现文件以及记录之间的联系，其差别仅在于网状模型中的连线或指针更复杂，更纵横交错，从而使数据结构更复杂。

网状模型的典型代表是 CODASYL，它是 CODASYL 组织的标准建议的具体实现。层次模型是按层次组织数据，而 CODASYL 是按系（set）组织数据。所谓"系"可以理解为命名了的联系，它由一个父记录型和一个或若干个子记录型组成。图 2-10 为网状模型的一个示例，其中包含四个系，S-G 系由学生和选课记录构成，C-G 系由课程和选课记录构成，C-C系由课程和授课记录构成，T-C 系由教师和授课记录构成。实际上，图 2-7 所示的具有两个父节点的结构也属于网状模型。

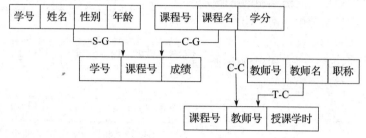

图 2-10　网状结构示意图

2.3.3　关系数据模型

关系数据模型是目前最重要的一种数据模型，关系数据库就是采用关系数据模型作为数据的组织方式。关系数据模型源于数学，它把数据看作二维表中的元素，而这个二维表在关系数据库中就称为关系。关于关系的详细讨论将在第 3 章进行。

用关系（表格数据）表示实体和实体之间的联系的模型就称为关系数据模型。在关系数据模型中，实体本身以及实体和实体之间的联系都用关系来表示，实体之间的联系不再通过指针来实现。

表 2-1 和表 2-2 所示分别为"学生"和"选课"关系模型的数据结构，其中"学生"和"选课"间的联系是靠"学号"列实现的。

表 2-1　学生

学号	姓名	性别	年龄	所在系
9512101	李勇	男	19	计算机系
9512102	刘晨	男	20	计算机系
9512103	王敏	女	20	计算机系
9521101	张立	男	22	信息系
9521102	吴宾	女	21	信息系
9521103	张海	男	20	信息系

表 2-2　选课

学号	课程号	成绩
9512101	C01	96
9512101	C02	80
9512101	C03	84
9512102	C01	92
9512102	C02	90
9512102	C04	84
9521102	C01	76
9521102	C04	85

在关系数据库中，记录值仅仅构成关系，关系之间的联系是靠语义相同的字段（称为连接字段）值表达的。理解关系和连接字段（即列）的思想在关系数据库中非常重要。例如，要查询"刘晨"的考试成绩，则首先要在"学生"关系中得到"刘晨"的学号值，然后根据这个学号值再在"选课"关系中找出该学生的所有考试记录值。

对于用户来说，关系的操作应该很简单，但关系数据库管理系统本身是很复杂的。关系操作之所以对用户很简单，是因为它把大量的工作交给了数据库管理系统来实现。尽管在层次数据库和网状数据库诞生之时，就有了关系数据库的设想，但研制和开发关系数据库管理系统却花费了比人们想象要长得多的时间。关系数据库管理系统真正成为商品并投入使用要比层次数据库和网状数据库晚十几年。但关系数据库管理系统一经投入使用，便显示出了强大的活力和生命力，并逐步取代了层次数据库和网状数据库。现在耳熟能详的数据库管理系统几乎都是关系数据库管理系统，比如 Microsoft SQL Server、Oracle、IBM DB2、Access 等。

关系数据模型易于设计、实现、维护和使用，它与层次数据模型和网状数据模型的最根本区别是，关系数据模型不依赖于导航式的数据访问系统，数据结构的变化不会影响对数据的访问。

2.4 数据库系统结构

考察数据库系统结构可以有不同的层次或不同的角度。

1）从数据库管理角度看，数据库系统通常采用三级模式结构。这是数据库系统的内部结构。

2）从最终用户角度看，数据库系统的结构分为集中式结构、文件服务器结构、客户/服务器结构等。这是数据库系统的外部结构。

本节讨论数据库系统的内部结构。它是为后续章节的内容建立一个框架结构，这个框架用于描述一般数据库管理系统的概念，但并不是所有的数据库管理系统都一定要使用这个框架，它在数据库管理系统中并不是唯一的，特别是一些"小"的数据库管理系统将难以支持这个结构的所有方面。这里介绍的数据库系统结构基本上能很好地适应大多数数据库管理系统，而且，它基本上与 ANSI/SPARC DBMS 研究组提出的数据库管理系统的体系结构（称作 ANSI/SPARC 体系结构）相同。

2.4.1 模式的基本概念

数据模型（组织层数据模型）用于描述数据的组织形式，模式则是用给定的数据模型对具体数据的描述（就像用某一种编程语言编写具体应用程序一样）。

模式是数据库中全体数据的逻辑结构和特征的描述，它仅仅涉及"型"的描述，不涉及具体的值。关系模式是关系的"型"或元组的结构共性的描述，它对应的是关系表的表头。

模式的一个具体值称为模式的一个实例，比如表 2-1 中的每一行数据就是其表头结构（模式）的一个具体实例。一个模式可以有多个实例。模式是相对稳定的（结构不会经常变动），而实例是相对变动的（具体的数据值可以经常变化）。数据模式描述一类事物的结构、属性、类型和约束，实质上是用数据模型对一类事物进行模拟，而实例是反映某类事物在某一时刻的当前状态。

虽然实际的数据库管理系统产品种类很多，支持的数据模型和数据库语言也不尽相同，数据的存储结构也各不相同，但它们在体系结构上通常都具有相同的特征，即采用三级模式结构并提供两级映像功能。

2.4.2　三级模式结构

数据库的三级模式结构是指数据库的外模式、模式和内模式。图 2-11 所示为各级模式之间的关系。

1）内模式：最接近物理存储，也就是数据的物理存储方式，包括数据存储位置、存储方式等。

2）外模式：最接近用户，也就是用户所看到的数据视图。

3）模式：是介于内模式和外模式之间的中间层，是数据的逻辑组织方式。

在图 2-11 中，外模式是面向每类用户的数据需求而设计的，而模式描述的是一个部门或公司的全体数据。换句话

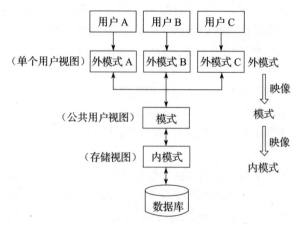

图 2-11　数据库的三级模式结构

说，外模式可以有许多，每一个都或多或少地抽象表示整个数据库的某一部分数据，而模式只有一个，它是对包含现实世界业务中的全体数据的抽象表示，注意这里的抽象指的是记录和字段这些更加面向用户的概念，而不是位和字节那些面向机器的概念。内模式也只有一个，它表示数据的物理存储。

我们这里所讨论的内容与数据库是否是关系型的没有直接关系，但简要说明一下关系系统中的三级模式结构，将有助于理解这些概念。

第一，关系数据库中的模式一定是关系的，在该层可见的实体是关系的表和关系的操作符。

第二，外模式也是关系的或接近关系的，它们的内容来自模式。例如我们可以定义两个外模式，一个记录学生的姓名、性别［表示为：学生基本信息 1（姓名，性别）］，另一个记录学生的姓名和所在系［表示为：学生基本信息 2（姓名，所在系）］，这两个外模式的内容均来自“学生基本信息”这个模式。外模式对应到关系数据库中是“外部视图”或简称为“视图”，它在关系数据库中有特定的含义，我们将在第 7 章详细讨论视图的概念。

第三，内模式不是关系的，它是数据的物理存储方式。其实，不管是什么系统，其内模式都是一样的，都是存储记录、指针、索引、散列表等。事实上，关系模型与内模式无关，它关心的是用户的数据。

下面我们以图 2-11 为基础，从外模式开始进一步详细讨论这三层结构。

1. 外模式

外模式也称为用户模式或子模式，它是对现实系统中用户感兴趣的整体数据的局部描述，用于满足数据库的不同用户对数据的需求。外模式是对数据库用户能够看见和使用的局部数据的逻辑结构和特征的描述，是数据库整体数据结构（即模式）的子集或局部重构。

外模式通常是模式的子集。一个数据库可以有多个外模式。由于它是各个用户的数据视图，如果不同的用户在应用需求、看待数据的方式、对数据保密要求等方面存在差异，则其外模式的描述就是不同的。即使对模式中同样的数据，在外模式中的结构、类型、长度等都可以不同。

例如，学生性别信息（学号，姓名，性别）视图就是表 2-1 所示关系的子集，它是宿舍

分配部门所关心的信息，是学生基本信息的子集。又例如，学生成绩（学号，姓名，课程号，成绩）外模式是任课教师所关心的信息，这个外模式的数据就是表2-1的学生基本信息表（模式）和表2-2的学生选课信息表（模式）所含信息的组合（或称为重构）。

外模式同时也是保证数据库安全的一个措施。每个用户只能看到和访问其所对应的外模式中的数据，并屏蔽掉不需要的数据，因此保证不会出现由于用户的误操作和有意破坏而造成数据损失。例如，假设有描述职工信息的关系模式，结构如下：

职工（职工号，姓名，所在部门，基本工资，职务工资，奖励工资）

如果不希望一般职工看到每个职工的奖励工资，则可生成一个包含一般职工可以看的信息的外模式，结构如下：

职工信息（职工号，姓名，所在部门，基本工资，职务工资）

这样就可以保证一般用户不会看到"奖励工资"项。

外模式就是特定用户所看到的数据库的内容，对那些用户来说，外模式就是他们的数据库。

2. 模式

模式也称为逻辑模式或概念模式，是对数据库中全体数据的逻辑结构和特征的描述，是所有用户的公共数据视图。概念模式表示数据库中的全部信息，其形式要比数据的物理存储方式抽象。它是数据库结构的中间层，既不涉及数据的物理存储细节和硬件环境，也与具体的应用程序、所使用的应用开发工具和环境无关。

模式实际上是数据库数据在逻辑级上的视图。一个数据库只有一种模式。数据库模式以某种数据模型为基础，综合地考虑了所有用户的需求，并将这些需求有机地结合成一个逻辑整体。定义数据库模式时不仅要定义数据的逻辑结构，比如数据记录由哪些数据项组成，数据项的名字、类型、取值范围等，而且还要定义数据之间的联系，定义与数据有关的安全性、完整性要求。

模式不涉及存储字段的表示，不涉及存储记录对列、索引、指针或其他存储的访问细节。如果模式以这种方式真正地实现了数据独立性，那么根据这些模式定义的外模式也会有很强的独立性。

数据库管理系统提供了模式定义语言（DDL）来定义数据库的模式。

3. 内模式

内模式也称为存储模式。内模式是对整个数据库的底层表示，它描述了数据的存储结构，比如数据的组织与存储方式，是顺序存储、B树存储还是散列存储，索引按什么方式组织、是否加密等。注意，内模式与物理层不一样，它不涉及物理记录的形式（即物理块或页，输入/输出单位），也不考虑具体设备的柱面或磁道大小。换句话说，内模式假定了一个无限大的线性地址空间，地址空间到物理存储的映射细节是与特定系统有关的，并不反映在体系结构中。

2.4.3 模式映像与数据独立性

数据库的三级模式是对数据的三个抽象级别，它把数据的具体组织留给DBMS，使用户能逻辑、抽象地处理数据，而不必关心数据在计算机中的具体表示方式与存储方式。为了能够在内部实现这三个抽象层次间的联系和转换，数据库管理系统在三个模式之间提供了以下两级映像（参见图 2-11 ）：

- 外模式 / 模式映像。
- 模式 / 内模式映像。

正是这两级映像功能保证了数据库中的数据能够具有较高的逻辑独立性和物理独立性，使数据库应用程序不随数据库数据的逻辑或存储结构的变动而变动。

1. 外模式 / 模式映像

模式描述的是数据的全局逻辑结构，外模式描述的是数据的局部逻辑结构。对应于同一个模式可以有多个外模式。对于每个外模式，数据库管理系统都有一个外模式到模式的映像，它定义了该外模式与模式之间的对应关系，即如何从外模式找到其对应的模式。这些映像定义通常包含在各自的外模式描述中。

当模式改变时（比如增加新的关系、新的属性，改变属性的数据类型等），可由数据库管理员用外模式定义语句，调整外模式到模式的映像，从而保持外模式不变。由于应用程序一般是依据数据的外模式编写的，因此也不必修改应用程序，从而保证了程序与数据的逻辑独立性。

2. 模式 / 内模式映像

模式 / 内模式映像定义了数据库的逻辑结构与物理存储之间的对应关系，该映像关系通常被保存在数据库的系统表（由数据库管理系统自动创建和维护，用于存放维护系统正常运行的表）中。当数据库的物理存储改变了，比如选择了另一个存储位置，只需要对模式 / 内模式映像作相应的调整，就可以保持模式不变，从而也不必改变应用程序。因此，保证了数据与程序的物理独立性。

在数据库的三级模式结构中，模式（即全局逻辑结构）是数据库的中心与关键，它独立于数据库的其他层。设计数据库时也是首先设计数据库的逻辑模式。

数据库的内模式依赖于数据库的全局逻辑结构，它独立于数据库的用户视图（也就是外模式），也独立于具体的存储设备。内模式将全局逻辑结构中所定义的数据结构及其联系按照一定的物理存储策略进行组织，以达到较好的时间与空间效率。

数据库的外模式面向具体的用户需求，它定义在逻辑模式之上，独立于存储模式和存储设备。当应用需求发生变化，相应的外模式不能满足用户的要求时，就需要对外模式作相应的修改以适应这些变化。因此设计外模式时应充分考虑到应用的扩充性。

原则上，应用程序都是在外模式描述的数据结构上编写的，而且它应该只依赖于数据库的外模式，并与数据库的模式和存储结构独立（但目前很多应用程序都是直接针对模式进行编写的）。不同的应用程序有时可以共用同一个外模式。数据库管理系统提供的两级映像功能保证了数据库外模式的稳定性，从而从底层保证了应用程序的稳定性，除非应用需求本身发生变化，否则应用程序一般不需要修改。

数据与程序之间的独立性使得数据的定义和描述可以从应用程序中分离出来。另外，由于数据的存取由 DBMS 负责管理和实施，因此，用户不必考虑存取路径等细节，从而简化了应用程序的编制，减少了对应用程序的维护和修改工作。

2.5 数据库管理系统

数据库管理系统（DBMS）是处理数据库访问的系统软件，从概念上讲，它包括以下处理过程（参见图 2-12 ）：

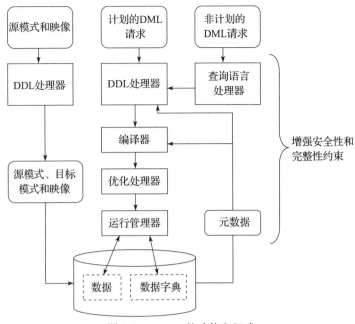

图 2-12　DBM 的功能和组成

1）用户使用数据库语言（比如 SQL）发出一个访问请求。

2）DBMS 接受请求并分析。

3）然后 DBMS 检查用户外模式、相应的外模式／概念模式间的映像、概念模式、概念模式／内模式间的映像和存储结构定义。

通常在检索数据时，从概念上讲，DBMS 首先检索所有要求的存储记录的值，然后构造所要求的概念记录值，最后再构造所要求的外部记录值。每个阶段都可能需要数据类型或其他方面的转换。当然，这个描述是简化了的，非常简单的。但这也说明了整个过程是解释性的，因为它表明分析请求的处理、检查各种模式等都是在运行时进行的。

DBMS 至少支持以下功能。

1）数据定义。DBMS 必须能够接受数据库定义的源形式，并把它们转换成相应的目标形式，即 DBMS 必须包括支持各种数据定义语言（DDL）的 DDL 处理器或编译器。

2）数据操纵。DBMS 必须能够检索、更新或删除数据库中已有的数据，或向数据库中插入数据，即 DBMS 必须包括数据操纵语言（DML）的 DML 处理器或编译器。

3）优化和执行。计划（在请求执行前就可以预见到的请求）的或非计划（不可预知的请求）的数据操纵语言请求必须经过优化器的处理，优化器用来决定执行请求的最佳方式。

4）数据安全和完整性保证。DBMS 要监控用户的请求，拒绝那些破坏 DBA 定义的数据库安全性和完整性的请求。在编译时或运行时或两种情况下都会执行这些任务。在实际操作中，运行管理器调用文件管理器来访问存储的数据。

5）数据恢复和并发控制。DBMS 或其他相关的软件，通常称为“事务处理器”或“事务处理监控器”——必须保证有恢复和并发控制功能。

6）数据字典管理。DBMS 包括数据字典。数据字典本身也可以看作一个数据库，只不过它是系统数据库，而不是用户数据库。“字典”是“关于数据的数据”（有时也称为数据的描述或元数据）。特别地，在数据字典中，也保存各种模式和映像的各种安全性和完整性约束。

有些人也把数据字典称为目录或分类，有时甚至称为数据存储池。

7）性能维护。DBMS 应尽可能高效地完成上述任务。

总而言之，DBMS 的目标就是提供数据库的用户接口。用户接口可定义为系统的边界，在此之下的数据对用户来说是不可见的。

小结

本章首先介绍了数据库中数据及数据模型的概念。数据是描述事物的记录符号，从数据中获得有意义的内容即为信息。数据模型是对数据的抽象描述，数据库中的数据模型根据其应用的对象分为两个层次：概念层数据模型和组织层数据模型。概念层数据模型是对现实世界信息的第一次抽象，它与具体的数据库管理系统无关，是用户与数据库设计人员的交流工具。因此概念层数据模型一般采用比较直观的模型，本章主要介绍的是应用范围很广泛的实体 - 联系模型。

组织层数据模型是对现实世界信息的第二次抽象，它与具体的数据库管理系统有关，也就是与数据库管理系统采用的数据的组织方式有关。从概念层数据模型到组织层数据模型经过的是转换的过程。组织层数据模型主要有层次、网状和关系数据模型，目前应用范围最广的是关系数据模型。

数据库管理系统将数据库数据划分为三个层次，并在三个层次分别对应三个模式。从最接近物理的到最接近用户的，这三个模式分别为内模式、模式和外模式。内模式最接近物理存储，它考虑数据的物理存储位置和存储结构；外模式最接近用户，它主要考虑单个用户所感兴趣的数据；模式介于内模式和外模式之间，它提供数据的公共视图，是所有用户感兴趣的数据的整体。同时为方便用户对数据库数据进行操作，数据库管理系统在三个模式之间提供了自动映像的功能。这两级映像分别是模式到内模式的映像和外模式到模式的映像，模式间的映像是提供数据的逻辑独立性和物理独立性的关键，也是使用户能够逻辑地处理数据的基础。

本章最后简单介绍了数据库管理系统的主要功能，DBMS 主要负责执行用户的数据定义和数据操作语言的请求，同时也负责提供数据字典的功能。

习题

1. 解释数据模型的概念。为什么要将数据模型分成两个层次？
2. 概念层数据模型和组织层数据模型分别是针对什么进行的抽象？
3. 实体之间的联系有哪几种？请为每一种联系举出一个例子。
4. 说明实体 - 联系模型中的实体、属性和联系的概念。
5. 指明下列实体间联系的种类：
   （1）教研室和教师（设一个教师只属于一个教研室，一个教研室可有多名教师）。
   （2）商品和顾客。
   （3）国家和首都（假设一个国家的首都可以变化）。
   （4）飞机和乘客。
   （5）银行和账户。
   （6）图书和借阅者（设一个借阅者可同时借阅多本书，可在不同时间对同一本书借阅多次）。
6. 数据库系统包含哪三级模式？试分别说明每一级模式的作用。
7. 数据库管理系统提供的两级映像的作用是什么？它带来了哪些功能？
8. 数据库三级模式划分的优点是什么？它能带来哪些数据独立性？

第3章 关系数据库

关系数据库是支持关系数据模型的数据库系统，现在绝大多数数据库系统都是关系型数据库管理系统。本章我们介绍关系数据模型的基本概念和术语、关系的完整性约束以及关系数据库的数学基础——关系代数。

3.1 关系数据模型的组成

关系数据库使用关系数据模型组织数据。这种思想源于数学，最早提出类似方法的是COD-ASYL（数据系统语言会议）于1962年发表的"信息代数"一文，之后，David Child于1968年在计算机上实现了集合论数据结构。

而真正系统、严格地提出关系数据模型的是IBM的研究员E.F.Codd，他于1970年在美国计算机学会会刊（《Communication of the ACM》）上发表了题为"A Relational Model of Data for Shared Data Banks"的论文，开创了数据库系统的新纪元。此后，他连续发表了多篇论文，奠定了关系数据库的理论基础。

关系数据模型由关系数据结构、关系操作集合和数据完整性约束三部分组成。

3.1.1 关系数据结构

关系数据模型源于数学，它用二维表来组织数据，而这个二维表在关系数据库中就称为关系。关系数据库就是表或者说是关系的集合。

关系系统要求让用户所感觉的数据就是一张张表，如2.3.3节所示的学生表和选课表。在关系系统中，表是逻辑结构而不是物理结构。实际上，系统在物理层可以使用任何有效的存储结构来存储数据，如有序文件、索引、散列表、指针等。因此，表是对物理存储数据的一种抽象表示——对很多存储细节的抽象，如存储记录的位置、记录的顺序、数据值的表示，以及记录的访问结构，如索引等，对用户来说都是不可见的。

3.1.2 关系操作

关系数据模型给出了关系操作的能力。关系数据模型中的操作包括：

- 传统的关系运算：并（Union）、交（Intersection）、差（Difference）、广义笛卡儿乘积（Extended Cartesian Product）。
- 专门的关系运算：选择（Select）、投影（Project）、连接（Join）、除（Divide）。
- 有关的数据操作：查询（Query）、插入（Insert）、删除（Delete）、修改（Update）。

关系模型的操作对象是集合，而不是单个的行，也就是操作的数据以及操作的结果都是完整的表（包括只包含一行数据的表，甚至不包含任何数据的空表）。而非关系型数据库系统中典型的操作是一次一行或一次一个记录。因此，集合处理能力是关系系统区别于其他系统的一个重要特征。

在非关系模型中，各个数据记录之间是通过指针等方式连接的，当要定位到某条记录时，需要用户自己按指针的链接方向逐层查找,我们称这种查找方式为用户"导航"。而在关系数据模型中,由于是按集合进行操作,因此,用户只需要指定数据的定位条件,数据库管理系统就可以自动定位到该数据记录,而不需要用户来导航。这也是关系数据模型在数据操作上与非关系模型的本质区别。

例如,若采用层次数据模型,对第 2 章图 2-6 所示的层次结构,若要查找"计算机学院软件工程教研室的张海涛老师的信息",则首先需要从根节点的"学院"开始,根据"计算机"学院指向的"教研室"节点的指针,找到"教研室"层次,然后在"教研室"层次中逐个查找(这个查找过程也许是通过各节点间的指针实现的),直到找到"软件工程"节点,然后根据"软件工程"节点指向"教师"节点的指针,找到"教师"层次,最后在"教师"层次中逐个查找教师名为"张海涛"的节点,此时该节点包含的信息即所要查找的信息。这个过程的示意图如图 3-1 所示,其中的虚线表示沿指针的逐层查找过程。

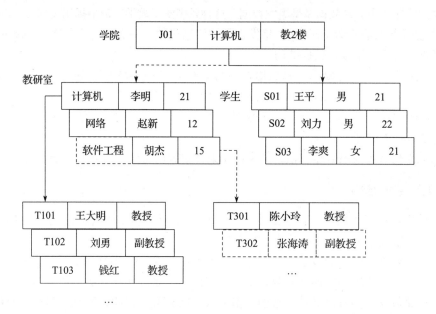

图 3-1　层次模型的查找过程示意图

而如果是在关系模型中查找信息,比如在表 3-1 所示的"学生"关系中查找"信息系学号为 0521101 的学生的详细信息",则用户只需要提出这个要求即可,其余的工作就交给数据库管理系统来实现了。对用户来说,这显然比在层次模型中查找数据要简单得多。

关系模型的数据操作主要包括四种:查询、插入、删除和更改数据。关系数据库中的信息只有一种表示方式,就是表中的行列位置有明确的值。这种表示是关系系统中唯一可行的方式(当然,这里指的是逻辑层)。特别地,关系数据库中没有连接一个表到另一个表的指针。在表 3-1 和表 3-2 中,表 3-1 所示的学生表的第 1 行数据与表 3-2 所示的学生选课表中的第 1 行(当然也与第 2、3、4 行)有联系,因为 0512101 号学生选了课程。但在关系数据库中这种联系不是通过指针来实现的,而是通过学生表中"学号"列的值与学生选课表中"学号"列的值关联的(学号值相等)。但在非关系系统中,这些信息一般由指针来表示,这种指针对用户来说是可见的。因此,在非关系模型中,用户需要知道数据之间的指针链接关系。

表 3-1 学生表

学号	姓名	性别	年龄	所在系
0512101	李勇	男	19	计算机系
0512102	刘晨	男	20	计算机系
0512103	王敏	女	20	计算机系
0521101	张立	男	22	信息系
0521102	吴宾	女	21	信息系

表 3-2 选课表

学号	课程号	成绩
0512101	C01	96
0512101	C02	80
0512101	C03	84
0512102	C01	92
0512102	C02	90
0512102	C04	84
0521102	C01	76
0521102	C04	85

需要注意的是，当我们说关系数据库中没有指针时，并不是指在物理层没有指针。实际上，在关系数据库的物理层也使用指针，但所有这些物理层的存储细节对用户来说都是不可见的，用户所看到的物理层实际上就是存放数据的数据库文件，他们能够看到的就是这些文件的文件名、存放位置等上层信息，而没有指针这样的底层信息。

关系操作是通过关系语言实现的，关系语言的特点是高度非过程化的。所谓非过程化是指：

- 用户不必关心数据的存取路径和存取过程，只需要提出数据请求，数据库管理系统就会自动完成用户请求的操作。
- 用户也没有必要编写程序代码来实现对数据的重复操作。

3.1.3 数据完整性约束

在数据库中，数据的完整性是指保证数据正确性的特征。数据完整性是一种语义概念，它包括两个方面：

1）与现实世界中应用需求的数据的相容性和正确性。

2）数据库内数据之间的相容性和正确性。

例如，学生的学号必须是唯一的，学生的性别只能是"男"和"女"，学生所选的课程必须是已经开设的课程等。因此，数据库是否具有数据完整性特征关系到数据库系统能否真实地反映现实世界的情况。数据完整性是数据库中非常重要的内容。

数据完整性由完整性规则定义，而关系模型的完整性规则是对关系的某种约束条件。在关系数据模型中一般将数据完整性分为三类，即实体完整性、参照完整性和用户定义的完整性。其中实体完整性和参照完整性是关系模型必须满足的完整性约束，是系统级的约束。用户定义的完整性主要是限制属性的取值范围，也称为域的完整性，这属于应用级的约束。数据库管理系统应该提供对这些数据完整性的支持。

3.2 关系模型的基本术语

在关系数据模型（简称关系模型）中，现实世界中的实体、实体与实体之间的联系都用关系来表示，关系模型源于数学，它有自己严格的定义和一些固有的术语。

关系模型采用单一的数据结构——实体以及实体间的联系均用关系来表示，并且用直观的观点来看，关系就是二维表。表 3-1 和表 3-2 所示的都是关系。

下面分别介绍关系模型中的有关术语。

1. 关系（relation）

通俗地讲，关系就是二维表，二维表的名字就是关系的名字，图 3-1 中的关系名就是"学生"。

2. 属性（attribute）

二维表中的列就称为属性（或叫字段），每个属性有一个名字，称为属性名。二维表中对应某一列的值称为属性值；二维表中列的个数称为关系的元数。如果一个二维表有 n 个列，则称其为 n 元关系。表 3-1 所示的学生关系有学号、姓名、年龄、所在系、性别 5 个属性，是一个五元关系。

3. 值域（domain）

二维表中属性的取值范围称为值域。例如在表 3-1 中，"年龄"列的取值为大于 0 的整数，"性别"列的取值为"男"和"女"两个值，这些就是列的值域。

4. 元组（tuple）

二维表中的一行称为一个元组（记录值），例如，表 3-1 所示关系中的元组有：

（0512101，李勇，男，19，计算机系）
（0512102，刘晨，男，20，计算机系）
（0512103，王敏，女，20，计算机系）
（0521101，张立，男，22，信息系）
（0521102，吴宾，女，21，信息系）

5. 分量（component）

元组中的每一个属性值称为元组的一个分量，n 元关系的每个元组有 n 个分量。例如，元组（0512101，李勇，男，19，计算机系）有 5 个分量，对应学号属性的分量是"0512101"、对应姓名属性的分量是"李勇"、对应年龄属性的分量是"19"、对应性别属性的分量是"男"，对应所在系属性的分量是"计算机系"。

6. 关系模式（relation schema）

二维表的结构称为关系模式，或者说，关系模式就是二维表的表框架或表头结构。设关系名为 R，其属性分别为 $A_1, A_2, \cdots, A_n$，则关系模式可以表示为：

$$R(A_1, A_2, \cdots, A_n)$$

对每个 $A_i (i=1, \cdots, n)$ 还包括该属性到值域的映像，即属性的取值范围。例如，表 3-1 所示关系的关系模式为：

学生（学号，姓名，性别，年龄，所在系）

如果将关系模式理解为数据类型，则关系就是一个具体的值。

7. 目或度（degree）

关系表包含的属性个数即为目或度。

8. 关系数据库（relation database）

对应于一个关系模型的所有关系的集合称为关系数据库。

9. 候选键（candidate key）

如果一个属性或属性集的值能够唯一标识一个关系的元组而又不包含多余的属性，则称该属性或属性集为候选键。候选键又称为候选关键字或候选码。在一个关系上可以有多个候选键。

10. 主键（primary key）

主键也称为主关键字，是表中的属性或属性组，用于唯一地确定一个元组。主键可以由一个属性组成，也可以由多个属性共同组成。例如，表 3-1 所示的学生基本信息表中，学号就是此学生关系的主键，因为它可以唯一地确定一个学生。而表 3-2 所示的学生选课关系的主键就由学号和课程号共同组成。因为一个学生可以修多门课程，而且一门课程也可以有多个学生选择，因此，只有将学号和课程号组合起来才能共同确定一行记录。我们称由多个属性共同组成的主键为复合主键。当某个表是由多个属性共同作为主键时，我们就用括号将这些属性括起来，表示共同作为主键。比如，表 3-2 的主键是（学号，课程号）。

注意，我们不能根据关系在某时刻所存储的内容来决定其主键，这样做是不可靠的，只能是猜测。关系的主键与其实际的应用语义有关、与关系模式的设计者的意图有关。例如，对于表 3-2 所示的"选课"关系，用（学号，课程号）作为主键在一个学生对一门课程只能有一次考试的前提下是成立的，如果实际情况是一个学生对一门课程可以有多次考试，则用（学号，课程号）作主键就不够了，因为一个学生对一门课程有多少次考试，则其（学号，课程号）的值就会重复多少遍。如果是这种情况，就必须为这个关系添加一个"考试次数"列，并用（学号，课程号，考试次数）作为主键。

有时一个关系中可能存在多个可以作主键的属性，比如，对于"学生"关系，假设增加了"身份证号"列，则"身份证号"列也可以作为学生表的主键。如果关系中存在多个可以作为主键的属性，则称这些属性为候选键属性，相应的键为候选键。

当一个关系中有多个候选键时，可以从中选择一个作为主键。每个关系只能有一个主键。

11. 主属性（primary attribute）和非主属性（nonprimary attribute）

包含在任一候选键中的属性称为主属性。不包含在任一候选键中的属性称为非主属性。

3.3 关系模型的形式化定义

在关系模型中，无论是实体还是实体之间的联系均由单一的结构类型来表示——关系。关系模型是建立在集合代数的基础上的，本节我们将从集合论的角度给出关系数据结构的形式化定义。

3.3.1 形式化定义

为了给出关系的形式化的定义，首先定义笛卡儿积。

设 D_1，D_2，$\cdots$，D_n 为任意集合，定义笛卡儿积 D_1，D_2，$\cdots$，D_n 为：

$$D_1 \times D_2 \times \cdots \times D_n = \{(d_1, d_2, \cdots, d_n) \mid d_i \in D_i, i = 1, 2, \cdots, n\}$$

其中每一个元素（d_1，d_2，$\cdots$，d_n）称为一个 n 元组（n-tuple），简称元组。元组中每一个 d_i 称为一个分量。

$D_1 = \{$ 计算机系，信息系 $\}$
$D_2 = \{$ 李勇，刘晨，吴宾 $\}$
$D_3 = \{$ 男，女 $\}$

则 $D_1 \times D_2 \times D_3$ 笛卡儿积为:

$D_1 \times D_2 \times D_3 = \{$ (计算机系, 李勇, 男), (计算机系, 李勇, 女),
　　　　　　　(计算机系, 刘晨, 男), (计算机系, 刘晨, 女),
　　　　　　　(计算机系, 吴宾, 男), (计算机系, 吴宾, 女),
　　　　　　　(信息系, 李勇, 男), (信息系, 李勇, 女),
　　　　　　　(信息系, 刘晨, 男), (信息系, 刘晨, 女),
　　　　　　　(信息系, 吴宾, 男), (信息系, 吴宾, 女) $\}$

其中（计算机系, 李勇, 男）、（计算机系, 刘晨, 男）等都是元组。"计算机系"、"李勇"、"男"等都是分量。

笛卡儿积实际上就是一个二维表，上述笛卡儿积的运算如图 3-2 所示。

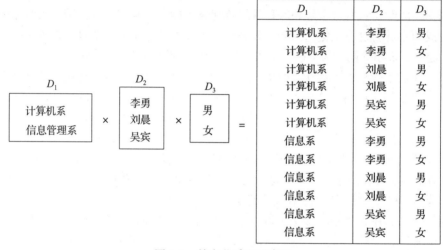

图 3-2　笛卡儿乘积示意图

图 3-2 中，笛卡儿积的任意一行数据就是一个元组，它的第一个分量来自 D_1，第二个分量来自 D_2，第三个分量来自 D_3。笛卡儿积就是所有这样的元组的集合。

根据笛卡儿积的定义可以给出一个关系的形式化定义：笛卡儿积 D_1，D_2，…，D_n 的任意一个子集称为 D_1，D_2，…，D_n 上的一个 n 元关系。

形式化的关系定义同样可以把关系看作二维表，给表的每个列取一个名字，称为属性。n 元关系有 n 个属性，一个关系中的属性的名字必须是唯一的。属性 D_i 的取值范围（$i = 1$，2，…，n）称为该属性的**值域**（domain）。

比如上述的例子，取子集:

$R = \{$（计算机系, 李勇, 男），（计算机系, 刘晨, 男），（信息系, 吴宾, 女）$\}$

就构成了一个关系。二维表的形式如表 3-3 所示，把第一个属性命名为"所在系"，第二个属性命名为"姓名"，第三个属性命名为"性别"。

表 3-3　一个关系

所在系	姓名	性别
计算机系	李勇	男
计算机系	刘晨	男
信息系	吴宾	女

从集合论的观点也可以将关系定义为：关系是一个有 K 个属性的元组的集合。

3.3.2 对关系的限定

关系可以看作二维表，但并不是所有的二维表都是关系。关系数据库对关系是有一些限定的，归纳起来有如下几个方面。

1）关系中的每个分量都必须是不可再分的最小数据项。即每个属性都不能再被分解为更小的属性，这是关系数据库对关系的最基本的限定。例如表 3-4 就不满足这个限定，因为在这个表中，"高级职称人数"不是最小的数据项，它是由两个最小数据项（"教授人数"和"副教授人数"）组成的一个复合数据项。对于这种情况只需要将"高级职称人数"数据项分解为"教授人数"和"副教授人数"两个数据项即可，如表 3-5 所示。

表 3-4 包含复合属性的表

系名	人数	高级职称人数	
		教授人数	副教授人数
计算机系	51	8	20
信息系	40	6	18
数学系	43	8	22

表 3-5 不包含复合属性的表

系名	人数	教授人数	副教授人数
计算机系	51	8	20
信息系	40	6	16
数学系	43	8	18

2）表中列的数据类型是固定的，即每个列中的分量是同类项的数据，来自相同的值域。

3）不同的列的数据可以取自相同的值域，每个列称为一个属性，每个属性有不同的属性名。

（4）关系表中列的顺序不重要，即列的次序可以任意交换，不影响其表达的语义。比如将图 3-5 中的"教授人数"列和"副教授人数"列交换并不影响这个表所表达的语义。

5）行的顺序也不重要，交换行数据的顺序不影响关系的内容。其实在关系数据库中并没有第一行、第二行等这样的概念，而且数据的存储顺序也与数据的输入顺序无关，数据的输入顺序不影响对数据库数据的操作过程，也不影响其操作效率。

6）同一个关系中元组不能重复，即在一个关系中任意两个元组的值不能完全相同。

3.4 关系模型的完整性约束

数据完整性是指数据库中存储的数据是有意义的或正确的。关系模型中的数据完整性规则是对关系的某种约束条件。它的数据完整性约束主要包括三大类：实体完整性、参照完整性和用户定义的完整性。

3.4.1 实体完整性

实体完整性是保证关系中的每个元组都是可识别的和唯一的。

实体完整性是指关系数据库中所有的表都必须有主键，而且表中不允许存在无主键值的记录和主键值相同的记录。

因为若记录没有主键值，则此记录在表中一定是无意义的。由于关系模型中的每一行记录都对应客观存在的一个实例或一个事实。比如，表 3-1 中的第一行数据描述的就是"李勇"这个学生。如果将表 3-1 中的数据改为表 3-6 所示的数据，可以看到，第 1 行和第 3 行数据没有主键值，查看其他列的值发现这两行数据的其他各列的值都是一样的，这会产生这样的疑问：到底是在计算机系中存在名字、年龄、性别完全相同的两个学生，还是重复存储了李勇学生的信息？这就是缺少主键值时造成的情况。如果为其添加主键值为表 3-7 所示数据，则可以判定在计算机系有两个姓名、年龄、性别完全相同的学生。如果为其添加主键值为表 3-8所示数据，则可以判定在这个表中有重复存储的记录，而在数据库中存储重复的数据是没有意义的。

表 3-6　缺少主键值的学生表

学号	姓名	性别	年龄	所在系
	李勇	男	19	计算机系
0512102	刘晨	男	20	计算机系
	李勇	男	19	计算机系
0512103	王敏	女	20	计算机系
0521101	张立	男	22	信息系
0521102	吴宾	女	21	信息系

表 3-7　主键值均不同的学生表

学号	姓名	性别	年龄	所在系
0512101	李勇	男	19	计算机系
0512102	刘晨	男	20	计算机系
0512103	李勇	男	19	计算机系
0512103	王敏	女	20	计算机系
0521101	张立	男	22	信息系
0521102	吴宾	女	21	信息系

表 3-8　主键值有重复的学生表

学号	姓名	性别	年龄	所在系
0512101	李勇	男	19	计算机系
0512102	刘晨	男	20	计算机系
0512101	李勇	男	19	计算机系
0512103	王敏	女	20	计算机系
0521101	张立	男	22	信息系
0521102	吴宾	女	21	信息系

当在表中定义了主键时，数据库管理系统会自动保证数据的实体完整性，即保证不允许存在主键值为空的记录以及主键值重复的记录。

关系模型中使用主键作为记录的唯一标识，在关系数据库中主属性不能取空值。关系数据库中的空值是特殊的标量常数，它代表未定义的（不适用的）或者有意义但目前还处于未知状态的值。比如当向表 3-2 所示的"选课"关系中插入一行记录时，在学生还没有考试之前，其成绩是不确定的，因此，我们希望此列上的值为空。空值用"NULL"表示。

3.4.2 参照完整性

参照完整性也称为引用完整性。现实世界中的实体之间往往存在着某种联系，在关系模型中，实体以及实体之间的联系都是用关系来表示的，这样就自然存在着关系与关系之间的引用。参照完整性就是描述实体之间的联系的。

参照完整性一般是指多个实体或表之间的关联关系。

例 3-1 学生实体和班实体可以用下面的关系模式表示，其中主键用下划线标识：

学生（<u>学号</u>，姓名，性别，班号，年龄）
班（<u>班号</u>，所属专业，人数）

这两个关系模式之间存在着属性的引用，即"学生"关系中的"班号"引用了"班"关系的主键"班号"。显然，"学生"关系中的"班号"的值必须是确实存在的班的班号的值，即在"班"关系中有该班号的记录。也就是说，"学生"关系中的"班号"的取值参照了"班"关系中的"班号"的取值。这种限制一个关系中某列的取值受另一个关系中某列的取值范围约束的特点就称为参照完整性。

例 3-2 学生、课程以及学生与课程之间的选课关系可以用如下三个关系模式表示，其中主键用下划线标识：

学生（<u>学号</u>，姓名，性别，专业，年龄）
课程（<u>课程号</u>，课程名，学分）
选课（<u>学号，课程号</u>，成绩）

这三个关系模式间也存在着属性的引用。"选课"关系中的"学号"引用了"学生"关系中的主键"学号"，即"选课"关系中的"学号"的值必须是确实存在的学生的学号，也就是在"学生"关系中有这个学生的记录。同样，"选课"关系中的"课程号"引用了"课程"关系中的主键"课程号"，即"选课"中的"课程号"也必须是"课程"中存在的课程号。

与实体间的联系类似，不仅两个或两个以上的关系间可以存在引用关系，同一个关系的内部属性之间也可以存在引用关系。

例 3-3 有关系模式：职工（职工号，姓名，性别，直接领导职工号）

在这个关系模式中，"职工号"是主键，"直接领导职工号"属性表示该职工的直接领导的职工号，这个属性的取值就参照了该关系中"职工号"属性的取值，即"直接领导职工号"必须是确实存在的一个职工。

进一步定义外键：设 F 是关系 R 的一个或一组属性，如果 F 与关系 S 的主键相对应，则称 F 是关系 R 的**外键**（Foreign Key，也称为外码），并称关系 R 为参照关系（Referencing Relation），关系 S 为被参照关系（Referenced Relation）或目的关系（Target Relation）。关系 R 和关系 S 不一定是不同的关系。

显然，目标关系 S 的主键 K_s 和参照关系 R 的外键 F 必须定义在同一个域上。

在例 3-1 中，"学生"关系中的"班号"属性与"班"关系中的主键"班号"对应，因此，"学生"关系中的"班号"是外键，引用了"班"关系中的"班号"（主键）。这里，"班"关系是被参照关系，学生关系是参照关系。

可以用图 3-3 所示的图形化方法形象地表达参照和被参照关系。"班"和"学生"的参照与被参照关系的图形化表示如图 3-4a 所示。

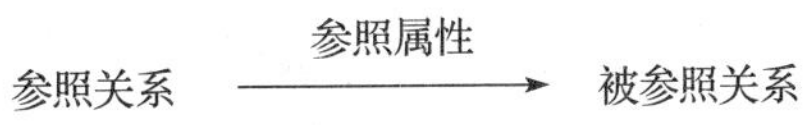

参照关系 ——参照属性——→ 被参照关系

图 3-3 关系的参照表示图

在例 3-2 中，"选课"关系中的"学号"属性与"学生"关系中的主键"学号"对应，"课程号"属性与"课程"关系的主键"课程号"对应，因此，"选课"关系中的"学号"属性和"课程号"属性均是外键。这里"学生"关系和"课程"关系均为被参照关系，"选课"关系为参照关系，其参照关系图如图 3-4b 所示。

在例 3-3 中，职工关系中的"直接领导职工号"属性与本身所在关系的主键"职工号"属性对应，因此，"直接领导职工号"是外键。这里，"职工"关系即是参照关系也是被参照关系，其参照关系图如图 3-4c 所示。

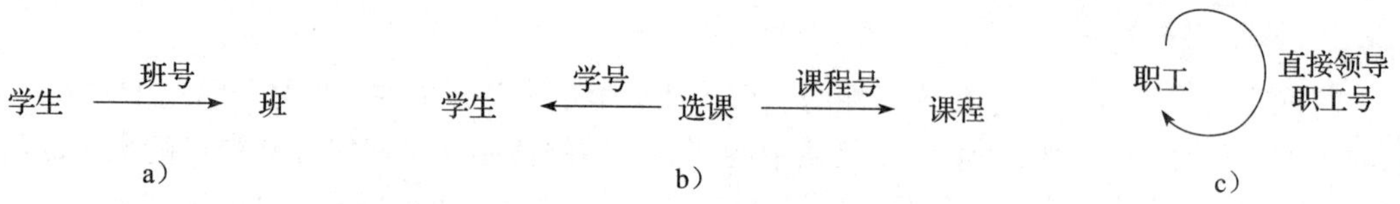

图 3-4　关系的参照图

需要说明的是，外键并不一定要与相对应的主键同名（如例 3-3）。但在实际应用中，为了便于识别，当外键与相应的主键属于不同的关系时，一般给它们取相同的名字。

参照完整性规则就是定义外键与被参照的主键之间的引用规则。

对于外键，一般应符合如下要求：

1）或者值为空。

2）或者等于其所参照的关系中的某个元组的主键值。

例如，对于职工与其所在的部门可以用如下两个关系模式表示，主键用下划线标识：

职工（职工号，职工名，部门号，工资级别）
部门（部门号，部门名）

其中，"职工"关系的"部门号"是外键，它参照了"部门"关系的"部门号"。如果某新来职工还没有被分配到具体的部门，则其"部门号"就为空值；如果职工已经被分配到了某个部门，则其部门号就有了确定的值（非空值）。

主键要求必须是非空且不重的，但外键无此要求。外键可以有重复值，这点我们从表 3-2 可以看出。

3.4.3　用户定义的完整性

用户定义的完整性也称为域完整性或语义完整性。任何关系数据库系统都应该支持实体完整性和参照完整性，除此之外，不同的数据库应用系统根据其应用环境的不同，往往还需要一些特殊的约束条件。用户定义的完整性就是针对某一具体应用领域定义的数据库约束条件，它反映某一具体应用所涉及的数据必须满足应用语义的要求。

用户定义的完整性实际上就是指明关系中属性的取值范围，也就是属性的域，即限制关系中的属性的取值类型及取值范围，防止属性的值与应用语义矛盾。例如，学生的考试成绩的取值范围为 0 ~ 100，或取 { 优、良、中、及格、不及格 }。

3.5　关系代数

关系模型源于数学。关系是由元组构成的集合，可以通过关系的运算来表达查询要求，而关系代数恰恰是关系操作语言的一种传统的表示方式，它是一种抽象的查询语言。

关系代数的运算对象是关系，运算结果也是关系。与一般的运算一样，运算对象、运算符和运算结果是关系代数的三大要素。

关系代数的运算可分为两大类：

- 传统的集合运算。这类运算完全把关系看成元组的集合。传统的集合运算包括集合的广义笛卡儿积运算、并运算、交运算和差运算。
- 专门的关系运算。这类运算除了把关系看成元组的集合外，还通过运算表达了查询的要求。专门的关系运算包括选择、投影、连接和除运算。

关系代数中的运算符可以分为四类：传统的集合运算符、专门的关系运算符、比较运算符和逻辑运算符。表 3-9 列出了这些运算符，其中比较运算符和逻辑运算符是配合专门的关系运算符来构造表达式的。

表 3-9　关系运算符

运算符		含　义
传统的集合运算符	∪	并
	∩	交
	−	差
	×	广义笛卡儿积
专门的关系运算符	σ	选择
	∏	投影
	⋈	连接
	÷	除
比较运算符	>	大于
	<	小于
	=	等于
	≠	不等于
	≤	小于等于
	≥	大于等于
逻辑运算符	¬	非
	∧	与
	∨	或

3.5.1　传统的集合运算

传统的集合运算是二目运算，设关系 R 和 S 均是 n 元关系，且相应的属性值取自同一个值域，则可以定义三种运算：并运算（∪）、交运算（∩）和差运算（−），但广义笛卡儿积并不要求参与运算的两个关系的对应属性取自相同的域。并、交、差运算的功能示意图如图 3-5 所示。

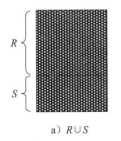
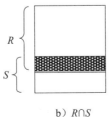
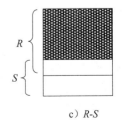

a）$R \cup S$　　　　　　b）$R \cap S$　　　　　　c）R-S

图 3-5　并、交、差运算示意图

现在我们以图 3-6a 和图 3-6b 所示的两个关系为例，说明这三种传统的集合运算功能。

顾客号	姓名	性别	年龄
S01	张宏	男	45
S02	李丽	女	34
S03	王敏	女	28

a）顾客表 A

顾客号	姓名	性别	年龄
S02	李丽	女	34
S04	钱景	男	50
S06	王平	女	24

b）顾客表 B

图 3-6　描述顾客信息的两个关系

1. 并运算

关系 R 与关系 S 的并记为：

$$R \cup S = \{t \mid t \in R \vee t \in S\}$$

其结果仍是 n 目关系，由属于 R 或属于 S 的元组组成。

图 3-7a 显示了图 3-6a 和图 3-6b 两个关系的并运算结果。

顾客号	姓名	性别	年龄
S01	张宏	男	45
S02	李丽	女	34
S03	王敏	女	28
S04	钱景	男	50
S06	王平	女	24

a）顾客表A∪顾客表B

顾客号	姓名	性别	年龄
S02	李丽	女	34

b）顾客表A∩顾客表B

顾客号	姓名	性别	年龄
S01	张宏	男	45
S03	王敏	女	28

c）顾客表A–顾客表B

图 3-7　集合的并、交、差运算示意

2. 交运算

关系 R 与关系 S 的交记为：

$$R \cap S = \{t \mid t \in R \wedge t \in S\}$$

其结果仍是 n 目关系，由属于 R 并且也属于 S 的元组组成。

图 3-7b 显示了图 3-6a 和图 3-6b 两个关系的交运算结果。

3. 差运算

关系 R 与关系 S 的差记为：

$$R - S = \{t \mid t \in R \wedge t \in S\}$$

其结果仍是 n 目关系，由属于 R 并且也属于 S 的元组组成。

图 3-7c 显示了图 3-6a 和图 3-6b 两个关系的交运算结果。

4. 广义笛卡儿积

广义笛卡儿积不要求参加运算的两个关系具有相同的目。

两个分别为 m 目和 n 目的关系 R 和关系 S 的广义笛卡儿积是一个（$m+n$）目的元组的集合。元组的前 m 个列是关系 R 的一个元组，后 n 个列是关系 S 的一个元组。若 R 有 K_1 个元组，S 有 K_2 个元组，则关系 R 和关系 S 的广义笛卡儿积有 $K_1 \times K_2$ 个元组，记作：

$$R \times S = \{ tr \wedge ts \mid tr \in R \land t_s \in S \}$$

$t_r \wedge t_s$ 表示由两个元组 t_r 和 t_s 前后有序连接而成的一个元组。

任取元组 t_r 和 t_s，当且仅当 t_r 属于 R 且 t_s 属于 S 时，t_r 和 t_s 的有序连接即为 $R \times S$ 的一个元组。

实际操作时，可从 R 的第一个元组开始，依次与 S 的每一个元组组合，然后，对 R 的下一个元组进行同样的操作，直至 R 的最后一个元组也进行同样的操作为止，即可得到 $R \times S$ 的全部元组。

图 3-8 所示为广义笛卡儿积的操作示意。

A	B
a1	b1
a2	b2

×

C	D	E
c1	d1	e1
c2	d2	e2
c3	d3	e3

=

A	B	C	D	E
a1	b1	c1	d1	e1
a2	b2	c2	d2	e2
a1	b1	c3	d3	e3
a2	b2	c1	d1	e1
a2	b2	c2	d2	e2
a2	b2	c3	d3	e3

图 3-8　广义笛卡儿积示意

3.5.2　专门的关系运算

专门的关系运算包括投影、选择、连接和除等操作，其中选择和投影为一元操作，连接和除为二元操作。

下面我们以表 3-10 ~ 表 3-12 所示的三个关系为例，介绍专门的关系运算。各关系包含的属性含义如下。

Student：Sno（学号），Sname（姓名），Ssex（性别），Sage（年龄），Sdept（所在系）。
Course：Cno（课程号），Cname（课程名），Credit（学分），Semester（开课学期）。
SC：Sno（学号），Cno（课程号），Grade（成绩）。

表 3-10　Student

Sno	Sname	Ssex	Sage	Sdept
9512101	李勇	男	19	计算机系
9512102	刘晨	男	20	计算机系
9512103	王敏	女	20	计算机系
9521101	张立	男	22	信息系
9521102	吴宾	女	21	信息系
9521103	张海	男	20	信息系

表 3-11　Course

Cno	Cname	Credit	Semester
C01	计算机文化学	3	1
C02	VB	2	2
C03	计算机网络	4	6
C04	数据库基础	6	6
C05	高等数学	8	2
C06	数据结构	5	4

表 3-12　SC

Sno	Cno	Grade
9512101	c01	90
9512101	c02	86
9512102	c02	78
9512102	c04	66
9521102	c01	82
9521102	c02	75
9521102	c04	92
9521102	c05	50

1. 选择

选择（selection）运算是最简单的运算，它从指定的关系中选择某些元组形成一个新的关系，被选择的元组是满足指定的逻辑条件的。

选择运算表示为：

$$\sigma_F(R) = \{\, t \mid t \in R \wedge F(t) = \text{'真'} \,\}$$

其中，σ 是选择运算符，R 是关系名，t 是元组，F 是逻辑表达式，取逻辑"真"值或"假"值。

例 3-4　查询计算机系的学生信息。

$$\sigma_{\text{Sdept} = \text{'计算机系'}}(\text{Student})$$

结果如图 3-9 所示。

Sno	Sname	Ssex	Sage	Sdept
9512101	李勇	男	19	计算机系
951 2102	刘晨	男	20	计算机系
9512103	王敏	女	20	计算机系

图 3-9　例 1 的结果

2. 投影

投影（projection）运算是对指定的关系进行垂直方向的选择，并形成一个新的关系。该操作包括如下两个过程：

1）选择指定的属性，形成一个可能含有重复行的关系。

2）删除重复行，形成新的关系。

投影运算表示为：

$$\prod_A(R) = \{ t.A \mid t \in R \}$$

其中，$\prod$ 是投影运算符，R 是关系名，A 是被投影的属性或属性组。$t.A$ 表示 t 这个元组中对应属性（集）A 的分量，也可以表示为 $t[A]$。

例 3-5 查询学生的姓名和所在系。

$\prod_{\text{Sname, Sdept}}(\text{Student})$

结果如图 3-10 所示。

3. 连接

连接运算用来连接相互之间有联系的两个关系，从而产生一个新的关系。这个过程由连接属性（字段）来实现。一般情况下这个连接属性是出现在不同关系中的语义相同的属性。

Sname	Sdept
李勇	计算机系
刘晨	计算机系
王敏	计算机系
张立	信息系
吴宾	信息系
张海	信息系

图 3-10　例 3-5 的结果

连接运算也称为 θ 运算。连接运算一般表示为：

$$R \underset{A\theta B}{\bowtie} S = \{t_r{}^\wedge t_s \mid t_r \in R \wedge t_s \in S \wedge t_r[A]\ \theta\ t_s[B]\}$$

其中 A 和 B 分别是关系 R 和 S 上语义相同的属性或属性组，θ 是比较运算符。连接运算从 R 和 S 的广义笛卡儿积 $R \times S$ 中选择（R 关系）在 A 属性组上的值与（S 关系）在 B 属性组上值满足比较运算符 θ 的元组。

连接运算中最重要也是最常用的连接有两个，一个是等值连接，一个是自然连接。

当 θ 为 "="时的连接为等值连接，它是从关系 R 与关系 S 的广义笛卡儿积中选取 A、B 属性值相等的那些元组，即：

$$R \underset{A=B}{\bowtie} S = \{t_r{}^\wedge t_s \mid t_r \in R \wedge t_s \in S \wedge t_r[A] = t_s[B]\}$$

自然连接是一种特殊的连接，它要求两个关系中进行比较的分量必须是相同的属性组，并且在结果中要去掉重复的属性列。即，若关系 R 和 S 具有相同的属性组 B，则自然连接可记作：

$$R \bowtie S = \{t_r{}^\wedge t_s \mid t_r \in R \wedge t_s \in S \wedge t_r[A] = t_s[B]\}$$

一般的连接运算是从行的角度进行运算，但自然连接还需要去掉重复的列，所以是同时从行和列的角度进行运算。

自然连接与等值连接的差别为：

- 自然连接要求相等的分量必须有共同的属性名，等值连接则不要求。
- 自然连接要求把重复的属性名去掉，等值连接却不这样做。

例 3-6 对表 3-10 和表 3-12 所示的 Student 和 SC 关系，分别进行如下的等值连接和自然连接运算。

等值连接：

Student ⋈ SC
　　Student.Sno=SC.Sno

自然连接：

Student ⋈ SC

等值连接的结果如图 3-11 所示，自然连接的结果如图 3-12 所示。

Sno	Sname	Ssex	Sage	Sdept	Sno	Cno	Grade
9512101	李勇	男	19	计算机系	9512101	c01	90
9512101	李勇	男	19	计算机系	9512101	c02	86
9512102	刘晨	男	20	计算机系	9512102	c02	78
9512102	刘晨	男	20	计算机系	9512102	c04	66
9521102	吴宾	女	21	信息系	9521102	c01	82
9521102	吴宾	女	21	信息系	9521102	c02	75
9521102	吴宾	女	21	信息系	9521102	c04	92
9521102	吴宾	女	21	信息系	9521102	c05	50

图 3-11　等值连接示意

Sno	Sname	Ssex	Sage	Sdept	Cno	Grade
9512101	李勇	男	19	计算机系	c01	90
9512101	李勇	男	19	计算机系	c02	86
9512102	刘晨	男	20	计算机系	c02	78
9512102	刘晨	男	20	计算机系	c04	66
9521102	吴宾	女	21	信息系	c01	82
9521102	吴宾	女	21	信息系	c02	75
9521102	吴宾	女	21	信息系	c04	92
9521102	吴宾	女	21	信息系	c05	50

图 3-12　自然连接示意

4. 除

1）除（division）运算的简单描述。

设关系 S 的属性是关系 R 的属性的一部分，则 $R \div S$ 为这样一个关系：

- 此关系的属性是由属于 R 但不属于 S 的所有属性组成。
- $R \div S$ 的任一元组都是 R 中某元组的一部分。但必须符合下列要求，即任取属于 $R \div S$ 的一个元组 t，则 t 与 S 的任一元组连接后，都为 R 中原有的一个元组。

除运算的示意图如图 3-13 所示。

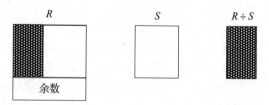

图 3-13　除运算示意图（阴影部分）

2）除运算的一般形式。设有关系 R (X, Y) 和 S (Y, Z)，其中 X、Y、Z 为关系的属性组，则：

$$R\ (X,\ Y) \div S\ (Y,\ Z) = R\ (X,\ Y) \div \prod_Y (S)$$

3）关系的除运算是关系运算中最复杂的一种，关系 R 与 S 的除运算的以上叙述解决了 $R \div S$ 关系的属性组成及其元组应满足的条件要求，但怎样确定 $R \div S$ 的元组仍然没有说清楚。为了说清楚这个问题，首先引入象集的概念。

象集（image set）：给定一个关系 R (X, Y)，X 和 Y 为属性组。定义，当 $t [X] = x$ 时，x 在 R 中的象集为：

$$Y_x = \{t[Y] \mid t \in R \wedge t[X] = x\}$$

上式中：$t[Y]$ 和 $t[X]$ 分别表示 R 中的元组 t 在属性组 Y 和 X 上的分量的集合。

例如在表 3-10 所示的 Student 关系中，有一个元组值为：

（0521101，张立，男，22，信息系）

假设 $X = \{$ Sdept，Ssex $\}$，$Y = \{$ Sno，Sname，Sage $\}$，则上式中的 $t[X]$ 的一个值

$$x = （信息系，男）$$

此时，Y_x 为 $t[X] = x = （信息系，男）$ 时所有 $t[Y]$ 的值，即：

$$Y_x = \{（0521101，张立，22），（0521103，张海，20）\}$$

也就是由信息系全体男生的学号、姓名、年龄所构成的集合。

又例如，对于表 3-12 所示的 SC 关系，如果设 $X = \{$Sno$\}$，$Y = \{$Cno，Grade$\}$，则当 X 取 "0512101" 时，Y 的象集为：

$$Y_x = \{（C01，90），（C02，86）\}$$

当 X 取 "0521102" 时，Y 的象集为：

$$Y_x = \{（C01，82），（C02，75），（C04，92），（C05，50）\}$$

现在，我们再回过头来讨论除法的一般形式。

设有关系 $R(X, Y)$ 和 $S(Y, Z)$，其中 X、Y、Z 为关系的属性组，则：

$$R \div S = \{t_r[X] \mid t_r \in R \wedge \prod_Y(S) \subseteq Y_x\}$$

图 3-14 给出了一个除运算的示例。

Sno	Cno
9512101	c01
9512101	c02
9512102	c02
9512102	c04
9521102	c01
9521102	c02
9521102	c04
9521102	c05

÷

Cno	Cname
c01	计算机文化学
c02	VB

=

Sno
9512101
9521102

图 3-14 除运算示意图

图 3-14 所示的除结果为至少选了 "C01" 和 "C02" 两门课程的学生的学号。

下面以表 3-10 ~ 表 3-12 所示的 Student、Course 和 SC 关系为例，给出一些关系代数运算的综合例子。

例 3-7 查询选了 C02 号课程的学生的学号和成绩。

$$\prod_{Sno, Grade}(\sigma_{Cno = 'C02'}(SC))$$

运算结果如图 3-15 所示。

例 3-8 查询信息系选了 C04 号课程的学生的姓名和成绩。

由于学生姓名信息在 Student 关系中，而成绩信息在 SC 关系中，因此这个查询同时涉及 Student 和 SC 两个关系。因此首先应对这两个关系进行自然连接，得到同一位学生的有关信息，然后再对连接的结果执行选择和投影操作。具体如下：

Sno	Grade
9512101	86
9512 102	78
9521102	75

图 3-15 例 3-7 的结果

$\Pi_{\text{Sname, Grade}}\left(\sigma_{\text{Cno= 'C04' } \wedge \text{ Sdept= '信息系'}}(\text{SC} \bowtie \text{Student})\right)$

也可以写成：

$\Pi_{\text{Sname, Grade}}\left(\sigma_{\text{Cno= 'C04' }}(\text{SC}) \bowtie \sigma_{\text{Sdept= '信息系' }}(\text{Student})\right)$

后一种实现形式是首先在 SC 关系中查询出选了"C04"课程的集合，然后从 Student 关系中查询出"信息系"学生的集合，最后再对这个集合进行自然连接运算（Sno 相等），这种查询的执行效率会比第一种形式高。

运算结果如图 3-16 所示。

例 3-9 查询选了第 2 学期开设的课程的学生的姓名、所在系和所选的课程号。

这个查询的查询条件和查询列与两个关系有关：Student（包含姓名和所在系信息）以及 Course（包含课程号和开课学期信息）。但由于

Sname	Grade
吴宾	92

图 3-16 例 3-8 的结果

Student 关系和 Course 关系之间没有可以进行连接的属性（要求必须语义相同），因此，如果要让 Student 关系和 Course 关系进行连接，则必须要借助于 SC 关系，通过 SC 关系中的 Sno 与 Student 关系中的 Sno 进行自然连接，并通过 SC 关系中的 Cno 与 Course 关系中的 Cno 进行自然连接，可实现 Student 关系和 Course 关系之间的关联关系。

该示例的关系代数表达式如下：

$\Pi_{\text{Sname, Sdept, Cno}}\left(\sigma_{\text{Semester=2}}(\text{Course} \bowtie \text{SC} \bowtie \text{Student})\right)$

也可以写成：

$\Pi_{\text{Sname, Sdept, Cno}}\left(\sigma_{\text{Semester=2}}(\text{Course}) \bowtie \text{SC} \bowtie \text{Student}\right)$

运算结果如图 3-17 所示。

例 3-10 查询选了"VB"课程且考试成绩大于等于 80 的学生姓名、所在系和成绩。

这个查询涉及 Student、SC 和 Course 三个关系，在 Course 关系中可以指定课程名，从 Student 关系中可以得到姓名、所在系，从 SC 关系中可以得到成绩。

该示例的关系代数表达式如下：

$\Pi_{\text{Sname, Sdept, Grade}}\left(\sigma_{\text{Cname= 'VB' } \wedge \text{ Grade>=80}}(\text{Course} \bowtie \text{SC} \bowtie \text{Student})\right)$

也可以写成：

$\Pi_{\text{Sname, Sdept, Grade}}\left(\sigma_{\text{Cname= 'VB' }}(\text{Course}) \bowtie \sigma_{\text{Grade>=80}}(\text{SC}) \bowtie \text{Student}\right)$

运算结果如图 3-18 所示。

Sname	Sdept	Cno
李勇	计算机系	c02
刘晨	计算机系	c02
吴宾	信息系	c02
吴宾	信息系	c05

图 3-17 例 3-9 的结果

Sname	Sdept	Grade
李勇	计算机系	86

图 3-18 例 3-10 的结果

例 3-11 在全体学生中查询未选"计算机文化学"的学生姓名和所在系。

实现这个查询的关系代数表达式的基本思路是：从全体学生中去掉选了"计算机文化学"课程的学生，因此需要用到差运算。这个查询同样涉及 Student、SC 和 Course 三个关系。

该示例的关系代数表达式如下：

$$\prod_{Sname,\ Sdept}(Student) - \prod_{Sname,\ Sdept}(\sigma_{Cname=\text{'计算机文化学'}}(Course \bowtie SC \bowtie Student))$$

也可以写成：

$$\prod_{Sname,\ Sdept}(Student) - \prod_{Sname,\ Sdept}(\sigma_{Cname=\text{'计算机文化学'}}(Course) \bowtie SC \bowtie Student)$$

运算结果如图 3-19 所示。

图 3-12　查询选了全部课程的学生的姓名和所在系。

编写实现这个查询的关系代数表达式的思考过程如下：

1）学生选课情况可用 $\prod_{Sno,Cno}(SC)$ 表示。

2）全部课程可用 $\prod_{Cno}(Course)$ 表示。

3）查询选了全部课程的学生的学号，可用除法运算得到，即：

$$\prod_{Sno,Ono}(SC) \div \prod_{Cno}(Course)$$

4）从得到的 Sno 集合再在 Student 关系中找到对应的学生姓名（Sname）和所在系（Sdept），可用自然连接和投影操作组合实现。最终的关系代数表达式如下：

$$\prod_{Sname,\ Sdept}(Student \bowtie (\prod_{Sno,Cno}(SC) \div \prod_{Cno}(Course)))$$

运算结果为空集合。

例 3-13　查询信息系选了第 2 学期开设的全部课程的学生的学号和姓名。

编写实现这个查询的关系代数表达式的思考过程与例 3-12 类似，只是将 2）改为"查询第 2 学期开设的全部课程"，这可用下列表达式表达：

$$\prod_{Cno}(\sigma_{Semester=2}(Course)$$

最终的关系代数表达式为：

$$\prod_{Sno,\ Sname}(\sigma_{Sdept=\text{'信息系'}}(Student) \bowtie (\prod_{Sno,Cno}(SC) \div \prod_{Cno}(\sigma_{Semester=2}(Course))))$$

运算结果如图 3-20 所示。

Sname	Sdept
刘晨	计算机系

图 3-19　例 3-11 的结果

Sno	Sname
9521102	吴宾

图 3-20　例 3-13 的结果

3.5.3　关系代数操作总结

表 3-13 对关系代数操作进行了总结。

表 3-13　关系代数操作总结

操作	表示方法	功　　能
选择	$\sigma_F(R)$	产生一个新关系，其中只包含 R 中满足指定谓词的元组

（续）

操作	表示方法	功　能
投影	$\prod a_1,a_2,\cdots,an\,(R)$	产生一个新关系，该关系由指定 R 的属性组成的一个垂直子集组成，并且去掉了重复的元组
连接	$R\underset{A\,\theta\,B}{\bowtie}S$	产生一个新关系，该关系包含了 R 和 S 的笛卡儿积中所有满足 θ 运算的元组
自然连接	$R\bowtie S$	产生一个新关系，由关系 R 和 S 在所有公共属性 x 上的相等连接得到，并且在结果中，每个公共属性只保留一个
并	$R\cup S$	产生一个新关系，它由 R 和 S 中所有不同的元组构成。R 和 S 必须是可进行并运算的
交	$R\cap S$	产生一个新关系，它由既属于 R 又属于 S 的元组构成。R 和 S 必须是可进行交运算的
差	$R-S$	产生一个新关系，它由属于 R 但不属于 S 的元组构成。R 和 S 必须是可进行差运算的
笛卡儿乘积	$R\times S$	产生一个新关系，它是关系 R 中的每个元组与关系 S 中的每个元组的并联的结果
除	$R\div S$	产生一个属性集合 C 上的关系，该关系的元组与 S 中的每个元组组合都能在 R 中找到匹配的元组，这里 C 是属于 R 但不属于 S 的属性集合

关系运算的优先级按从高到低的顺序为：投影、选择、笛卡儿乘积、连接和除（同级）、交、并和差（同级）。

小结

关系数据库是目前应用最广的数据库管理系统。本章介绍了关系数据库的重要概念，包括关系模型的结构、关系操作和关系的完整性约束。介绍了关系模型中实体完整性、参照完整性和用户定义的完整性约束的概念。

最后介绍了关系代数运算，关系代数运算包括传统的集合运算和专门的关系运算两大类。专门的关系运算包括并、交、差和广义笛卡儿积，对于并、交和差运算要求参与运算的关系必须具有相同的结构。专门的关系运算包括选择、投影、连接和除。在传统的集合运算基础之上再运用专门的关系运算，可以实现对关系的多条件查询操作。

习题

1. 试述关系模型的三个组成部分。
2. 解释下列术语的含义：
　（1）笛卡儿积
　（2）主键
　（3）候选键
　（4）外键
　（5）关系
　（6）关系模式
　（7）关系数据库
3. 关系数据库的三个完整性约束是什么？各是什么含义？

4.连接运算有哪些？等值连接和自然连接的区别是什么？

5.对参与并、交、差运算的两个关系 R、S 有什么要求？

6.对参与除运算的两个关系（$R \div S$）有什么要求？除运算的结果关系中包含哪些属性？

7 对参与自然连接和等值连接操作的两个关系 R、S 有什么要求？

8.投影操作的结果关系中是否有可能存在重复的记录？为什么？

9.利用表 3-10 ～ 表 3-12 所示的三个关系，写出实现如下查询要求的关系代数表达式。

（1）查询"信息系"学生的选课情况，列出学号、姓名、课程号和成绩。

（2）查询"VB"课程的考试情况，列出学生姓名、所在系和考试成绩。

（3）查询考试成绩高于 90 分的学生的姓名、课程名和成绩。

（4）查询至少选修了 0512101 号学生所选的全部课程的学生的姓名和所在系。

（5）查询至少选了"c01"和"c02"两门课程的学生的姓名、所在系和所选的课程号。

（6）查询没有选修第 1 学期开设的全部课程的学生的学号、姓名和所选的课程号。

（7）查询计算机系和信息系选了 VB 课程的学生姓名。

第4章 SQL Server 2012 基础

SQL Server 是微软公司推出的适用于大型网络环境的数据库产品，它一经推出后，很快得到了广大用户的积极响应并迅速占领了 NT 环境下的数据库领域，成为数据库市场上的一个重要产品。微软公司对 SQL Server 不断更新换代，其主要版本发展过程为：2000 → 2005 → 2008 → 2012 → 2016，目前的最新版本为 SQL Server 2016。本书以 SQL Server 2012 版本为基础平台介绍这个数据库管理系统的基本功能。这些基本功能在 SQL Server 2012 和 SQL Server 2016 以及 SQL Server 2008 中基本是一样的。

本章首先介绍 SQL Server 2012 的安装要求、安装选项以及安装后的配置，然后介绍其中常用工具的使用。

4.1 SQL Server 2012 预备知识

SQL Server 2012 已经不是传统意义上的数据库，而是整合了数据库、商业智能、报表服务、分析服务等多种技术的数据库平台。

SQL Server 与其他数据库厂商在数据存储能力、并行访问能力、安全管理等关键性指标上并没有太大的差别，但在多功能集成、操作速度、数据仓库构建、数据挖掘、数据报表方面，有其他数据库厂商所没有的优势。SQL Server 2012 的功能比之前版本更加完善和丰富。

4.1.1 主要服务器组件

SQL Server 2012 的服务器组件主要包括五个：SQL Server 数据库引擎、分析服务、报表服务、集成服务及主数据服务，用户在安装 SQL Server 2012 时可根据自己的需要安装部分或全部组件。

1. SQL Server 数据库引擎

SQL Server 数据库引擎包括数据库引擎（用于存储、处理和保护数据的核心服务）、复制、全文搜索、用于管理关系数据和 XML 数据的工具以及 Data Quality Services (DQS) 服务器。

2. 分析服务

分析服务（Analysis Services）包括用于创建和管理联机分析处理（OLAP）以及数据挖掘应用程序的工具。

3. 报表服务

报表服务（Reporting Services）包括用于创建、管理和部署表格报表、矩阵报表、图形报表以及自由格式报表的服务器和客户端组件。Reporting Services 还是一个可用于开发报表应用程序的可扩展平台。

4. 集成服务

集成服务（Integration Services）是一组图形工具和可编程对象，用于移动、复制和转换数据。

5. 主数据服务

主数据服务（Master Data Services，MDS）是针对主数据管理的 SQL Server 解决方案。

MDS 把主数据组织成模型，每个模型只包含一个数据域，即：以有意义的方式组织数据，如产品或客户信息。在每一个模型中，可以配置一组与 MDS 数据库中对象相对应的对象。

4.1.2 管理工具

SQL Server 2012 提供了如下一些管理工具，客户可根据自己的实际需要进行选择安装。

1. SQL Server Management Studio (SSMS)

该工具用于访问、配置、管理和开发 SQL Server 组件的集成环境，使各种技术水平的开发人员和管理员都能使用 SQL Server。

2. SQL Server 配置管理器

该工具为 SQL Server 服务、服务器协议、客户端协议和客户端别名提供基本配置管理。

3. SQL Server Profiler

该工具提供了一个图形用户界面，用于监视数据库引擎实例或 Analysis Services 实例。

4. 数据库引擎优化顾问

该工具可以协助创建索引、索引视图和分区的最佳组合。

5. 数据质量客户端

该工具提供了一个非常简单和直观的图形用户界面，用于连接到 DQS 数据库并执行数据清理操作。它还允许用户集中监视在数据清理操作过程中执行的各项活动。

6. SQL Server Data Tools（SSDT）

该工具提供 IDE 以便为以下商业智能组件生成解决方案：Analysis Services、Reporting Services 和 Integration Services。该工具在之前版本中被称为 Business Intelligence Development Studio。

SSDT 还包含"数据库项目"，为数据库开发人员提供集成环境，以便在 Visual Studio 内为任何 SQL Server 平台（包括本地和外部）执行其所有数据库设计工作。数据库开发人员可以使用 Visual Studio 中功能增强的服务器资源管理器，轻松创建或编辑数据库对象和数据或执行查询。

7. 连接组件

连接组件安装用于客户端和服务器之间通信的组件，以及用于 DB-Library、ODBC 和 OLE DB 的网络库。

4.1.3 主要版本

SQL Server 2012 有多个版本，具体需要安装哪个版本和哪些组件与具体的应用需求有关。不同版本的 SQL Server 2012 在价格、功能、存储能力、支持的 CPU 等很多方面都不同。当前微软公司发行的 SQL Server 2012 版本有如下几种。

1. 主要版本

（1）企业版（Enterprise Edition，32 位和 64 位）

作为高级版本，企业版提供了全面的高端数据中心功能，性能极为快捷、虚拟化不受限制，还具有端到端的商业智能，可为关键任务工作负荷提供较高服务级别，支持最终用户访问深层数据。

（2）商业智能版（Business Intelligence Edition）

商业智能版主要是应对目前数据挖掘和多维数据分析的需求。它可以为用户提供全面的商业智能解决方案，并增强了其在数据浏览、数据分析和数据部署安全等方面的功能。

（3）标准版（Standard Edition，32 位和 64 位）

标准版提供了基本数据管理和商业智能数据库，使部门和小型组织能够顺利运行其应用程序并支持将常用开发工具用于内部部署和云部署，有助于以最少的 IT 资源获得高效的数据库管理。

2. 专业化版本

专业化版本的 SQL Server 面向不同的业务工作负荷。

SQL Server 2012 的专业化版本（Web Edition，64 位和 32 位）对于为从小规模至大规模 Web 资产提供可伸缩性、经济性和可管理性功能的 Web 宿主和 Web VAP 来说，是一项总拥有成本较低的选择。

3. 扩展版本

扩展版本是针对特定的用户应用而设计的，可免费获取或只需支付极少的费用。

（1）开发版（Developer Edition，64 位和 32 位）

开发版支持开发人员基于 SQL Server 构建任意类型的应用程序，包括企业版的所有功能，但有许可限制，只能用作开发和测试系统，而不能用作生产服务器。开发版是构建和测试应用程序人员的理想之选。

（2）简化版（Express Edition，64 位和 32 位）

简化版是入门级的免费数据库，是学习和构建桌面及小型服务器数据驱动应用程序的理想选择。它是独立软件供应商、开发人员和热衷于构建客户端应用程序的人员的最佳选择。如果用户需要使用更高级的数据库功能，则可以将简化版无缝升级到其他更高端的 SQL Server 版本。SQL Server 2012 中新增了 SQL Server Express LocalDB，这是简化版的一种轻型版本，该版本具备所有可编程性功能，能在用户模式下运行，并且具有快速的零配置安装和必备组件要求较少的特点。

4.1.4　软 / 硬件要求

安装 SQL Server 2012 有一定的软 / 硬件要求，而且不同的 SQL Server 2012 版本对操作系统及软 / 硬件的要求也不完全相同。下面仅介绍 32 位 SQL Server 2012 对操作系统以及硬件的一些要求。

在安装 SQL Server 2012 的过程中，Windows Installer 会在系统驱动器中创建临时文件。在运行安装程序之前，应确保系统驱动器中有至少 6GB 的可用磁盘空间用来存储这些文件。

SQL Server 2012 实际硬盘空间需求取决于系统配置和用户决定安装的功能，表 4-1 列出 SQL Server 2012 组件的磁盘空间要求。

表 4-1　SQL Server 2012 各功能需要的磁盘空间

功　　能	磁盘要求
数据库引擎和数据文件、复制、全文搜索以及 Data Quality Services	811 MB
Analysis Services 和数据文件	345 MB
Reporting Services 和报表管理器	304 MB
Integration Services	591 MB
Master Data Services	243 MB
客户端组件（除 SQL Server 联机丛书组件和 Integration Services 工具之外）	1823 MB
用于查看和管理帮助内容的 SQL Server 联机丛书组件	375 KB
下载联机丛书内容	200 MB

表 4-2 列出了 SQL Server 2012 各版本对内存及处理器的要求。

表 4-2　SQL Server 2012 对内存及处理器的要求

功　　能	要　　求
内存	最小值： Express 版本：512 MB 其他版本：1 GB 建议值： Express 版本：1 GB 其他版本：至少 4 GB 并应该随着数据库大小的增加而增加，以确保最佳性能
处理器速度	最小值： x86 处理器：1.0 GHz x64 处理器：1.4 GHz 建议：2.0 GHz 或更快
处理器类型	• x64 处理器：AMD Opteron、AMD Athlon 64、支持 Intel EM64T 的 Intel Xeon、支持 EM64T 的 Intel Pentium IV • x86 处理器：Pentium III 兼容处理器或更快的处理器

除了硬件要求之外，安装 SQL Server 2012 还需要一定的操作系统支持，不同版本的 SQL Server 2012 要求不同的 Windows 操作系统版本和补丁（Service Pack）。由于操作系统版本比较多，这里不一一列出 SQL Server 2012 每个版本对操作系统的要求，有兴趣的读者可参阅微软公司网站上 SQL Server 的相关文档。

4.1.5　实例

在安装 SQL Server 2012 之前，我们首先需要理解一个概念——实例。各个数据库厂商对实例的解释不完全一样，在 SQL Server 中可以这样理解实例：当在一台计算机上安装一次 SQL Server 时，就产生了一个实例。

1. 默认实例和命名实例

如果是在计算机上第一次安装 SQL Server 2012（并且此计算机上也没有安装其他版本的 SQL Server），则 SQL Server 2012 安装向导会提示用户选择把这次安装的 SQL Server 实例作为默认实例还是命名实例（通常默认选项是默认实例）。命名实例只是表示在安装过程中为实例指定了一个名称，然后就可以用该名称访问该实例。默认实例是用当前使用的计算机的网络名作为其实例名。

在客户端访问默认实例的方法是在 SQL Server 客户端工具中输入计算机名或者是计算机的 IP 地址。访问命名实例的方法是在 SQL Server 客户端工具中输入"计算机名 / 命名实例名"。

在一台计算机上只能安装一个默认实例，但可以有多个命名实例。

注意：在第一次安装 SQL Server 时，建议选择使用默认实例，这样便于初级用户操作。

2. 多实例

数据库管理系统的一个实例代表一个独立的数据库管理系统，SQL Server 2012 支持在同一台服务器上安装多个 SQL Server 2012 实例，或者在同一个服务器上同时安装 SQL Server 2012 和 SQL Server 的早期版本。在安装过程中，数据库管理员可以选择安装一个不指定名称的实例（默认实例），在这种情况下，实例名将采用服务器的机器名作为默认实例名。在一台计算机上除了安装 SQL Server 的默认实例外，如果还要安装多个实例，则必须给其他实例取不同的名称，这些实例均是命名实例。在一台服务器上安装 SQL Server 的多个实例，使不同的用户可以将自己的数据放置在不同的实例中，从而避免不同用户数据之间的相互干扰。多实例的功能使用户不仅能够使用计算机上已经安装的早期版本的 SQL Server，而且还能够测试开发软件，并且可以互相独立地使用 SQL Server 数据库管理系统。

但并不是在一台服务器上安装的 SQL Server 2012 实例越多越好，因为安装多个实例会增加管理开销，导致组件重复。SQL Server 和 SQL Server Agent 服务的多个实例需要额外的计算机资源，包括内存和处理能力。

4.2 安装 SQL Server 2012

建议在使用 NTFS 文件格式的计算机上运行 SQL Server 2012，微软公司支持但建议不要在具有 FAT32 文件系统的计算机上安装 SQL Server 2012，因为它没有 NTFS 文件系统安全。

本部分以在 Windows 7 环境中安装 SQL Server 2012 开发版为例，介绍其安装过程。

运行 SQL Server 2012 安装软件中的 setup.exe 程序，出现的第一个安装界面如图 4-1 所示。在该界面左侧列表框中选择"安装"，然后在右侧列表框中选择"全新 SQL Server 独立安装或向现有安装添加功能"选项，经过一段时间的检测进入图 4-2 所示的"安装程序支持规则"界面。

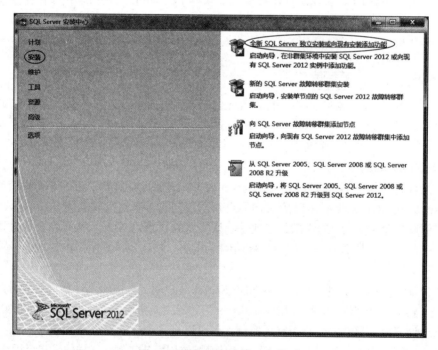

图 4-1 安装程序的第一个界面

在图 4-2 所示界面上单击"确定"按钮进入图 4-3 所示的"安装类型"界面。如果是要进行全新的安装，则在此界面上选中"执行 SQL Server 2012 的全新安装"选项；如果是向之前已经安装好的 SQL Server 2012 实例添加新的功能，则可选择"向 SQL Server 2012 的现有实例中添加功能"选项。这里是全新安装，选中"执行 SQL Server 2012 的全新安装"选项，并单击"下一步"按钮，进入图 4-4 所示的"产品密钥"界面。

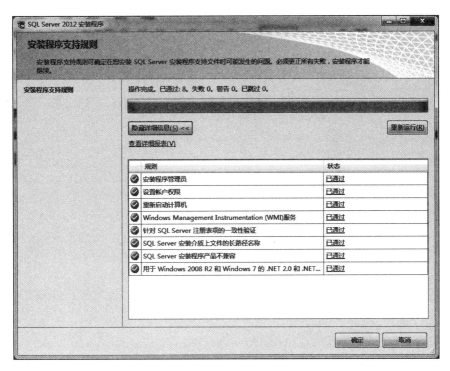

图 4-2 "安装程序支持规则"界面

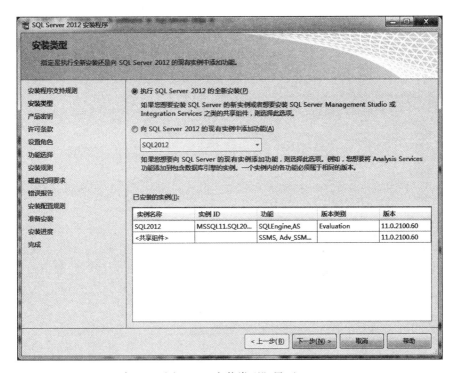

图 4-3 "安装类型"界面

在图 4-4 所示界面上单击"下一步"按钮，进入"许可条款"界面。在此界面上勾选"我接受许可条款"，单击"下一步"按钮，进入图 4-5 所示的"设置角色"界面。

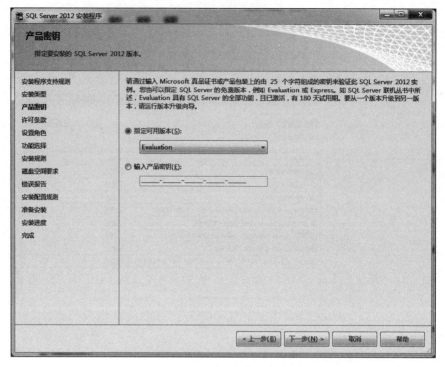

图 4-4 "产品密钥"界面

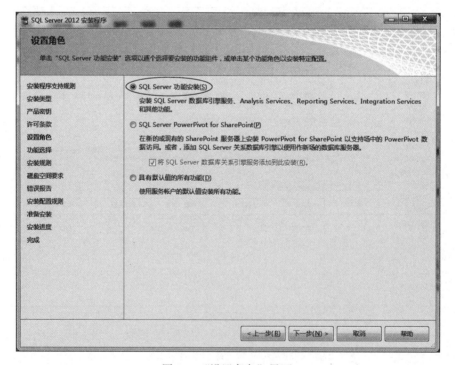

图 4-5 "设置角色"界面

在图 4-5 界面上选中"SQL Server 功能安装"选项，然后单击"下一步"按钮，进入图 4-6 所示的"功能选择"界面。

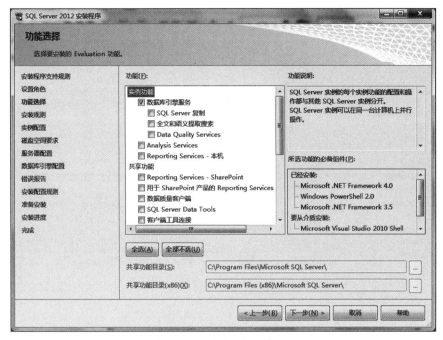

图 4-6　"功能选择"界面

在图 4-6 所示的界面中可以选择要安装的功能。这个界面中的"数据库引擎服务"是必须要安装的，它是 SQL Server 最核心的服务，用于完成日常的数据库维护和操作功能。另外，还应该选中"管理工具—基本"→"管理工具—完整"，即安装 SQL Server Management Studio 工具，这个工具是 SQL Server 提供给用户操作后台数据库数据的客户端实用工具。选择好要安装的功能后，单击"下一步"按钮，进入图 4-7 所示的"安装规则"界面。

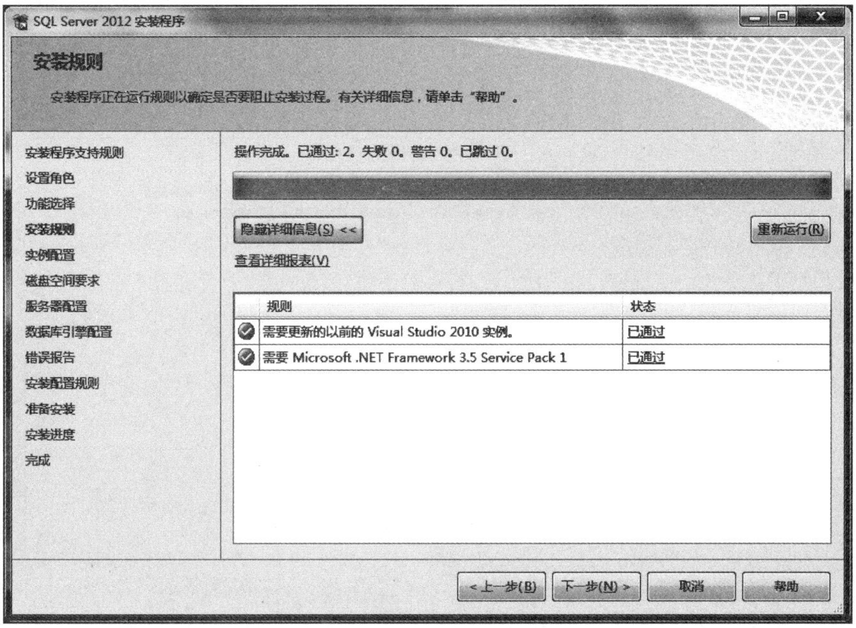

图 4-7　"安装规则"界面

在图 4-7 所示的界面上单击"下一步"按钮,进入图 4-8 所示的"实例配置"界面。

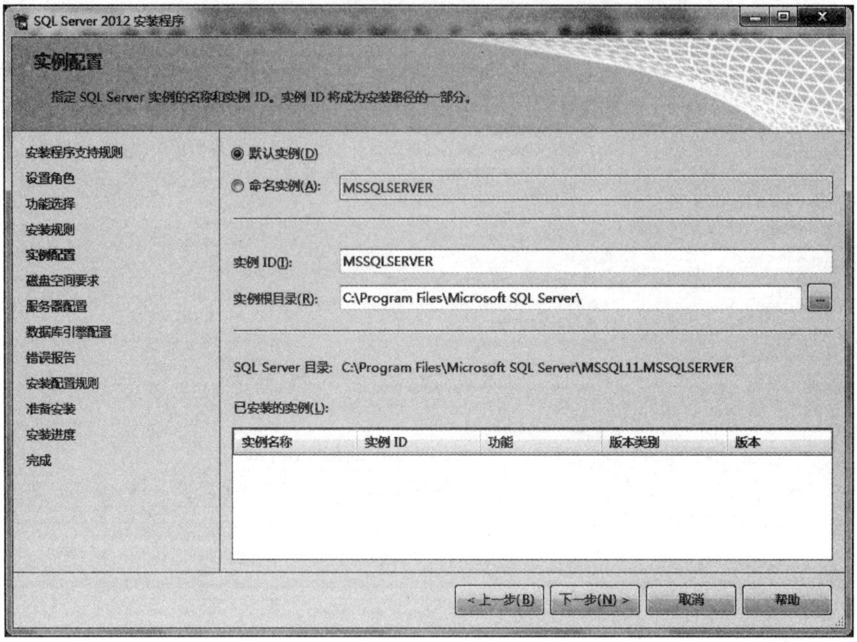

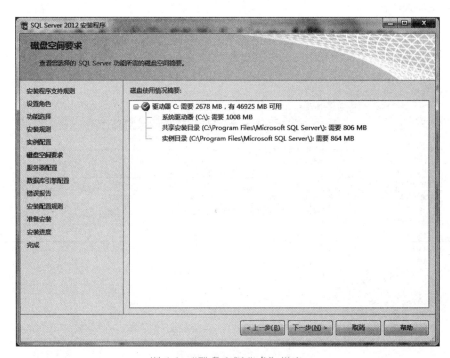

图 4-8 "实例配置"界面

这里选择安装一个默认实例。如果要安装命名实例,则需在如图 4-8 所示界面上"命名实例"部分输入一个实例名。单击"下一步"按钮,进入图 4-9 所示的"磁盘空间要求"界面。

图 4-9 "磁盘空间要求"界面

在图 4-9 所示界面上单击"下一步"按钮，进入图 4-10 所示的"服务器配置"界面。在该界面上可以使用默认设置。单击"下一步"按钮，进入图 4-11 所示的"数据库引擎配置"界面。

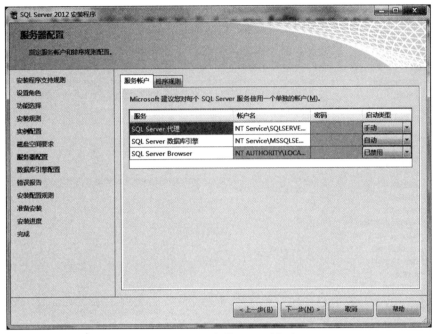

图 4-10 "服务器配置"界面

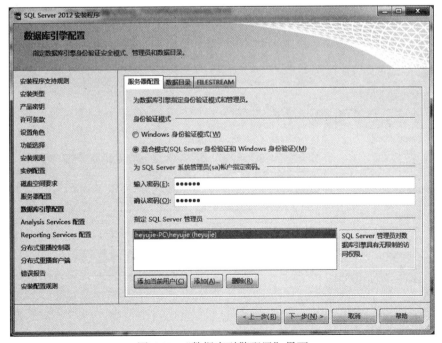

图 4-11 "数据库引擎配置"界面

在图 4-11 所示的界面上选中"混合模式（SQL Server 身份验证和 Windows 身份验证）"

选项，同时在"输入密码"和"确认密码"文本框中输入 sa（SQL Server 提供的默认系统管理员）密码。再单击下面的"添加当前用户"按钮，表示当前登录的 Windows 用户也作为 SQL Server 服务的系统管理员。单击"下一步"按钮，进入图 4-12 所示的"错误报告"界面。

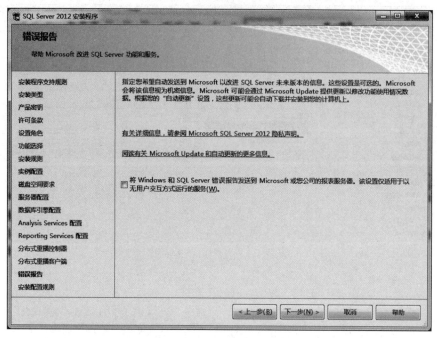

图 4-12　"错误报告"界面

在图 4-12 所示的界面中单击"下一步"按钮，进入图 4-13 所示的"安排配置规则"界面，在此界面上单击"下一步"按钮，进入图 4-14 所示的"准备安装"界面。

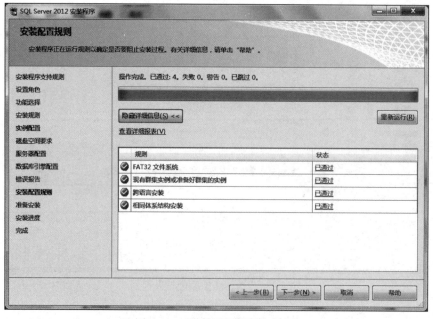

图 4-13　"安排配置规则"界面

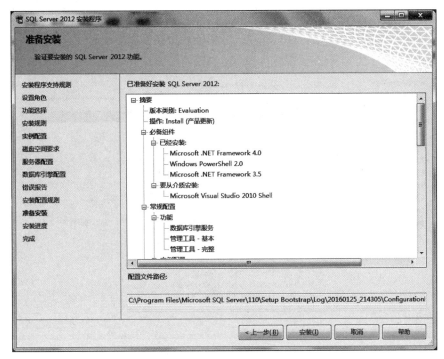

图 4-14   "准备安装"界面

在图 4-14 所示的界面上单击"安装"按钮，开始 SQL Server 2012 的安装。图 4-15 所示为安装过程中的"安装进度"界面，图 4-16 所示为安装成功后的界面。

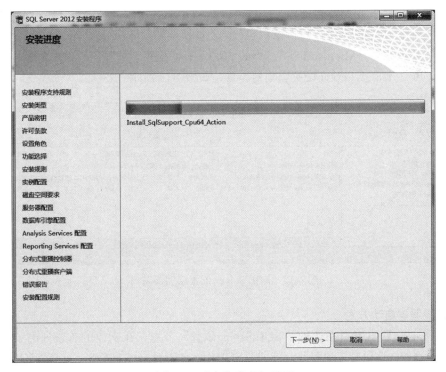

图 4-15   "安装进度"界面

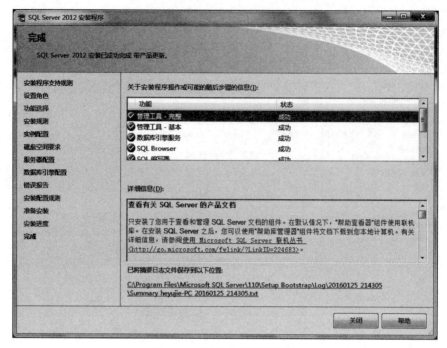

图 4-16   安装成功后的界面

4.3   管理工具

4.3.1   SQL Server 配置管理器

使用"SQL Server 配置管理器"工具可以对 SQL Server 服务、网络、协议等进行配置,以便于更好地使用 SQL Server。

单击"开始"→"Microsoft SQL Server 2012"→"配置工具"→"SQL Server 配置管理器"命令,可打开 SQL Server 配置管理器工具,如图 4-17 所示。

图 4-17   SQL Server 配置管理器窗口

1. 设置服务启动方式

单击图 4-17 所示窗口左边的"SQL Server 服务"节点,在窗口的右边列出了已安装的 SQL Server 服务。这里有三个服务,分别为 SQL Server Browser、SQL Server (MSSQLSERVER) 和 SQL Server 代理 (MSSQLSERVER),其中"SQL Server (MSSQLSERVER)"服务是 SQL

Server 2012 的核心服务，也就是我们所说的数据库引擎。只有启动了 SQL Server 服务，SQL Server 数据库管理系统才能发挥其作用，用户也才能建立与 SQL Server 数据库服务器的连接。

可以通过配置管理器来启动 / 停止所安装的服务。具体操作方法为：在要启动或停止的服务上右击鼠标，在弹出的快捷菜单中选择"启动""停止"等命令即可。

也可以通过配置管理器设置服务的启动方式，比如自动启动还是手工启动。具体实现方法是：双击某个服务或在某服务上右击鼠标，在弹出菜单中选择"属性"命令，均弹出服务的属性窗口。图 4-18 所示为"SQL Server（MSSQLSERVER）"服务的属性窗口。

在此窗口的"登录"选项卡中可以设置启动服务的账户，在"服务"选项卡中可以设置服务的启动方式（如图 4-19 所示）。这里有三种启动方式，分别为自动、手动和已禁用。

- 自动：表示每当操作系统启动时自动启动该服务。
- 手动：表示每次使用该服务时都需要用户手动启动。
- 已禁用：表示要禁止该服务的启动。

图 4-18　SQL Server 服务的属性窗口

图 4-19　设置服务的启动方式

2. 服务器端网络配置

在图 4-17 所示的 SQL Server Configuration Manager 窗口，展开"SQL Server 2012 网络配置"节点，然后单击其下面的" MSSQLSERVER 的协议"，则在窗口右边将列出 SQL Server 2012 提供的网络协议，如图 4-20 所示。

从图 4-20 所示的窗口可以看到，SQL Server 2012 共提供了 Shared Memory（共享内存）、Named Pipes（命名管道）、TCP/IP 三种网络协议，在服务器端至少要启用这三种协议中的一个协议，SQL Server 2012 才能正常工作。下面简单介绍这三种网络协议。

- Shared Memory：可供使用的最简单协议，不需要设置。使用该协议

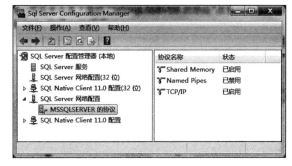

图 4-20　配置 SQL Server 2012 的网络

的客户端仅可以连接到在同一台计算机上运行的 SQL Server 2012 实例。这个协议对于其他计算机上的数据库是无效的。

- Named Pipes：为局域网开发的协议。某个进程使用一部分内存来向另一个进程传递信息，因此一个进程的输出就是另一个进程的输入。第二个进程可以是本地的（与第一个进程位于同一台计算机上），也可以是远程的（位于联网的计算机上）。
- TCP/IP：互联网上使用最广泛的通用协议，可以与互联网中硬件结构和操作系统各异的计算机进行通信。其中包括路由网络流量的标准，并能够提供高级安全功能，是目前商业中最常用的协议。

从图 4-20 所示窗口中可以看到，SQL Server 2012 的服务器端已经启用了 Shared Memory 和 TCP/IP。因此在客户端网络配置中，至少也要启用这个协议，否则用户将连接不到数据库服务器。

在某个协议上右击鼠标，然后在弹出的快捷菜单中，通过选择"启用"、"禁用"命令可以启用或禁用某个协议。

3. 客户端网络配置

客户端网络配置用于设置 SQL Server 的客户端能够使用哪种网络协议来连接到 SQL Server 2012 服务器。

在图 4-17 所示的 SQL Server Configuration Manager 窗口，展开"SQL Native Client 11.0 配置"左边的加号，然后单击其中的"客户端协议"节点，出现如图 4-21 所示窗口。

在图 4-21 所示窗口中，当前客户端已启用了 Shared Memory、TCP/IP 和 Name Pipes 三种协议。也就是说，如果服务器端的网络配置中启用了上述三种协议中的任何一种，那么客户端就可以连接到服务器上。用户同样可以在这些协议上单击鼠标右键，然后在弹出的菜单中通过选择"启用"和"禁用"命令来设置是否启用某服务。

图 4-21　配置客户端协议

4.3.2　SQL Server Management Studio

SQL Server Management Studio（简称 SSMS）是 SQL Server 2012 中最重要的管理工具，为管理人员提供了一个简洁的操作数据库的实用工具，使用这个工具既可以用图形化的方法，也可以用编写 SQL 语句的方法来实现对数据库的访问和操作。

SQL Server Management Studio 是一个集成环境，用于访问、配置和管理所有的 SQL Server 组件，它组合了大量的图形工具和丰富的脚本编辑器，使各种技术水平的开发和管理人员都可以通过这个工具访问和管理 SQL Server。

1. 连接到数据库服务器

单击"开始"→"程序"→"Microsoft SQL Server 2012"→"SQL Server Management Studio"命令，打开 SQL Server Management Studio 工具，首先弹出的是"连接到服务器"窗口，如图 4-22 所示。

在图 4-22 所示窗口中，各选项含义如下。

- 服务器类型：列出了 SQL Server
2012 数据库服务器所包含的服务，
当前连接的是"数据库引擎"，即
SQL Server 服务。

- 服务器名称：指定要连接的数据
库服务器的实例名。SSMS 能够自
动扫描当前网络中的 SQL Server
实例。这里连接的是刚安装的默
认实例，其实例名就是计算机名
（这里为 HEYUJIE-PC）。

图 4-22 "连接到服务器"窗口

- 身份验证：选择用哪种身份连接
到数据库服务器。这里有两种选
择，即"Windows 身份验证"和
"SQL Server 身份验证"。如果选
择的是"Windows 身份验证"，则
用当前登录到 Windows 的用户进
行连接，此时不用输入用户名和
密码（SQL Server 数据库服务器会
选用当前登录到 Windows 的用户
作为其连接用户）。如果选择的是
"SQL Server 身份验证"，则窗口
形式如图 4-23 所示，这时需要输
入 SQL Server 身份验证的登录名
和相应的密码。在安装完成之后，SQL Server 自动创建了一个 SQL Server 身份验证的
登录名：sa，该登录名是 SQL Server 默认的系统管理员。

图 4-23 选择"SQL Server 身份验证"的连接窗口

这里选择"Windows 身份验证"，单击"连接"按钮，用当前登录到 Windows 的用户连
接到数据库服务器。若连接成功，将进入 SSMS 操作界面，如图 4-24 所示。

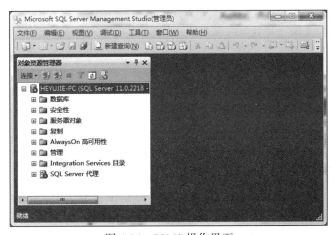

图 4-24 SSMS 操作界面

SSMS 工具包括了对数据库、安全性等很多方面的管理，是一个方便的图形化操作工具，随着本书内容的学习，读者会逐步了解这个工具的具体功能和使用方法。

2. 查询编辑器

SSMS 工具提供了图形化界面来创建和维护数据库及数据库对象，同时也提供了用户编写 T-SQL 语句，并通过执行 SQL 语句创建和管理数据库及数据库对象的工具，这就是查询编辑器。查询编辑器以选项卡窗口的形式存在于 SSMS 界面右边的文档窗格中，可以通过如下方式之一打开查询编辑器：

- 单击标准工具栏中的"新建查询"按钮 新建查询(N)。
- 选择"文件"菜单下的"新建"→"数据库引擎查询"命令。

包含查询编辑器的 SSMS 样式如图 4-25 所示。

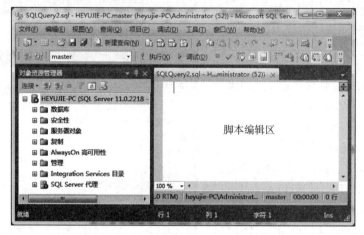

图 4-25　包含查询编辑器的 SSMS 样式

查询编辑器的工具栏主要内容如图 4-26 所示。

图 4-26　"查询编辑器"工具栏主要内容

最左边的两个图标按钮用于处理与服务器的连接。第一个图标按钮是"连接" ，用于请求一个与服务器的连接（如果当前没有建立任何连接的话），如果当前已经建立与服务器的连接，则此按钮为不可用状态。第二个图标按钮是"更改连接" ，单击此按钮表示要更改当前的连接。

"更改连接"图标按钮的右边是一个下拉列表框 master ，该列表框列出了当前查询编辑器所连接的服务器上的所有数据库，列表框上所显示的数据库是当前连接正在访问的数据库。如果要在不同的数据库上执行操作，可以在列表框中选择不同的数据库，选择一个数据库就代表要执行的 SQL 代码都是在此数据库上进行的。

随后的三个图标按钮与查询编辑器中所键入的代码的执行有关。标有红色感叹号的图标 执行(X)，用于执行在编辑区所选中的 SQL 脚本（如果没有选中任何脚本，则表示执行全部脚本）； 调试(D) 表示对编辑区所选中的 SQL 脚本进行调试（如果没有选中任何脚本，则表示执行全部脚本）； 用于对在编辑区所选中的脚本进行语法分析（如果没有选中任何脚本，则表示执行全部脚本)。语法分析是找出代码中可能存在的语法错误,但不包括执行时可能发生的语义错误。✓图标左边的图标按钮在图 4-26 上是灰色的 ■,在执行代码时它将成为红色 ■。如果在执行代码过程中希望取消所执行的代码,则可单击此图标。

🔲🔲🔲图标用于指定查询结果的显示形式:最左边的 🔲 图标表示按文本格式显示操作结果;中间的 🔲 图标表示按表格形式显示操作结果;最右边的图标 🔲 表示将操作结果保存到文件中。

4.4 创建数据库

数据库是存放数据的仓库,用户在利用数据库管理系统提供的功能时,首先必须将自己的数据保存到用户的数据库中。

在 SQL Server 2012 中,数据库被分为两大类:系统数据库和用户数据库。系统数据库是 SQL Server 数据库管理系统自动创建和维护的,这些数据库用于保存维护系统正常运行的信息,用户数据库保存的是与用户的业务有关的数据,我们通常所说的创建数据库都指的是创建用户数据库,对数据库的维护也指的是对用户数据库的维护。

4.4.1 SQL Server 数据库的组成

SQL Server 数据库由一组操作系统文件组成。这些文件被划分为两类:数据文件和日志文件。数据文件包含数据和对象,如表、索引和视图等。日志文件记录了用户对数据库进行的更改操作。数据和日志信息不混合在同一个文件中,而且一个文件只由一个数据库使用。

1. 数据文件

数据文件用于存放数据库数据。数据文件又分为主要数据文件和次要数据文件。

1)主要数据文件:主要数据文件的推荐扩展名是 .mdf,它包含数据库的系统信息,也可存放用户数据。每个数据库都有且只能有一个主要数据文件。主要数据文件是为数据库创建的第一个数据文件。SQL Server 2012 要求主要数据文件的大小不能小于 5 MB。

2)次要数据文件:次要数据文件的推荐扩展名是 .ndf。一个数据库可以不包含次要数据文件,也可以包含多个次要数据文件,而且这些次要数据文件可以建立在一个磁盘上,也可以分别建立在不同的磁盘上。

当某个数据库包含的数据量非常大,需要占用比较大的磁盘空间时,有可能造成计算机上的任何一个磁盘都不能满足数据库对空间的要求。在这种情况下,就可以为数据库创建多个次要数据文件,让每个文件建立在不同的磁盘上。在主要数据文件之后建立的所有数据文件都是次要数据文件。

次要数据文件的使用和主要数据文件的使用对用户来说是没有区别的,而且对用户也是透明的,用户不需要关心自己的数据是存放在主要数据文件上,还是存放在次要数据文件上,用户甚至都不需要关心数据库中包含哪些文件以及每个文件的存放位置。这个特性正好体现了关系数据库中数据的物理独立性。

让一个数据库包含多个数据文件,并且让这些数据文件分别建立在不同的磁盘上,不仅有利于充分利用多个磁盘上的存储空间,而且可以提高数据的存取效率。

2. 日志文件

日志文件的推荐扩展名为 .ldf,每个数据库必须至少有一个日志文件,也可以有多个日志文件。

说明:SQL Server 2012 不强制使用 .mdf、.ndf 和 .ldf 文件扩展名,但建议使用这些扩展名以利于标识文件的用途。

4.4.2 数据库文件的属性

在定义数据库时，除了需要指定数据库名，还需要定义数据库的数据文件和日志文件，定义这些文件需要指定的信息包括以下几项。

1. 文件名及其位置

数据库的每个数据文件和日志文件都具有一个逻辑文件名和一个物理文件名。逻辑文件名是在所有 T-SQL 语句中引用物理文件时所使用的名称，该文件名必须符合 SQL Server 标识符规则，而且在一个数据库中逻辑文件名必须是唯一的。物理文件名包括存储文件的路径以及物理文件名，该文件名必须符合操作系统文件命名规则。在一般情况下，如果有多个数据文件的话，为了获得更好的性能，建议将数据文件分散存储在多个物理磁盘上。

2. 初始大小

可以指定每个数据文件和日志文件的初始大小。SQL Server 2012 主要数据文件的初始大小不能小于 5MB。

3. 增长方式

如果需要的话，可以指定文件是否自动增长。该选项的默认设置为自动增长，即当数据库的空间用完后，系统自动扩大数据库的空间，这样可以防止由于数据库空间用完而造成的不能插入新数据或不能进行数据操作的错误。

4. 最大大小

文件的最大大小指的是文件增长的最大空间限制。默认设置是无限制。建议用户设定允许文件增长的最大空间大小，因为如果不设置文件的最大空间大小，但设置了文件自动增长，则文件将有可能无限制增长直到磁盘空间用完为止。

在 SQL Server 中，数据的存储单位是数据页（page，也简称为页）。一页是一块 8KB（8×1024 字节，其中用 8060 字节存放数据，另外的 132 字节存放系统信息）的连续磁盘空间，页是存储数据的最小单位。页的大小决定了数据库表中一行数据的最大大小。不允许表中的一行数据存储在不同页上，即行不能跨页存储。因此表中一行数据的大小（即各列所占空间之和）不能超过 8060 字节。

4.4.3 创建数据库的图形化方法

创建数据库可以在 SSMS 工具中用图形化的方式实现，也可以通过 T-SQL 语句实现。我们只介绍创建数据库的图形化方法。

1）在 SSMS 的"对象资源管理器"中，在"数据库"节点上右击鼠标，或者是在某个用户数据库上右击鼠标，在弹出的快捷菜单中选择"新建数据库"命令，弹出如图 4-27 所示的"新建数据库"窗口。

2）在图 4-27 所示窗口中，在"数据库名称"文本框中输入数据库名，如本例输入"学生数据库"。当输入数据库名时，在下面的逻辑名称中也有了相应的名称，这只是辅助用户命名逻辑文件名，用户可以对这些名字再进行修改。

3）"数据库名称"下面是"所有者"，数据库的所有者可以是任何具有创建数据库权限的登录账户，数据库所有者对其拥有的数据库具有全部的操作权限，包括修改、删除数据库以及对数据库内容进行操作。默认时，数据库的拥有者是"＜默认值＞"，表示该数据库的所有者是当前登录到 SQL Server 的账户。

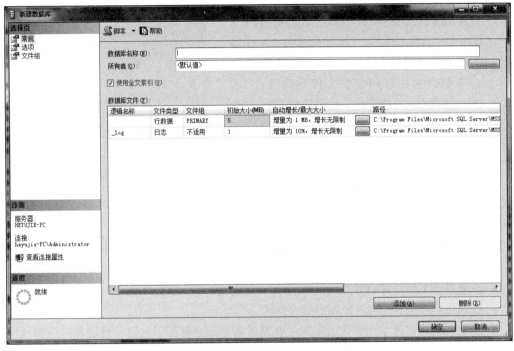

图 4-27 "新建数据库"窗口

4）在图 4-27 所示界面的"数据库文件"网格中，可以定义数据库包含的数据文件和日志文件的属性。

- 在"逻辑名称"处可以指定文件的逻辑文件名。默认的主要数据文件的逻辑文件名同数据库名，默认的第一个日志文件的逻辑文件名为："数据库名"＋"_log"。我们这里将主要数据文件的逻辑名命名为"学生数据库_data1"日志文件的逻辑名用默认名。
- "文件类型"框显示了该文件的类型是数据文件还是日志文件。用户新建文件时，可通过此框指定文件的类型。初始时，数据库必须至少有一个主要数据文件和一个日志文件，因此这两个文件的类型是不能修改的。
- "文件组"框显示了数据文件所在的文件组（日志文件没有文件组概念），文件组是由一组文件组成的逻辑组织。默认情况下，所有的数据文件都属于 PRIMARY 主文件组。主文件组是系统预定义好的，每个数据库都必须有一个主文件组，而且主要数据文件必须存放在主文件组中。用户可以根据自己的需要添加辅助文件组，辅助文件组用于组织次要数据文件，目的是提高数据访问性能。
- 在"初始大小"部分可以指定文件创建后的初始大小，默认情况下主要数据文件的初始大小是 5 MB，日志文件的初始大小是 1 MB。假设我们这里将"学生数据库_data1"数据文件的初始大小设置为 10 MB，将"学生数据库_log"日志文件的初始大小设置为 2 MB。
- 在"自动增长 / 最大大小"部分可以指定文件的增长方式，默认情况下主要数据文件是每次增加 1 MB，最大大小没有限制，日志文件是每次增加 10%，最大大小也没有限制。单击某个文件对应的████按钮，可以更改文件的增长方式和最大大小限制，如

图 4-28 所示。

- "路径"部分显示了文件的物理存储位置,默认的存储位置是 \Program Files\Microsoft SQL Server\ MSSQL11.MSSQLSERVER \MSSQL\Data 文件夹。单击此项对应的 ⬚⬚⬚ 按钮,可以更改文件的存放位置。我们这里将主要数据文件和日志文件均放置在 D:\ Data 文件夹下(假设此文件夹已建好)。

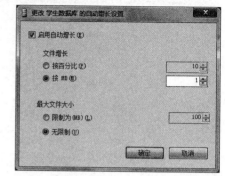

图 4-28 更改文件增长方式和最大大小窗口

5)在图 4-28 所示界面中,取消"启用自动增长"复选框,表示文件不自动增长,文件能够存放的数据量以文件的初始空间大小为限。若选中"启用自动增长"复选框,则可进一步设置每次文件增加的大小以及文件的最大大小限制。设置文件自动增长的好处是可以不必随时担心数据库的空间被占满。

- 文件增长:可以按 MB 或百分比增长。如果是按百分比增长,则增量大小为发生增长时文件大小的指定百分比。
- 最大文件大小:有两种方式。
- 限制为:指定文件可增长到的最大空间。
- 元限制:以磁盘空间容量为限制,在有磁盘空间的情况下可以一直增长。选择这个选项是有风险的,如果因为某种原因造成数据恶意增长,则会将整个磁盘空间占满。清理一块彻底被占满的磁盘空间是一件非常麻烦的事情。

这里我们将"学生数据库_data1"主要数据文设置为限制增长,最大大小为 100 MB;将"学生数据库_log"日志文件设置为限制增长,最大大小为 10 MB。

设置好的界面如图 4-29 所示。

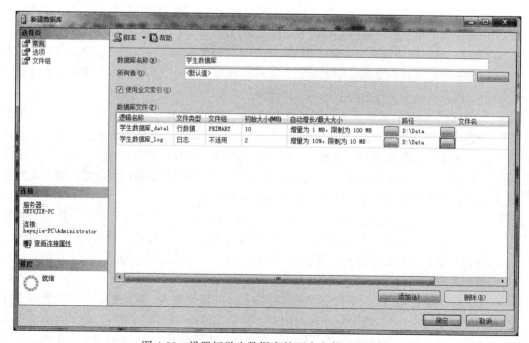

图 4-29 设置好学生数据库的两个文件后的界面

6）单击图 4-29 所示界面上的"添加"按钮，可以增加该数据库的次要数据文件和日志文件。图 4-30 所示为添加了一个数据文件（次要数据文件）后的界面。该数据文件的逻辑名为"学生数据库 _data2"，初始大小为 6 MB，不自动增长，也存放在 D:\Data 文件夹下。

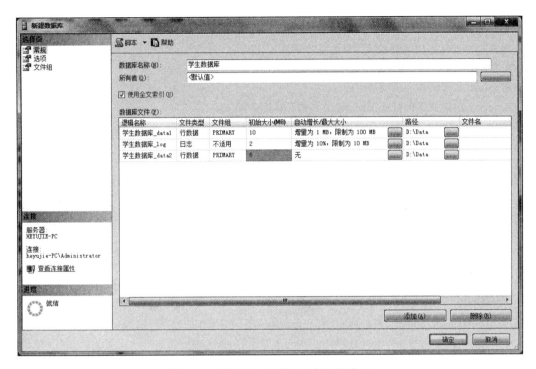

图 4-30　添加了一次数据文件后的窗口

7）选中某个文件后，单击图 4-30 所示界面上的"删除"按钮，可删除选中的文件。我们这里不进行任何删除。

8）单击"确定"按钮，完成数据库的创建。

创建成功后，我们在 SSMS 界面的"对象资源管理器"中，通过刷新操作可以看到新建立的数据库。

小结

SQL Server 2012 是一种大型的支持客户端 / 服务器结构的关系数据库管理系统。作为基于各种 Windows 平台的最佳数据库服务器产品，它可应用在许多方面，包括电子商务等。在满足软 / 硬件需求的前提下，可在各种 Windows 平台上安装 SQL Server 2012。SQL Server 2012 提供了易于使用的图形化工具和向导，为创建和管理数据库，包括数据库对象和数据库资源，都带来了很大的方便。

本章主要介绍了 SQL Server 2012 平台的构成、SQL Server 2012 提供的版本、各版本的功能以及对操作系统和计算机软硬件环境的要求，较详细地介绍了 SQL Server 2012 的安装过程及安装过程中的一些选项。

SQL Server 允许在一台服务器上运行多个 SQL Server 实例，即允许在一台服务器上同时有多个数据库管理系统存在，这些系统之间彼此没有相互干扰。

之后介绍了 SQL Server 2012 中的一些常用工具，包括配置管理器、SSMS 等，利用配置管理器工具可以很方便地完成对 SQL Server 2012 服务启动方式、网络传输协议的设置。最后介绍了在 SSMS 工具中创建数据库的方法。

习题

1. 安装 SQL Server 2012 对硬盘及内存的要求分别是什么？
2. SQL Server 实例的含义是什么？实例名的作用是什么？
3. SQL Server 2012 的核心引擎是什么？
4. SQL Server 2012 提供的设置服务启动方式的工具是哪个？
5. 在 SQL Server 2012 中，每个数据库至少包含几个文件？
6. SQL Server 2012 数据库文件分为几类？每个文件有哪些属性？

上机练习

1. 根据你所用计算机的操作系统和软 / 硬件配置安装合适的 SQL Server 2012 版本，并将身份验证模式设置为"混合模式"。
2. 安装正常完成后，运行"SQL Server 配置管理器"工具，将"SQL Server (MSSQLSERVER)"服务设置为手动启动方式，并启动该服务。
3. 运用"SQL Server 配置管理器"工具，在服务器端和客户端分别启用"Shared Memory"和"TCP/IP"网络协议。
4. 连接已安装的 SQL Server 2012 实例，打开查询编辑器，将操作的数据库选为 Master，单击"新建查询"图标打开一个新的查询编辑器。

在查询编辑器中输入如下语句并执行：

```
SELECT * FROM [sys].[databases]
```

观察执行结果。
（1）单击"以文本格式显示结果"图标，再次执行上述语句，观察执行结果。
（2）单击"将结果保存到文件"图标，再次执行上述语句，观察执行结果。
（3）单击"以网格显示结果"图标，再次执行上述语句，观察执行结果。
5. 在 SSMS 中，用图形化方法创建如下数据库。

- 数据库的名字为：Students。
- 数据文件的逻辑文件名为 Students_dat，物理文件名为 Students.mdf，存放在 D:\Test 目录下（若 D: 中无此子目录，可先建立此目录，然后再创建数据库），文件的初始大小为 5 MB，增长方式为自动增长，每次增加 1 MB。
- 日志文件的逻辑文件名为 Students_log，物理文件名为 Students.ldf，也存放在 D:\Test 目录下，日志文件的初始大小为 2 MB，增长方式为自动增长，每次增加 10%。

第5章　数据类型及关系表创建

用户使用数据库时需要对数据库进行各种各样的操作，如查询数据，添加、删除和修改数据，定义、修改数据模式等。DBMS 必须为用户提供相应的命令或语言，这就构成了用户和数据库的接口。接口的好坏会直接影响用户对数据库的接受程度。

数据库所提供的语言一般局限于对数据库的操作，它不是完备的程序设计语言，也不能独立地用来编写应用程序。

SQL（Structured Query Language，结构化查询语言）是用户操作关系数据库的通用语言。SQL 虽然叫结构化查询语言，而且查询操作确实是数据库中的主要操作，但并不是说 SQL 只支持查询操作，它实际上包含数据定义、数据操纵和数据控制等与数据库有关的全部功能。

SQL 已经成为关系数据库的标准语言，所以现在所有的关系数据库管理系统，包括小型数据库管理系统（如 Access）都支持 SQL，只是不同的系统支持的 SQL 功能有所区别。本章首先介绍一般 SQL 支持的数据类型，然后介绍 SQL 中的数据定义功能。

5.1　基本概念

SQL 是操作关系数据库的标准语言，本节介绍 SQL 的发展过程、特点及其主要功能。

5.1.1　SQL 的发展

最早的 SQL 原型是 IBM 的研究人员在 20 世纪 70 年代开发的，该原型被命名为 SEQUEL（由 Structured English QUEry Language 的首字母缩写组成）。现在许多人仍将在这个原型之后推出的 SQL 发音为" sequel"，但根据 ANSI SQL 委员会的规定，其正式发音应该是" ess cue ell"。随着 SQL 的颁布，各数据库厂商纷纷在他们的产品中引入并支持 SQL，但尽管绝大多数产品对 SQL 的支持大部分是相似的，但它们之间也存在着一定的差异，这些差异不利于初学者的学习。因此，我们在本章介绍 SQL 时主要介绍标准的 SQL，我们将其称为基本 SQL。

20 世纪 80 年代以来，SQL 就一直是关系数据库管理系统（RDBMS）的标准语言。最早的 SQL 标准是 1986 年 10 月由美国 ANSI（American National Standards Institute）颁布的。随后，ISO（International Standards Organization）于 1987 年 6 月也正式采纳它为国际标准，并在此基础上进行了补充，到 1989 年 4 月，ISO 提出了具有完整性特征的 SQL，并称之为 SQL-89。SQL-89 标准的颁布对数据库技术的发展和数据库的应用都起了很大的推动作用。尽管如此，SQL-89 仍有许多不足或不能满足应用需求的地方。为此，在 SQL-89 的基础上，经过三年多的研究和修改，ISO 和 ANSI 共同于 1992 年 8 月又颁布了 SQL 的新标准，即 SQL-92（或称为 SQL2）。SQL-92 标准也不是非常完备的，1999 年新的 SQL 标准颁布，称为 SQL-99 或 SQL3。

5.1.2　SQL 的特点

SQL 之所以能够被用户和业界所接受并成为国际标准，是因为它是一个综合的、功能强大的且又比较简洁易学的语言。SQL 集数据查询、数据操纵、数据定义和数据控制功能于一身，其主要特点如下。

1. 一体化

SQL 风格统一，可以完成数据库活动中的全部工作，包括创建数据库、定义模式、更改和查询数据以及安全控制和维护数据库等。这为数据库应用系统的开发提供了良好的环境。用户在数据库系统投入使用之后，还可以根据需要随时修改模式结构，并且可以不影响数据库的运行，从而使系统具有良好的可扩展性。

2. 高度非过程化

在使用 SQL 访问数据库时，用户没有必要告诉计算机"如何"一步步地实现操作，而只需要描述清楚要"做什么"，SQL 就可以将要求提交给数据库管理系统，然后由数据库管理系统自动完成全部工作。

3. 简洁

虽然 SQL 功能很强大，但它只有为数不多的几条命令，另外，SQL 的语法也比较简单，比较接近自然语言（英语），因此容易学习和掌握。

4. 可以多种方式使用

SQL 可以直接以命令方式交互使用，也可以嵌入到程序设计语言中使用。现在很多数据库应用开发工具（比如 Visual Basic、PowerBuilder、C# 等）都将 SQL 直接融入到自身的语言当中，使用起来非常方便。这些使用方式为用户提供了灵活的选择余地。而且不管是使用哪种方式，SQL 的语法基本都是一样的。

5.1.3 SQL 功能概述

SQL 按其功能可分为四大部分：数据定义功能、数据控制功能、数据查询功能和数据操纵功能。表 5-1 列出了实现这四部分功能的动词。

表 5-1 SQL 包含的动词

SQL 功能	动　　词
数据定义	CREATE、DROP、ALTER
数据查询	SELECT
数据操纵	INSERT、UPDATE、DELETE
数据控制	GRANT、REVOKE

数据定义功能用于定义、删除和修改数据库中的对象，数据库对象包括关系表、视图等；数据查询用于实现查询数据的功能，查询数据是数据库中使用最多的操作；数据操纵功能用于增加、删除和修改数据库数据；数据控制功能用于控制用户对数据库的操作权限。

本章介绍数据定义功能中定义关系表的 SQL 语句，同时介绍在定义表时如何实现数据的完整性约束。在第 6 章介绍实现数据查询和数据操纵功能的 SQL 语句，在第 13 章介绍实现数据控制功能的语句。在介绍这些功能之前，我们首先介绍一下 SQL 所支持的数据类型。

5.2 SQL Server 提供的主要数据类型

关系数据库中的表由列组成，列指明了要存储的数据的含义，同时指明了要存储的数据的类型，因此，在定义表结构时，必然指明每个列的数据类型。

每个数据库厂商提供的数据库管理系统所支持的数据类型并不完全相同，而且与标准的

SQL 也有差异，本书主要介绍 Microsoft SQL Server 2012 支持的常用数据类型。

SQL Server 提供的数据类型主要有：数字类型、字符串类型和日期时间类型。下面分别介绍这些类型。

5.2.1　数字类型

数字类型分为精确数字类型和浮点数字类型两种。

1. 精确数字类型

精确数字类型是指在计算机中能够精确存储的数据，比如整型、定点小数等都是精确数字类型。表 5-2 列出了 SQL Server 提供的精确数字类型。

表 5-2　精确数字类型

数 据 类 型	范　　　围	存　　　储
bigint	存储从 -2^{63}（–9 223 372 036 854 775 808）到 $2^{63}-1$（9 223 372 036 854 775 807）范围的整数	8 字节
int	存储从 -2^{31}（–2 147 483 648）到 $2^{31}-1$（2 147 483 647）范围的整数	4 字节
smallint	存储从 -2^{15}（–32 768）到 $2^{15}-1$（32 767）范围的整数	2 字节
tinyint	存储从 0 到 255 之间的整数	1 字节
bit	存储 1、0 或 NULL。SQL Server 优化 bit 列的存储。如果表中有不多于 8 个列是 bit 类型，则这些列公用 1 字节存储 字符串值 TRUE 和 FALSE 可转换为 bit 值：TRUE 将转换为 1，FALSE 将转换为 0	1 字节
decimal [(p[,s])] 或 numeric[(p[,s])]	使用最大精度时，有效值的范围为 $-10^{38}+1$ 到 $10^{38}-1$。decimal 的 ISO 同义词为 dec 和 dec(p, s)。numeric 与 decimal 在功能上等价。 　p（精度）：最多可以存储的十进制数字的总位数，包括小数点左边和右边的位数。$1 \le p \le 38$。默认精度为 18 　s（小数位数）：小数点右边可以存储的十进制数字的位数，$0 \le s \le p$。默认小数位数为 0。	取决于 P 的值： 1 ~ 9：5 字节 10 ~ 19：9 字节 20 ~ 28：13 字节 29 ~ 38：17 字节

2. 浮点数字类型

浮点数据为近似值。因此，并非数据类型范围内的所有值都能被精确表示。

表 5-3 列出了 SQL Server 支持的浮点数字类型。

表 5-3　浮点数字类型

数 据 类 型	说　　　明	存　　　储
float[(n)]	存储范围：–1.79E + 308 ~ –2.23E – 308、0 以及 2.23E – 308 ~ 1.79E + 308。n 为用于存储 float 数值尾数的位数（以科学记数法表示），$1 \le n \le 53$，默认值为 53	取决于 n 的值： 1 ~ 24：4 字节 25 ~ 53：8 字节
real	–3.40E + 38 ~ –1.18E – 38、0 以及 1.18E – 38 ~ 3.40E + 38	4 字节

5.2.2　字符串类型

字符串型数据由汉字、英文字母、数字和各种符号组成。目前字符的编码方式有两种：一种是非 Unicode 编码，另一种是 Unicode（统一字符编码）。非 Unicode 编码指的是不同国家或地区的编码长度不一样，比如英文字母的编码是 1 字节（8 位），中文汉字的编码是 2 字节（16 位）。统一字符编码是指不管对哪个地区、哪种语言均采用双字节（16 位）编码，即将世界上所有的字符统一进行编码。

1. 非 Unicode 字符串类型

表 5-4 列出了 SQL Server 支持的普通编码的字符串类型。

表 5-4 非 Unicode 字符串类型

数据类型	说 明	存 储
char[(n)]	固定长度，非 Unicode 字符串数据。n 用于定义字符串长度，取值范围为 1 ~ 8000。char 的 ISO 同义词为 character	n 字节
varchar[(n|max)]	可变长度，非 Unicode 字符串数据。n 用于定义字符串长度，取值范围为 1 ~ 8000。max 指示最大存储大小是 $2^{31}-1$ 字节（2GB）。varchar 的 ISO 同义词为 char varying 或 character varying	n+2 字节

说明：如果没有在数据定义或变量声明语句中指定 n，则默认长度为 1。

2. Unicode 字符串类型

SQL Server 的 Unicode 字符串数据使用 Unicode UCS-2 字符集。表 5-5 列出了 SQL Server 支持的 Unicode 字符串类型。

表 5-5 Unicode 字符串类型

数据类型	说 明	存 储
nchar[(n)]	固定长度的 Unicode 字符串数据。n 用于定义字符串长度，取值范围为 1 ~ 4000。nchar 的 ISO 同义词为 national char 和 national character	2n 字节
nvarchar[(n|max)]	可变长度的 Unicode 字符串数据。n 用于定义字符串长度，取值范围为 1 ~ 4000。max 指示最大存储大小是 $2^{31}-1$ 字节（2GB）。nvarchar 的 ISO 同义词为 national char varying 和 national character varying	2n+2 字节

说明：如果没有在数据定义或变量声明语句中指定 n，则默认长度为 1。

对 char、varchar、nchar 和 nvarchar 的使用，可参考如下建议：

1）如果列数据项的大小一致，则建议使用 char 或 nchar。

2）如果列数据项的大小差异相当大，则建议使用 varchar 或 nvarchar。

3）如果列数据项大小相差很大，而且大小可能超过 8000 字节，则使用 varchar(max) 或 nvarchar(max)。

4）如果希望支持多语言，则建议使用 nchar 或 nvarchar 类型，以最大程度地消除字符转换问题。

注意：

- SQL Server 中的字符串常量要用单引号括起来，比如 ' 计算机系 '。
- 对固定长度的字符串数据，系统分配固定的字节数。如果空间未被占满，则系统自动用空格填充。比如对 char(6) 类型数据，若存储 'abc'，则系统分配 6 字节空间，后边补 3 个空格。

3. 二进制字符串类型

二进制字符串数据类型用于存储图形图像数据，表 5-6 列出了 SQL Server 支持的二进制字符串类型。

表 5-6 二进制字符串类型

数据类型	说 明	存 储
binary[(n)]	固定长度为 n 字节的二进制数据，n 的取值从 1 ~ 8000	n 字节
varbinary[(n|max)]	可变长度二进制数据。n 的取值从 1 ~ 8000，max 指示最大存储大小为 $2^{31}-1$ 字节。varbinary 的 ANSI SQL 同义词为 binary varying	所输入数据的实际长度 +2 字节

说明：如果没有在数据定义或变量声明语句中指定 n，则默认长度为 1。

5.2.3 日期和时间类型

SQL Server 2012 支持的日期和时间类型有：datatime、smalldatetime、date、time、datetime2 和 datetimeoffset，这些类型的介绍如表 5-7 所示。

表 5-7 日期和时间类型

数据类型	说明	范围	存储
datetime	用于定义一个与采用 24 小时制并带有秒小数部分的一日内时间相组合的日期 格式：YYYY-MM-DD hh:mm:ss.n* n* 为一个 0 ~ 3 位的数字，范围为 0 ~ 999，表示秒的小数部分	日期范围：1753-1-1 ~ 9999-12-31 时间范围：00:00:00 ~ 23:59:59.997	8 字节
smalldatetime	定义结合了一天中的时间的日期。此时间为 24 小时制，秒始终为零 (:00)，并且不带秒小数部分 格式：YYYY-MM-DD hh:mm:00 精确到 1 分钟	1900-01-01 ~ 2079-06-06	4 字节
date	定义一个日期。格式：YYYY-MM-DD	0001-01-01 ~ 9999-12-31	3 字节
time	定义一天中的某个时间。 格式：hh:mm:ss[.n*] n* 是 0 ~ 7 位数字，范围为 0 ~ 9999999，表示秒的小数部分	00:00:00.0000000 ~ 23:59:59.9999999	5 字节
datetime2	定义结合了 24 小时制时间的日期。可将 datetime2 视作现有 datetime 类型的扩展，其数据范围更大，默认的小数精度更高，并具有可选的用户定义的精度 格式：YYYY-MM-DD hh:mm:ss[.n*] n* 代表 0 ~ 7 位数字，范围从 0 ~ 9999999，表示秒小数部分。准确度为 100ns，默认精度为 7 位数	0001-01-01 ~ 9999-12-31	精度小于 3 时为 6 字节；精度为 3 和 4 时为 7 字节。所有其他精度则需要 8 字节
datetimeoffset	用于定义一个与采用 24 小时制并可识别时区的一日内时间相组合的日期 YYYY-MM-DD hh:mm:ss[.nnnnnnn] [{+|−}hh:mm] n* 是 0 ~ 7 位数字，范围为 0 ~ 9999999，表示秒的小数部分 hh 是两位数，范围为 −14 ~ +14 mm 是两位数，范围为 00 ~ 59	0001-01-01 ~ 9999-12-31	10 字节

说明：建议使用 time、date、datetime2 和 datetimeoffset 数据类型，这些类型符合 SQL 标准，更易于移植。time、datetime2 和 datetimeoffset 提供更高精度的秒数。

对于 SQL Server 来说，日期和时间类型的数据常量要用单引号括起来，比如 '2015-10-30'、'2015-10-22 10:23:50'。

5.3 关系表的创建与维护

表是数据库中非常重要的对象，它用于存储用户的数据。在有了数据类型的基础知识后，就可以开始创建数据库表了。关系数据库的表是二维表，包含行和列，创建表就是定义表所包含的各列的结构，其中包括列的名称、数据类型、约束等。列的名称是人们为列取的名字，一般为了便于记忆，最好取有意义的名字，比如"学号"或"Sno"，而不要取无意义的名字，比如"a1";列的数据类型说明了列的可取值范围;列的约束更进一步限制了列的取值范围,这些约束包括列取值是否允许为空、主键约束、外键约束、列取值范围约束等。

5.3.1 创建关系表

创建关系表使用 SQL 数据定义功能中的 CREATE TABLE 语句实现,其一般格式为:

```
CREATE   TABLE   < 表名 > (
  < 列名 >  < 数据类型 >  [ 列级完整性约束定义 ]
  {,  < 列名 >  < 数据类型 > [ 列级完整性约束定义 ] … }
  [, 表级完整性约束定义  ] )
```

注意:默认时 SQL 不区分大小写。

其中:

- < 表名 > 是所要定义的基本表的名字,同样,这个名字最好能表达表的应用语义,比如,"学生"或"Student"。
- < 列名 > 是表中所包含的属性列的名字,< 数据类型 > 指明列的数据类型,一个表可以包含多个列,因此也就可以包含多个列定义。
- 在定义表的同时还可以定义与表有关的完整性约束条件,这些完整性约束条件都会存储在系统的数据字典中。大部分完整性约束都既可以在"列级完整性约束定义"处定义,也可以在"表级完整性约束定义"处定义;但有些涉及多个列的完整性约束则必须在"表级完整性约束定义"处定义。

上述语法中用到了一些特殊的符号,比如"[ ]",这些符号是文法描述的常用符号,而不是 SQL 语句的部分。我们简单介绍一下这些符号的含义(在后面的语法介绍中也要用到这些符号),有些符号在上述语法中可能没有出现。

方括号([ ])中的内容表示是可选的(即可出现 0 次或 1 次),比如"[列级完整性约束定义]"代表可以有也可以没有列级完整性约束定义。花括号({ })与省略号(…)一起,表示其中的内容可以出现 0 次或多次。竖杠(∣)表示在多个短语中选择一个,比如"term1 ∣ term2 ∣ term3"表示在三个选项中任选一项。竖杠也能用在方括号中,表示可以选择由竖杠分隔的子句中的一个,但整个句子又是可选的(也就是可以没有子句出现)。

在定义基本表时可以同时定义表的完整性约束。定义完整性约束时可以在定义列的同时定义,也可以将完整性约束作为独立的项定义。在列定义同时定义的约束我们称之为列级完整性约束,作为表中独立的一项定义的完整性约束我们称之为表级完整性约束。在列级完整性约束定义处可以定义如下约束:

- NOT NULL:限制列取值非空。
- DEFAULT:指定列的默认值。
- UNIQUE:限制列取值不能重复。
- CHECK:限制列的取值范围。
- PRIMARY KEY:指定本列为主键。
- FOREIGN KEY:定义本列为引用其他表的外键。

在上述约束中,除了 NOT NULL 和 DEFAULT 约束不能在"表级完整性约束定义"处定义之外,其他均可在"表级完整性约束定义"处定义。但需要注意,如果 CHECK 约束是定义多列之间的取值约束,则只能在"表级完整性约束定义"处定义。

本节只简单介绍如何实现非空约束、主键约束和外键约束，在5.4节将详细介绍数据完整性的概念和实现方法。

1. 定义主键约束

如果是在列级完整性约束处定义主键，则语法格式为：

```
<列名> 数据类型 PRIMARY KEY [( <列名> [, … n] )]
```

如果是在表级完整性约束处定义主键，则语法格式为：

```
PRIMARY KEY ( <列名> [, … n] )
```

2. 定义外键约束

大多数情况下外键都是单列的，它可以定义在列级完整性约束处，也可以定义在表级完整性约束处。定义外键的语法格式为：

```
[ FOREIGN KEY (<列名>)] REFERENCES <被参照表名>(<被参照列名>)
```

如果是在列级完整性约束处定义外键，则可以省略"FOREIGN KEY（<列名>）"部分。

例 5-1 用 SQL 语句创建三张表：学生（Student）表、课程（Course）表和学生修课（SC）表。这三张表的结构如表 5-8 到表 5-10 所示。

表 5-8　Student 表结构

列　名	含　义	数据类型	约　束
Sno	学号	普遍编码定长字符串，长度为 7	主键
Sname	姓名	普遍编码定长字符串，长度为 10	非空
Ssex	性别	普遍编码定长字符串，长度为 2	
Sage	年龄	微整型	
Sdept	所在系	普遍编码可变长字符串，长度为 20	

表 5-9　Course 表结构

列　名	含　义	数据类型	约　束
Cno	课程号	普遍编码定长字符串，长度为 6	主键
Cname	课程名	普遍编码可变长字符串，长度为 20	非空
Credit	学分	微整型	
Semster	学期	微整型	

表 5-10　SC 表结构

列　名	含　义	数据类型	约　束
Sno	学号	普遍编码定长字符串，长度为 7	主键列引用 Student 中 Sno 列的外键
Cno	课程名	普遍编码定长字符串，长度为 6	主键列引用 Course 中 Cno 的外键
Grade	成绩	微整型	

创建满足约束条件的上述三张表的 SQL 语句如下（注意，为了说明约束定义的灵活性，我们将 Student 表的主键约束定义在了列级完整性约束处，将 Course 表的主键约束定义在了表级完整性约束处）：

```
CREATE TABLE Student (
   Sno     char(7)   PRIMARY KEY,   /* 在列级完整性约束处定义主键约束 */
```

```
   Sname    char(10) NOT NULL,          /* 非空约束 */
   Ssex     char(2),
   Sage     tinyint,
   Sdept    varchar(20)
)

CREATE TABLE Course (
   Cno       char(6)  NOT NULL,
   Cname     varchar(20)  NOT NULL,
   Credit    tinyint,
   Semester  tinyint,
   PRIMARY   KEY(Cno)                    /* 在表级完整性约束处定义主键约束 */
)

CREATE TABLE SC (
   Sno     char(7)  NOT NULL,
   Cno     char(6)  NOT NULL,
   Grade   tinyint,
   PRIMARY KEY(Sno, Cno),
   FOREIGN KEY(Sno) REFERENCES Student(Sno),
   FOREIGN KEY(Cno) REFERENCES Course(Cno)
)
```

5.3.2　删除关系表

当确信不再需要某个表时，可以将其删除。删除表时会将表中的数据一起删掉。

删除表的 SQL 语句为 DROP TABLE，其语法格式为：

```
DROP  TABLE  <表名>  { [, <表名> ] … }
```

例 5-2　删除 test 表，语句为：

```
DROP TABLE test
```

5.3.3　修改关系表

在创建完关系表之后，如果需求有变化，比如需要添加列、删除列或修改列定义，则可以使用 ALTER TABLE 语句实现。ALTER TABLE 语句可以实现添加列、删除列和修改列定义的功能，也可以实现添加和删除约束的功能。

不同数据库厂商提供的数据库产品的 ALTER TABLE 语句的格式略有不同，我们这里给出 SQL Server 支持的 ALTER TABLE 语句格式，对于其他的数据库管理系统，可以参考它们的语言参考手册。

ALTER TABLE 语句的部分语法格式如下：

```
ALTER TABLE <表名>
  ALTER COLUMN <列名> <新数据类型>       -- 修改列定义
| ADD  <列名> <数据类型> [<约束>]        -- 添加新列
| DROP COLUMN <列名>                    -- 删除列
| ADD  [constraint <约束名>] 约束定义    -- 添加约束
| DROP [constraint] <约束名>            -- 删除约束
```

注："--" 为 SQL 语句的单行注释符。

本节我们介绍添加、删除和修改列定义的例子，下一节介绍添加和删除约束的例子。

例 5-3 为 Student 表添加"专业"列，此列的定义为：Spec char(10)，允许空。

```
ALTER TABLE Student
  ADD Spec char(8) NULL
```

例 5-4 将新添加的"专业"列的类型改为 varchar(20)。

```
ALTER TABLE Student
  ALTER COLUMN Spec varchar(20)
```

例 5-5 删除新添加的"专业"列。

```
ALTER TABLE Student
  DROP COLUMN Spec
```

5.4 数据完整性

数据完整性是指数据的正确性和相容性。例如，每个人的身份证号必须是唯一的，人的性别只能是"男"或"女"，人的年龄应该在 0 ~ 150 岁之间（假设人现在最多能活到 150 岁）的数字，学生所在的系必须是学校已有的系等。

数据完整性约束是为了防止数据库中存在不符合语义的数据，为了维护数据的完整性，数据库管理系统必须提供一种机制来检查数据库中的数据，看其是否满足语义规定的条件。这些加在数据库数据之上的语义约束条件就是数据完整性约束，这些约束条件作为表定义的一部分存储在数据库中。而 DBMS 检查数据是否满足完整性约束条件的机制就称为完整性检查。

5.4.1 完整性约束条件的作用对象

完整性检查是围绕完整性约束条件进行的，因此，完整性约束条件是完整性控制机制的核心。完整性约束条件的作用对象可以是表、元组和列。

1. 列级约束

列级约束主要指对列的类型、取值范围、精度等的约束，具体包括如下内容。

- 对数据类型的约束：包括数据类型、长度、精度等。例如，学生学号的数据类型为普通编码定长字符型，长度为 10。
- 对数据格式的约束：如规定电话号码的每一位都必须是数字。
- 对取值范围或取值集合的约束：如学生的成绩取值范围为 0 ~ 100，最低工资要大于3000 等。
- 对空值的约束：有些列允许有空值（比如成绩），有些列则不允许有空值（比如姓名），在定义列时应指明其是否允许取空值。

2. 元组约束

元组约束指元组中各个字段之间的相互约束，如开始日期小于结束日期，职工的最低工资不能低于规定的最低保障金等。

3. 关系约束

关系约束指若干元组之间、关系之间的联系的约束。比如，学号的取值不能重复也不能取空值，学生修课表中的学号的取值受学生表中的学号取值的约束等。

5.4.2 实现数据完整性

实现数据完整性一般是在服务器端完成的。在服务器端实现数据完整性的方法主要有两种，一种是在定义表时声明数据完整性，另一种是在服务器端编写触发器来实现数据完整性，本章只介绍在定义表时声明完整性的方法，在第 11 章介绍用触发器实现数据完整性约束。不管采用哪种方法，只要用户定义好了数据完整性，后续执行对数据的插入、删除、修改操作时，数据库管理系统都会自动检查用户定义的完整性约束，只有符合约束条件的操作才会被执行。

在 5.3 节已经介绍了主键（PRIMARY KEY）、外键（FOREIGN KEY）的定义方法，本节介绍默认值（DEFAULT）约束、列值取值范围（CHECK）约束和唯一值（UNIQUE）约束的实现方法。

1. UNIQUE 约束

UNIQUE 约束用于限制在一个列中不能有重复的值。这个约束用在事实上具有唯一性的属性上，比如每个人的身份证号码、驾驶证号码等均不能有重复值。定义 UNIQUE 约束时需要注意如下事项：

- 有 UNIQUE 约束的列仅允许有一个空值。
- 在一个表中可以定义多个 UNIQUE 约束。
- 可以在多个列上定义一个 UNIQUE 约束，表示这些列组合起来不能有重复值。

当一个表中存在多个不允许有重复值的属性时，UNIQUE 约束就非常有用，比如雇员表中，雇员编号和电话号码都不允许取值重复（假设雇员的电话号码不能重复），已经在雇员编号上定义了主键约束，因此可以保证雇员编号取值不重复。这时电话号码取值不重复就必须使用 UNIQUE 约束来保证了。

如果是在列级完整性约束处定义 UNIQUE 约束，则语法格式为：

```
< 列名 > 数据类型 UNIQUE [( < 列名 > [, … n] )]
```

如果是在表级完整性约束处定义 UNIQUE 约束，则语法格式为：

```
UNIQUE ( < 列名 > [, … n] )
```

"UNIQUE + NOT NULL" 的作用等同于 PRIMARY KEY 约束，使用 "UNIQUE + NOT NULL" 约束可以定义表的候选建。

2. DEFAULT 约束

DEFAULT 约束用于提供列的默认值。只有在向表中插入数据时系统才检查 DEFAULT 约束。

DEFAULT 约束只能定义在列级完整性约束处，则其语法格式为：

```
< 列名 > 数据类型 DEFAULT 默认值
```

为定义好的表添加 DEFAULT 约束的语法与定义表时的略有不同，其语法格式为：

```
ALTER TABLE 表名
  ADD [ CONSTRAINT < 约束名 > ]
  DEFAULT 默认值 FOR < 列名 >
```

3. CHECK 约束

CHECK 约束用于限制列的取值在指定范围内，使数据库中存放的值与实际情况相符。例如，人的性别只能是 "男" 或 "女"，工资必须大于等于 1800 元（假设最低工资为 1800 元）。使用 CHECK 约束可以限制一个列的取值范围，也可以限制同一个表中多个列之间的相互取值约束，比如最低工资小于最高工资。

定义 CHECK 约束的语法格式如下：

```
CHECK （约束表达式）
```

例 5-6 设有职工表，其结构如表 5-11 所示，写出创建该表的 SQL 语句。

表 5-11 职工表结构

列　　名	数　据　类　型	约　　束
职工号	普遍编码定长字符串，长度为 7	主键
职工名	普遍编码定长字符串，长度为 8	非空
身份证号	普遍编码定长字符串，长度为 18	取值不重
性别	统一编码定长字符串，长度为 1	取值范围为 {男，女}，默认值为"男"
基本工资	整型	大于或等于 2000

```
CREATE TABLE 职工表 (
    职工号 char(7)  PRIMARY KEY,
    职工名   char(8)  NOT NULL,
    身份证号 char(18) UNIQUE
    性别     nchar(1) DEFAULT '男',
    基本工资  int CHECK （工资 >= 2000),
    CHECK( 性别 IN ('男', '女'))
)
```

小结

本章首先介绍了 SQL 的发展、特点以及所支持的数据类型。SQL 支持的数据类型有数字类型、字符串类型及日期和时间类型。

本章还介绍了基本表的创建、删除和修改语句，并详细介绍了实现数据完整性的方法。数据完整性可以在定义表的同时定义，也可以在定义完表之后再通过修改表结构的方法添加。当创建完表而约束又有变化时，就可以使用修改表结构的语句来修改数据完整性约束。定义了数据完整性约束之后，每当执行数据更改（插入、删除、更新）操作时，数据库管理系统首先检查要实现的操作是否满足数据完整性约束要求。若不满足，则不执行数据更改的操作。

对数据完整性约束的检查是由数据库管理系统自动实现的，而且是在数据更改操作执行之前先检查完整性约束。

习题

1. tinyint 数据类型定义的数据的取值范围是多少？
2. smalldatatime 类型精确到哪个时间单位？
3. 定点小数类型 numeric 中的 p 和 q 的含义分别是什么？
4. char(n)、nchar(n) 的区别是什么？它们各能存放多少个字符？
5. char(n) 和 varchar(n) 的区别是什么？
6. 数据完整性约束的作用对象有哪些？
7. CHECK 约束的作用是什么？
8. UNIQUE 约束的作用是什么？
9. DEFAULT 约束的作用是什么？

上机练习

1. 在第 4 章创建的 Students 数据库中，写出创建如下三张表的 SQL 语句，要求在定义表的同时定义数据的完整性约束。

（1）"图书"表结构如下：

书号：统一字符编码定长类型，长度为 6，主键。

书名：统一字符编码可变长类型，长度为 30，非空。

第一作者：普通编码定长字符类型，长度为 10，非空。

出版日期：小日期时间型。

价格：定点小数，小数部分 1 位，整数部分 3 位。

（2）"书店"表结构如下：

书店编号：统一字符编码定长类型，长度为 6，主键。

店名：统一字符编码可变长类型，长度为 30，非空。

电话：普通编码定长字符类型，长度为 8，每一位的取值均是 0 ~ 9 的数字。

地址：普通编码可变长字符类型，长度为 40。

邮政编码：普通编码定长字符类型，长度为 6。

（3）"图书销售"表结构如下：

书号：统一字符编码定长类型，长度为 6，非空。

书店编号：统一字符编码定长类型，长度为 6，非空。

销售日期：小日期时间型，非空。

销售数量：小整型，大于等于 1。

主键为（书号，书店编号，销售日期）。

其中"书号"为引用"图书表"的"书号"的外键；"书店编号"为引用"书店表"的"书店编号"的外键。

2. 为图书表添加"印刷数量"列，类型为整数，同时添加取值大于或等于 1000 的约束。

3. 删除书店表中的"邮政编码"列。

4. 将图书销售表中的"销售数量"列的数据类型改为整型。

第6章　数据操作语句

数据存储到数据库中之后，如果不对其进行分析和处理，数据就是没有价值的。最终用户对数据库中数据进行的操作大多是查询和修改，修改包括增加新数据、删除旧数据和更改已有的数据。SQL 提供了功能强大的数据查询和修改功能，本章将详细介绍这些功能。

6.1　数据查询

查询功能是 SQL 的核心功能，是数据库中使用最多的操作，查询语句也是 SQL 语句中比较复杂的一类语句。

如果没有特别说明，本章所有的查询均在 5.3.1 节创建的三张表（Student、Course 和 SC 表）上进行。

假设这三张表中已经有了数据，数据内容如表 6-1 ~ 表 6-3 所示。

表 6-1　Student 表数据

Sno	Sname	Ssex	Sage	Sdept
9512101	李勇	男	19	计算机系
9512102	刘晨	男	20	计算机系
9512103	王敏	女	20	计算机系
9521101	张立	男	22	信息系
9521102	吴宾	女	21	信息系
9521103	张海	男	20	信息系
9531101	钱小平	女	18	数学系
9531102	王大力	男	19	数学系

表 6-2　Course 表数据

Cno	Cname	Credit	Semester
c01	计算机文化学	3	1
c02	Java	2	3
c03	计算机网络	4	7
c04	数据库基础	4	6
c05	高等数学	8	2
c06	数据结构	5	4
c07	操作系统	4	5
c08	离散数学	6	3

表 6-3　SC 表数据

Sno	Cno	Grade
9512101	c01	90
9512101	c02	86

（续）

Sno	Cno	Grade
9512101	c06	NULL
9512101	c07	88
9512102	c02	78
9512102	c04	66
9521102	c01	82
9521102	c02	75
9521102	c04	92
9521102	c05	50
9521103	c02	68
9521103	c06	NULL
9521103	c07	76
9531101	c01	80
9531101	c05	95
9531102	c05	85

6.1.1　查询语句的基本结构

　　查询语句是数据库操作中最基本和最重要的语句之一，其功能是从数据库中检索满足条件的数据。查询的数据源可以来自一张表，也可以来自多张表，查询的结果是由 0 行（没有满足条件的数据）或多行记录组成的一个记录集合，并允许选择一个或多个字段作为输出字段。SELECT 语句还可以对查询的结果进行排序、汇总等。

　　查询语句的基本结构可描述为：

```
SELECT <目标列名序列>      -- 需要哪些列
    FROM <数据源>          -- 来自于哪些表
  [WHERE <行选择条件>]     -- 根据什么条件
  [GROUP BY <分组依据列>]
  [HAVING <组选择条件>]
  [ORDER BY <排序依据列>]
```

　　在上述结构中，SELECT 子句用于指定输出的字段；FROM 子句用于指定数据的来源；WHERE 子句用于指定数据的选择条件；GROUP BY 子句用于对检索到的记录进行分组；HAVING 子句用于指定组的选择条件；ORDER BY 子句用于对查询的结果进行排序。在这些子句中，SELECT 子句和 FROM 子句是必需的，其他子句都是可选的。

6.1.2　单表查询

　　本小节介绍单表查询，即数据源只涉及一张表的查询。为了让读者更好地理解各 SQL 语句的执行情况，这里对大部分查询语句均列出了其返回的结果，而且结果均按数据库管理系统执行后的形式显示。

1. 选择表中若干列

　　（1）查询指定的列

　　在很多情况下，用户可能只对表中的一部分属性列感兴趣，这时可通过在 SELECT 子句的 <目标列名序列> 中指定要查询的列来实现。

例 6-1 查询全体学生的学号和姓名。

学号、姓名列均包含在 Student 表中，因此该查询的数据源是 Student 表。

```
SELECT Sno, Sname FROM Student
```

查询结果如图 6-1 所示。

例 6-2 查询全体学生的姓名、学号和所在系。

```
SELECT Sname, Sno, Sdept FROM Student
```

查询结果如图 6-2 所示。

	Sno	Sname
1	9512101	李勇
2	9512102	刘晨
3	9512103	王敏
4	9521101	张立
5	9521102	吴宾
6	9521103	张海
7	9531101	钱小平
8	9531102	王大力

图 6-1　例 6-1 的查询结果

	Sname	Sno	Sdept
1	李勇	9512101	计算机系
2	刘晨	9512102	计算机系
3	王敏	9512103	计算机系
4	张立	9521101	信息系
5	吴宾	9521102	信息系
6	张海	9521103	信息系
7	钱小平	9531101	数学系
8	王大力	9531102	数学系

图 6-2　例 6-2 的查询结果

从该示例可以看到，目标列的选择顺序与表中定义的字段顺序没有必然的对应关系，它们的顺序可以不一致。

（2）查询全部列

如果要查询表中的全部列，可以使用两种方法：一种是在 < 目标列名序列 > 中列出所有的列名；另一种是如果列的显示顺序与其在表中定义的顺序相同，则可以简单地在 < 目标列名序列 > 中写星号 "*"。

例 6-3 查询全体学生的详细信息。

```
SELECT Sno, Sname, Ssex, Sage, Sdept FROM Student
```

等价于：

```
SELECT * FROM Student
```

查询结果如图 6-3 所示。

（3）查询经过计算的列

SELECT 子句中的 < 目标列名序列 > 可以是表中存在的属性列，也可以是表达式、常量或者函数。

例 6-4 查询全体学生的姓名及出生年份。

在 Student 表中只记录了学生的年龄，而没有记录学生的出生年份，但我们可以根据当前年和学生的年龄计算出出生年份，即用当前年减去年龄得到出生年份。因此实现此功能的查询语句为：

```
SELECT Sname, 2016 - Sage  FROM Student
```

查询结果如图 6-4 所示。

例 6-5 查询全体学生的姓名和出生年份，并在"出生年份"列前加一个新列，新列的每行数据均为"出生年份"常量值。

	Sno	Sname	Ssex	Sage	Sdept
1	9512101	李勇	男	19	计算机系
2	9512102	刘晨	男	20	计算机系
3	9512103	王敏	女	20	计算机系
4	9521101	张立	男	22	信息系
5	9521102	吴宾	女	21	信息系
6	9521103	张海	男	20	信息系
7	9531101	钱小平	女	18	数学系
8	9531102	王大力	男	19	数学系

图 6-3　例 6-3 的查询结果

	Sname	(无列名)
1	李勇	1997
2	刘晨	1996
3	王敏	1996
4	张立	1994
5	吴宾	1995
6	张海	1996
7	钱小平	1998
8	王大力	1997

图 6-4　例 6-4 的查询结果

```
SELECT Sname, '出生年份', 2016 - Sage FROM Student
```

查询结果如图 6-5 所示。

注意，选择列表中的常量和计算是对表中的每行数据进行的。

从例 6-4 和例 6-5 所显示的查询结果我们看到，经过计算的列、常量列的显示结果都没有列名（图中显示为"（无列名）"）。通过为列起别名的方法可以指定或改变查询结果显示的列名，这个列名就称为列别名。这对于含算术表达式、常量、函数运算等的列尤为有用。

指定列别名的语法格式为：

```
列名 | 表达式 [ AS ] 列别名
```

或

```
列别名 = 列名 | 表达式
```

例如，例 6-5 的查询可写成：

```
SELECT Sname AS 姓名 , '出生年份' AS 常量列 , 2016 - Sage AS 年份
    FROM Student
```

查询结果如图 6-6 所示。

	Sname	(无列名)	(无列名)
1	李勇	出生年份	1997
2	刘晨	出生年份	1996
3	王敏	出生年份	1996
4	张立	出生年份	1994
5	吴宾	出生年份	1995
6	张海	出生年份	1996
7	钱小平	出生年份	1998
8	王大力	出生年份	1997

图 6-5　例 6-5 的查询结果

	姓名	常量列	年份
1	李勇	出生年份	1997
2	刘晨	出生年份	1996
3	王敏	出生年份	1996
4	张立	出生年份	1994
5	吴宾	出生年份	1995
6	张海	出生年份	1996
7	钱小平	出生年份	1998
8	王大力	出生年份	1997

图 6-6　例 6-5 取列别名后的结果

2. 选择表中的若干元组

前面介绍的例子都是选择表中的全部记录，而没有对表中的数据行进行任何有条件的筛选。实际上，在查询过程中除了可以选择列之外，还可以对行进行选择，使查询的结果更加

满足用户的要求。

（1）消除取值相同的行

本来在数据库表中并不存在取值全都相同的元组，但在进行了对列的选择后，就有可能在查询结果中出现取值完全相同的行。取值相同的行在结果中是没有意义的，因此应删除这些行。

例 6-6 在选课表中查询有哪些学生选修了课程，列出选课学生的学号。

```
SELECT Sno FROM SC
```

查询结果的部分数据如图 6-7 所示。

从图 6-7 显示的结果可以看出，结果中有许多重复的行（实际上一个学生选修了多少门课程，其学号就在结果中重复多少次）。

SQL 中的 DISTINCT 关键字可以去掉查询结果中的重复行。DISTINCT 关键字放在 SELECT 词的后边、目标列名序列的前面。

去掉上述查询结果中重复行的语句为：

```
SELECT DISTINCT Sno FROM  SC
```

查询结果如图 6-8 所示。

	Sno
1	9512101
2	9512101
3	9512101
4	9512101
5	9512102
6	9512102
7	9521102
8	9521102
9	9521102
10	9521102

图 6-7　例 6-6 查询的部分结果

	Sno
1	9512101
2	9512102
3	9521102
4	9521103
5	9531101
6	9531102

图 6-8　去掉重复行后的结果

（2）查询满足条件的元组

查询满足条件的元组是通过 WHERE 子句实现的。WHERE 子句常用的查询条件如表 6-4 所示。

表 6-4　常用的查询条件

查询条件	谓　　词
比较（比较运算符）	=, >, >=, <, <=, <> （或 !=）
确定范围	BETWEEN AND, NOT BETWEEN AND
确定集合	IN, NOT IN
字符匹配	LIKE, NOT LIKE
空值	IS NULL, IS NOT NULL
多重条件（逻辑谓词）	AND, OR

1）比较大小。

例 6-7 查询计算机系全体学生的姓名。

```
SELECT Sname FROM Student WHERE Sdept = '计算机系'
```

查询结果如图 6-9 所示。

例 6-8 查询年龄小于 20 的学生姓名和年龄。

```
SELECT Sname, Sage FROM Student WHERE Sage < 20
```

查询结果如图 6-10 所示。

例 6-9 查询考试成绩有不及格的学生的学号。

```
SELECT DISTINCT Sno FROM SC WHERE Grade < 60
```

查询结果如图 6-11 所示。

	Sname
1	李勇
2	刘晨
3	王敏

	Sname	Sage
1	李勇	19
2	钱小平	18
3	王大力	19

	Sno
1	9521102

图 6-9　例 6-7 的执行结果　　　图 6-10　例 6-8 的执行结果　　　图 6-11　例 6-9 的执行结果

注意：

- 当一个学生有多门课程不及格时，只需列出一次该学生，而不需要有几门不及格课程就列出几次，因此这里需要加 DISTINCT 关键字来去掉重复的学号。
- 考试成绩为 NULL 的记录（即还未考试的课程）并不满足条件（Grade < 60），因为 NULL 值不能与确定的值进行比较运算，因此该查询不会列出未考试的学生的学号。在后面"涉及空值的查询"部分将详细介绍关于空值的判断。

2）确定范围。

确定范围使用 BETWEEN … AND 和 NOT BETWEEN … AND 运算符，这个运算符可以用来查找属性值在（或不在）指定范围内的元组，其中 BETWEEN 后面指定范围的下限，AND 后面指定范围的上限。使用 BETWEEN … AND 的格式为：

```
列名 | 表达式 [ NOT ] BETWEEN 下限值 AND 上限值
```

BETWEEN … AND 通常用于对数值型数据和日期型数据进行比较。列名或表达式的类型要与下限值或上限值的类型相同。

"BETWEEN 下限值 AND 上限值"的含义是：如果列或表达式的值在下限值和上限值范围内（包括边界值），则结果为 TRUE，表明此记录符合查询条件。

"NOT BETWEEN 下限值 AND 上限值"的含义正好相反：如果列或表达式的值在下限值和上限值范围内（包括边界值），则结果为 FALSE，表明此记录不符合查询条件。

例 6-10 查询年龄在 20 ~ 23 岁之间的学生的姓名、所在系和年龄。

```
SELECT Sname, Sdept, Sage FROM Student
WHERE Sage BETWEEN 20 AND 23
```

此查询等价于：

```
SELECT Sname, Sdept, Sage FROM Student
WHERE Sage >=20 AND Sage<=23
```

查询结果如图 6-12 所示。

例 6-11 查询年龄不在 20 ~ 23 之间的学生姓名、所在系和年龄。

```
SELECT Sname, Sdept, Sage FROM Student
WHERE Sage NOT BETWEEN 20 AND 23
```

此查询等价于：

```
SELECT Sname, Sdept, Sage FROM Student
WHERE Sage <20 OR Sage>23
```

查询结果如图 6-13 所示。

	Sname	Sdept	Sage
1	刘晨	计算机系	20
2	王敏	计算机系	20
3	张立	信息系	22
4	吴宾	信息系	21
5	张海	信息系	20

图 6-12　例 6-10 的查询结果

	Sname	Sdept	Sage
1	李勇	计算机系	19
2	钱小平	数学系	18
3	王大力	数学系	19

图 6-13　例 6-11 的查询结果

下面举例说明日期类型数据的查询。假设有图书表，结构为：

图书表（书号，书名，价格，出版日期）

设该表包含如表 6-5 所示数据。

表 6-5　图书表数据

书　号	书　名	价　格	出版日期
T001	Java 程序设计	26.00	2015-6-1
T002	数据结构	32.00	2014-6-15
T003	操作系统基础	36.50	2015-7-1
T004	计算机体系结构	29.50	2014-6-1
T005	数据库原理	30.00	2015-7-1
T006	汇编语言	34.00	2013-8-15
T007	编译原理	38.00	2013-8-1
T008	计算机网络	35.00	2014-3-15
T009	高等数学	22.00	2013-3-1

例 6-12 查询 2014 年 6 月出版的全部图书的详细信息。

```
SELECT * FROM 图书表
  WHERE 出版日期 BETWEEN '2015/6/1' AND '2015/6/30'
```

查询结果如图 6-14 所示。

注意：日期类型的常量要用单引号括起来，而且年、月、日之间通常用分隔符隔开，常用的分隔符有 "/" 和 "-"。

3）确定集合。

确定某个属性的值是否在一个集合范围内使用 IN 运算符，这个运算符可以用来查找属性值属于指定集合的元组。IN 的语法格式为：

```
列名 [ NOT ] IN ( 常量 1，常量 2，…，常量 n )
```

用 IN 进行比较的数据多为字符型数据，当然也可以是数值型数据或日期类型的数据。

IN 的含义为：当列中的值与 IN 中的某个常量值相等时，则结果为 TRUE，表明此记录为符合查询条件的记录。

NOT IN 的含义正好相反：当列中的值与某个常量值相等时，结果为 FALSE，表明此记录为不符合查询条件的记录。

例 6-13 查询信息系、数学系和计算机系学生的姓名和性别。

```
SELECT Sname, Ssex  FROM Student
  WHERE Sdept IN ('信息系','数学系','计算机系')
```

此句等价于：

```
SELECT Sname, Ssex  FROM Student
  WHERE Sdept = '信息系' OR Sdept = '数学系' OR Sdept = '计算机系'
```

查询结果如图 6-15 所示。

	书号	书名	单价	出版日期
1	T001	Java程序设计	26.0	2015-06-01 00:00:00
2	T002	数据结构	32.0	2014-06-15 00:00:00
3	T003	操作系统基础	36.5	2015-07-01 00:00:00
4	T004	计算机体系结构	29.5	2014-06-01 00:00:00
5	T005	数据库原理	30.0	2015-07-01 00:00:00
6	T006	汇编语言	34.0	2013-08-15 00:00:00
7	T007	编译原理	38.0	2013-08-01 00:00:00
8	T008	计算机网络	35.0	2014-03-15 00:00:00
9	T009	高等数学	22.0	2013-03-01 00:00:00

图 6-14 例 6-12 的查询结果

	Sname	Ssex
1	李勇	男
2	刘晨	男
3	王敏	女
4	张立	男
5	吴宾	女
6	张海	男
7	钱小平	女
8	王大力	男

图 6-15 例 6-13 的查询结果

例 6-14 查询信息系和计算机系之外的其他系的学生姓名、性别和所在系。

```
SELECT Sname, Ssex, Sdept  FROM Student
  WHERE Sdept NOT IN ('信息系','计算机系')
```

此句等价于：

```
SELECT Sname, Ssex, Sdept  FROM Student
  WHERE Sdept!= '信息系' AND Sdept!= '计算机系'
```

查询结果如图 6-16 所示。

4）字符串匹配。

LIKE 用于查找指定列中与匹配串匹配的元组。匹配串是一种特殊的字符串，其特殊之处在于它不仅可以包含普通字符，还可以包含通配符。通配符用于表示任意的字符或字符串。在实际应用中，如果需要从数据库中检索一批记录，但又不能给出精确的字符查询条件，这时就可以使用 LIKE 运算符和通配符来实现模糊查询。在 LIKE 运算符前面也可以使用 NOT 运算符，表示对结果取反。

LIKE 运算符的一般形式为：

列名 [NOT] LIKE <匹配串>

匹配串中可以包含字符常量，也可包含如下四种通配符。

- _（下划线）：匹配任意一个字符。
- %（百分号）：匹配 0 个或多个字符。
- [ ]：匹配 [ ] 中的任意一个字符。如 [acdg] 表示匹配 a、c、d、g 中的任何一个。对于连续字母的匹配，如匹配 [abcd]，可简写为 [a-d]。
- [^]：不匹配 [ ] 中的任意一个字符。如 [^acdg] 表示不匹配 a、c、d、g。对于连续字母的比较，如比较 [^abcd]，可简写为 [^a-d]。

例 6-15 查询姓"张"的学生的详细信息。

```
SELECT * FROM Student WHERE Sname LIKE '张%'
```

查询结果如图 6-17 所示。

	Sname	Ssex	Sdept
1	钱小平	女	数学系
2	王大力	男	数学系

图 6-16 例 6-14 的查询结果

	Sno	Sname	Ssex	Sage	Sdept
1	9521101	张立	男	22	信息系
2	9521103	张海	男	20	信息系

图 6-17 例 6-15 的查询结果

例 6-16 查询学生表中姓"张"、姓"李"和姓"刘"的学生详细信息。

```
SELECT * FROM Student WHERE Sname LIKE '[张李刘]%'
```

或者

```
SELECT * FROM Student WHERE Sname LIKE '张%'
  OR Sname LIKE '李%' OR Sname LIKE '刘%'
```

查询结果如图 6-18 所示。

例 6-17 查询名字中第 2 个字为"小"或"大"的学生姓名和学号。

```
SELECT Sname, Sno FROM Student WHERE Sname LIKE '_[小大]%'
```

查询结果如图 6-19 所示。

	Sno	Sname	Ssex	Sage	Sdept
1	9512101	李勇	男	19	计算机系
2	9512102	刘晨	男	20	计算机系
3	9521101	张立	男	22	信息系
4	9521103	张海	男	20	信息系

图 6-18 例 6-16 的查询结果

	Sname	Sno
1	钱小平	9531101
2	王大力	9531102

图 6-19 例 6-17 的查询结果

例 6-18 查询所有不姓"王"也不姓"张"的学生姓名。

```
SELECT Sname FROM Student WHERE Sname NOT LIKE '[王张]%'
```

或者

```
SELECT Sname FROM Student WHERE Sname LIKE '[^王张]%'
```

或者：

```
SELECT Sname FROM Student
  WHERE Sname NOT LIKE '王%' AND Sname NOT LIKE '张%'
```

这三个查询语句的结果均如图 6-20 所示。从这三个查询语句可以看出，"[]"通配符可以简化字符串匹配的书写。

例 6-19　查询姓"王"且名字是两个字的学生姓名。

```
SELECT Sname FROM Student WHERE Sname LIKE '王_'
```

查询结果如图 6-21 所示。

例 6-20　查询姓王且名字是三个字的学生姓名。

```
SELECT Sname FROM Student WHERE Sname LIKE '王__'
```

查询结果如图 6-22 所示。

图 6-20　例 6-18 的查询结果　　　图 6-21　例 6-19 的查询结果　　　图 6-22　例 6-20 的查询结果

显然这个结果与预想的不一样，这个结果既包括姓"王"的名字是两个字的学生，也包括姓"王"的名字是三个字的学生。造成这种情况的原因是对于 Sname 列我们定义的是普通编码定长字符类型，即 char(10)（可参见 5.3 节），因此系统为 Sname 列的每个值均固定分配 10 字节的空间，不足部分自动用空格填充。如对"王敏"，系统实际存储的是"王敏"后边再加上 6 个空格（称之为尾随空格）。在用 LIKE 进行字符串匹配时，系统并不会自动去掉尾随空格，空格是一个字符，也满足"_"通配符。因此在结果中会出现两个字的情况。

如果希望系统在比较时能够去掉尾随空格的干扰，可以使用数据库管理系统（这里指的是 SQL Server 数据库管理系统，其他系统的函数可能与此不同）提供的去掉尾随空格的函数 rtrim。rtrim 函数的使用格式为：

```
rtrim(列名)
```

其功能是去掉指定列中尾随的空格，返回没有尾随空格的数据。例如，将例 6-20 的查询改为：

```
SELECT Sname FROM Student WHERE rtrim(Sname) LIKE '王__'
```

则查询结果如图 6-23 所示。这是符合查询要求的数据。关于 SQL Server 提供的更多系统函数，读者可参考第 12 章。

例 6-21　在 Student 表中查询学号的最后一位不是 2、3、5 的学生信息。

```
SELECT * FROM Student WHERE Sno LIKE '%[^235]'
```

查询结果如图 6-24 所示。

	Sno	Sname	Ssex	Sage	Sdept
1	9512101	李勇	男	19	计算机系
2	9521101	张立	男	22	信息系
3	9531101	钱小平	女	18	数学系

图 6-23　例 6-20 的改进查询结果　　　　　图 6-24　例 6-21 的查询结果

如果要查找的字符串正好含有通配符，比如下画线或百分号，就需要使用一个特殊子句来告诉数据库管理系统这里的下划线或百分号是一个普通的字符，而不是一个通配符，这个特殊的子句就是 ESCAPE。ESCAPE 的语法格式为：

```
ESCAPE 转义字符
```

其中"转义字符"是任何一个有效的字符，在匹配串中也包含这个字符，表明位于该字符后面的那个字符将被视为普通字符，而不是通配符。

例如，为查找 field1 字段中包含字符串"30%"的记录，可在 WHERE 子句中指定：

```
WHERE  field1 LIKE  '%30!%%'  ESCAPE  '!'
```

又如，为查找 field1 字段中包含下划线（_）的记录，可在 WHERE 子句中指定：

```
WHERE  field1 LIKE  '%!_%'  ESCAPE  '!'
```

5）涉及空值的查询。

空值（NULL）在数据库中有特殊的含义，它表示不确定的值。例如，如果某些学生选修课程后还没有参加考试，则这些学生虽然有修课记录，但没有考试成绩，因此考试成绩即为空值。判断某个属性的值是否为 NULL，不能使用普通的比较运算符（=、!= 等），而只能使用专门的判断 NULL 值的子句来完成。

判断列取值为空的语句格式为：

```
列名 IS NULL
```

判断列取值不为空的语句格式为：

	Sno	Cno
1	9512101	c06
2	9521103	c06

```
列名 IS NOT NULL
```

图 6-25　例 6-22 的查询结果

例 6-22　查询没有考试成绩的学生的学号和相应的课程号。

```
SELECT Sno, Cno FROM SC WHERE Grade IS NULL
```

查询结果如图 6-25 所示。

例 6-23　查询所有有考试成绩的学生的学号、课程号和成绩。

```
SELECT Sno, Cno,Grade FROM SC WHERE Grade IS NOT NULL
```

查询结果如图 6-26 所示。

6）多重条件查询。

当需要多个查询条件时，可以在 WHERE 子句中使用逻辑运算符 AND 和 OR 来组成多条件查询。

使用 AND 谓词的语法格式为：

```
布尔表达式 1 AND 布尔表达式 2 [ AND 布尔表达式 n ]
```

	Sno	Cno	Grade
1	9512101	c01	90
2	9512101	c02	86
3	9512102	c02	78
4	9512102	c04	66
5	9521102	c01	82
6	9521102	c02	75
7	9521102	c04	92
8	9521102	c05	50
9	9521103	c02	68
10	9531101	c01	80
11	9531101	c05	95
12	9531102	c05	85

图 6-26　例 6-23 的查询结果

用 AND 连接的条件表示只有当全部的布尔表达式均为真时, 整个表达式的结果才为真; 只要有一个布尔表达式的结果为假, 则整个表达式的结果即为假。

使用 OR 谓词的语法格式为:

```
布尔表达式 1 OR 布尔表达式 2 [ OR 布尔表达式 n ]
```

用 OR 连接的条件表示只要其中一个布尔表达式为真, 则整个表达式的结果即为真; 只有当全部布尔表达式的结果均为假时, 整个表达式的结果才为假。

例 6-24　查询计算机系年龄在 20 岁以下的学生姓名。

```
SELECT Sname FROM Student
  WHERE Sdept = '计算机系' AND Sage < 20
```

查询结果如图 6-27 所示。

例 6-25　查询计算机系和信息系年龄大于等于 20 的学生姓名、所在系和年龄。

```
SELECT Sname,Sdept, Sage FROM Student
  WHERE (Sdept = '计算机系' OR Sdept = '信息系')
    AND Sage >= 20
```

查询结果如图 6-28 所示。

	Sname	Sdept	Sage
1	刘晨	计算机系	20
2	王敏	计算机系	20
3	张立	信息系	22
4	吴宾	信息系	21
5	张海	信息系	20

	Sname
1	李勇

图 6-27　例 6-24 的查询结果　　　　　　　图 6-28　例 6-25 的查询结果

注意, 由于 AND 的优先级高于 OR, 因此这里需要使用括号来改变运算顺序。该查询也可以写为:

```
SELECT Sname,Sdept, Sage FROM Student
  WHERE Sdept IN ('计算机系', '信息系')
    AND Sage >= 20
```

3. 对查询结果进行排序

有时, 我们希望查询的结果能按一定的顺序显示出来, 比如按考试成绩从高到低排列学生的考试情况。SQL 的查询语句具有按用户指定列的值进行排序的功能, 而且查询结果可以按一个列的值排序, 也可以按多个列的值进行排序, 排序可以是从小到大 (升序), 也可以是从大到小 (降序)。排序子句的格式为:

```
ORDER BY <列名> [ASC | DESC ] [ ,… n ]
```

其中 < 列名 > 为排序的依据列, 可以是列名或列的别名。ASC 表示按列值进行升序排序, DESC 表示按列值进行降序排序。如果没有指定排序方式, 则默认的排序方式为升序排序。

如果在 ORDER BY 子句中使用多个列进行排序, 则这些列在该子句中出现的顺序决定了对结果集进行排序的方式。当指定多个排序依据列时, 首先按排在最前面的列进行排序, 如果排序后存在两个或两个以上列值相同的记录，则将值相同的记录再依据排在第二位的列进行排序，以此类推。

例 6-26 查询全体学生详细信息，并将结果按年龄升序排序。

```
SELECT * FROM Student ORDER BY Sage ASC
```

查询结果如图 6-29 所示。

例 6-27 查询选修了"c02"号课程的学生的学号及其成绩，查询结果按成绩降序排列。

```
SELECT Sno, Grade FROM SC
  WHERE Cno='c02' ORDER BY Grade DESC
```

查询结果如图 6-30 所示。

	Sno	Sname	Ssex	Sage	Sdept
1	9531101	钱小平	女	18	数学系
2	9531102	王大力	男	19	数学系
3	9512101	李勇	男	19	计算机系
4	9512102	刘晨	男	20	计算机系
5	9512103	王敏	女	20	计算机系
6	9521103	张海	男	20	信息系
7	9521102	吴宾	女	21	信息系
8	9521101	张立	男	22	信息系

图 6-29　例 6-26 的查询结果

	Sno	Grade
1	9512101	86
2	9512102	78
3	9521102	75
4	9521103	68

图 6-30　例 6-27 的查询结果

例 6-28 查询全体学生的信息，查询结果按所在系的系名升序排列，同一系的学生按年龄降序排列。

```
SELECT * FROM Student ORDER BY Sdept ASC, Sage DESC
```

查询结果如图 6-31 所示。

4. 使用聚合函数汇总数据

聚合函数也称为集合函数或统计函数、聚集函数，其作用是对一组值进行计算并返回一个单值。SQL 提供的聚合函数如下。

- COUNT(*)：统计表中元组的个数。
- COUNT（[DISTINCT] <列名>）：统计列的非空列值个数，DISTINCT 表示去掉列的重复值后再统计。

	Sno	Sname	Ssex	Sage	Sdept
1	9512102	刘晨	男	20	计算机系
2	9512103	王敏	女	20	计算机系
3	9512101	李勇	男	19	计算机系
4	9531102	王大力	男	19	数学系
5	9531101	钱小平	女	18	数学系
6	9521101	张立	男	22	信息系
7	9521102	吴宾	女	21	信息系
8	9521103	张海	男	20	信息系

图 6-31　例 6-28 的查询结果

- SUM（<列名>）：计算列的值的和（必须是数值型列）。
- AVG（<列名>）：计算列的平均值（必须是数值型列）。
- MAX（<列名>）：返回列的最大值。
- MIN（<列名>）：返回列的最小值。

上述函数中除 COUNT(*) 外，其他函数在计算过程中均忽略 NULL 值。

聚合函数的计算范围可以是满足 WHERE 子句条件的记录（如果是对整个表进行计算），也可以对满足条件的组进行计算（如果进行了分组操作。关于分组将在后面介绍）。

例 6-29 统计学生总人数。

```
SELECT COUNT(*) FROM Student
```

统计结果如图 6-32 所示。

例 6-30   统计选修了课程的学生人数。

```
SELECT COUNT (DISTINCT Sno) FROM SC
```

由于一个学生可选多门课程，为避免重复计算这样的学生，加 DISTINCT 去掉重复值。
统计结果如图 6-33 所示。

例 6-31   统计"9512101"学生的选课门数和考试总成绩。

```
SELECT COUNT(*) AS 选课门数 , SUM(Grade) AS 总成绩
  FROM SC WHERE Sno = '9512101'
```

统计结果如图 6-34 所示。

图 6-32   例 6-29 的统计结果   图 6-33   例 6-30 的统计结果   图 6-34   例 6-31 的统计结果

例 6-32   计算"c01"课程的考试平均成绩。

```
SELECT AVG(Grade) AS 平均成绩 FROM SC WHERE Cno = 'c01'
```

统计结果如图 6-35 所示。

例 6-33   查询"c01"课程的考试最高分和最低分。

```
SELECT MAX(Grade) AS 最高分 , MIN(Grade) AS 最低分
  FROM SC WHERE Cno='c01'
```

查询结果如图 6-36 所示。

图 6-35   例 6-32 的统计结果   图 6-36   例 6-33 的结果

例 6-34   查询"9512101"学生的选课门数、已考试课程门数以及考试最高分、最低分、平均分。

```
SELECT COUNT(*) AS 选课门数 , COUNT(Grade) AS 考试门数 ,
       MAX(Grade) AS 最高分 , MIN(Grade) AS 最低分 ,
       AVG(Grade) AS 平均分
  FROM SC WHERE Sno = '9512101'
```

图 6-37 显示了"9512101"学生所选的全部课程。从图中我们可以看到该学生共选了四门课，其中有一门课（c06）还没有考试，因此成绩是空值。

例 6-34 查询的结果如图 6-38 所示，从图中可以看到 MAX、MIN、AVG、COUNT（列名）函数都会去掉空值后再计算，而 COUNT(*) 在计算时不考虑空值。

注意：聚合函数不能出现在 WHERE 子句中。

例如，查询年龄最大的学生姓名时，如下写法是错误的：

	Sno	Cno	Grade
1	9512101	c01	90
2	9512101	c02	86
3	9512101	c06	NULL
4	9512101	c07	88

图 6-37 “9512101”学生所选的全部课程

	选课门数	考试门数	最高分	最低分	平均分
1	4	3	90	86	88

图 6-38 例 6-34 的查询结果

```
SELECT Sname FROM Student WHERE Sage = MAX(Sage)
```

正确的写法我们将在 6.1.5 节的子查询部分介绍。

5. 对查询结果进行分组统计

前面所列举的聚合函数例子都是对全表进行统计，有时我们希望计算的粒度更精确些，比如统计每个学生的考试平均成绩，而不是全体学生的考试平均成绩，这时就需要用到查询语句的分组统计功能。

在查询语句中实现分组功能的子句是 GROUP BY。GROUP BY 可将统计控制在组级。分组的目的是细化聚合函数的作用对象。在一个查询语句中，可以用多个列进行分组。需要注意的是，如果使用了分组子句，则查询列表中的每个列必须要么是分组依据列（在 GROUP BY 后边的列），要么是聚合函数。

如果使用 GROUP BY 子句，则在 SELECT 的查询列表中包含的聚合函数都是针对每个组计算出一个汇总值，从而实现对查询结果的分组统计。

分组子句跟在 WHERE 子句的后边，它的一般形式为：

```
GROUP BY <分组依据列> [, … n ]
```

（1）使用 GROUP BY 子句

例 6-35 统计每门课程的选课人数，列出课程号和选课人数。

```
SELECT Cno as 课程号, COUNT(Sno) as 选课人数
  FROM SC GROUP BY Cno
```

该语句首先对 SC 表的数据按 Cno 的值进行分组，所有具有相同 Cno 值的元组归为一组，然后再对每一组使用 COUNT 函数进行计算，得到每组的学生人数。该查询执行的结果如图 6-39 所示。

例 6-36 统计每个学生的选课门数和平均成绩。

```
SELECT Sno 学号, COUNT(*) 选课门数, AVG(Grade) 平均成绩
FROM SC
GROUP BY Sno
```

查询结果如图 6-40 所示。

	课程号	选课人数
1	c01	3
2	c02	4
3	c04	2
4	c05	3
5	c06	2
6	c07	2

图 6-39 例 6-35 的查询结果

	学号	选课门数	平均成绩
1	9512101	4	88
2	9512102	2	72
3	9521102	4	74
4	9521103	3	72
5	9531101	2	87
6	9531102	1	85

图 6-40 例 6-36 的查询结果

注意：

- GROUP BY 子句中的分组依据列必须是表中存在的列名，不能使用 AS 子句指派的列别名。例如，例 6-36 中不能将 GROU BY 子句写成 "GROUP BY 学号"。
- 带有 GROUP BY 子句的 SELECT 语句的查询列表中只能出现分组依据列或聚合函数，因为分组后每个组只返回一行结果。

例 6-37　统计每个系的学生人数和平均年龄。

```
SELECT Sdept, COUNT(*) AS 学生人数, AVG(Sage) AS 平均年龄
   FROM Student
   GROUP BY Sdept
```

查询结果如图 6-41 所示。

例 6-38　带 WHERE 子句的分组。统计每个系的女生人数。

```
SELECT Sdept, Count(*) 女生人数 FROM Student
   WHERE Ssex = '女'
   GROUP BY Sdept
```

该语句是先执行 WHERE 子句，然后再对筛选出的满足 WHERE 条件的数据执行 GROUP BY 操作。查询结果如图 6-42 所示。

	Sdept	学生人数	平均年龄
1	计算机系	3	19
2	数学系	2	18
3	信息系	3	21

图 6-41　例 6-37 的查询结果

	Sdept	女生人数
1	计算机系	1
2	数学系	1
3	信息系	1

图 6-42　例 6-38 的查询结果

例 6-39　按多列分组。统计每个系的男生人数和女生人数，以及男生的最大年龄和女生的最大年龄。结果按系名的升序排序。

```
SELECT Sdept, Ssex, Count(*) 人数, Max(Sage) 最大年龄
   FROM Student
   GROUP BY Sdept, Ssex
   ORDER BY Sdept
```

查询结果如图 6-43 所示。

例 6-40　进一步比较 COUNT(*) 和 COUNT（列名）。在选课表中统计每门课程的选课人数和已考试人数。

```
SELECT Cno 课程号, COUNT(*) 选课人数, COUNT(Grade) 考试人数
   FROM SC
   GROUP BY Cno
```

查询结果如图 6-44 所示。

（2）使用 HAVING 子句

HAVING 子句用于对分组后的结果再进行筛选，它的功能有点像 WHERE 子句，但它用于组而不是单个记录。在 HAVING 子句中可以使用统计函数，但在 WHERE 子句中则不能。HAVING 通常与 GROUP BY 子句一起使用。

	Sdept	Ssex	人数	最大年龄
1	计算机系	男	2	20
2	计算机系	女	1	20
3	数学系	男	1	19
4	数学系	女	1	18
5	信息系	男	2	22
6	信息系	女	1	21

图 6-43　例 6-39 的查询结果

	课程号	选课人数	考试人数
1	c01	3	3
2	c02	4	4
3	c04	2	2
4	c05	3	3
5	c06	2	0
6	c07	2	2

图 6-44　例 6-40 的查询结果

例 6-41　查询选修了三门以上课程的学生的学号和选课门数。

```
SELECT Sno, Count(*) 选课门数 FROM SC
  GROUP BY Sno
  HAVING COUNT(*) > 3
```

此语句的处理过程为：先执行 GROUP BY 子句对 SC 表数据按 Sno 进行分组，然后再用统计函数 COUNT 分别对每一组进行统计，最后筛选出统计结果满足大于 3 的组。查询结果如图 6-45 所示，实现过程如图 6-46 所示。

	Sno	选课门数
1	9512101	4
2	9521102	4

图 6-45　例 6-41 的查询结果

Sno	Cno	Grade
9512101	c01	90
9512101	c02	86
9512101	c06	NULL
9512101	c07	88
9512102	c02	78
9512102	c04	66
9521102	c01	82
9521102	c02	75
9521102	c04	92
9521102	c05	50
9521103	c02	68
9521103	c06	NULL
95211 03	c07	76
9531101	c01	80
9531101	c05	95
9531102	c05	85

按Sno分组 →

Sno	Cno	Grade
9512101	c01	90
9512101	c02	86
9512101	c06	NULL
9512101	c07	88
9512102	c02	78
9512102	c04	66
9521102	c01	82
9521102	c02	75
9521102	c04	92
9521102	c05	50
9521103	c02	68
21103	c06	NULL
9521103	c07	76
9531101	c01	80
9531101	c05	95
9531102	c05	85

分组统计

Sno	选课门数
9512101	4
9512102	2
9521102	4
9521103	3
9531101	2
9531102	1

对分组结果筛选 ←

Sno	选课门数
9512101	4
9521102	4

图 6-46　例 6-41 语句执行过程

例 6-42　查询选课门数超过四门的学生的平均成绩和选课门数。

```
SELECT Sno, AVG(Grade) 平均成绩 , COUNT(*) 选课门数
   FROM SC
   GROUP BY Sno
   HAVING COUNT(*) >= 4
```

查询结果如图 6-47 所示。

正确地理解 WHERE、GROUP BY、HAVING 子句的作
用及执行顺序，对编写正确、高效的查询语句很有帮助。

	Sno	平均成绩	选课门数
1	9512101	88	4
2	9521102	74	4

图 6-47   例 6-42 的查询结果

- WHERE 子句用来筛选 FROM 子句中指定的数据源
  所产生的行数据。
- GROUP BY 子句用来对经 WHERE 子句筛选后的结果数据进行分组。
- HAVING 子句用来对分组后的结果数据再进行筛选。

对于可以在分组操作之前应用的搜索条件，在 WHERE 子句中指定它们更有效，这样可
以减少参与分组的数据行。在 HAVING 子句中指定的搜索条件应该是那些必须在执行分组操
作之后应用的搜索条件。因此，建议将所有应该在分组之前进行的搜索条件放在 WHERE 子
句中而不是 HAVING 子句中。

例 6-43   查询计算机系和信息管理系的学生人数。

该查询可以有如下两种写法。

第一种：

```
SELECT Sdept, COUNT(*)  FROM Student
   GROUP BY Sdept
   HAVING Sdept IN ( '计算机系 ', '信息管理系 ')
```

第二种：

```
SELECT sdept, COUNT(*) FROM Student
   WHERE Sdept IN ( '计算机系 ', '信息管理系 ')
   GROUP BY Sdept
```

第二种写法比第一种写法执行效率高，因为 WHERE 子句在 GROUP BY 子句之前执行，
因此参与分组的数据比较少。

例 6-44   查询每个系年龄小于等于 20 的学生人数。

```
SELECT Sdept, COUNT (*) FROM Student
   WHERE Sage <= 20
   GROUP BY Sdept
```

注意，该查询语句不能写成：

```
SELECT Sdept, COUNT(*)  FROM Student
   GROUP BY Sdept
   HAVING Sage <= 20
```

因为 HAVING 是在分组统计之后的结果中进行的操作，而在分组统计之后的结果中只
包含分组依据列（这里是 Sdept）以及聚合函数的数据（这里的统计数据不局限于在 SELECT
语句中出现的聚合函数），因此当执行到 HAVING 子句时已经没有 Sage 列了，因此上述查询
会返回" HAVING 子句中的列 'Student.Sage' 无效，因为该列没有包含在聚合函数或
GROUP BY 子句中。"错误。

6.1.3 多表连接查询

前面介绍的查询都是针对一个表进行的，但在实际查询中往往需要从多个表中获取信息，这时的查询就会涉及多张表。若一个查询同时涉及两个或两个以上的表，则称之为多表连接查询。连接查询是关系数据库中最主要的查询，主要包括内连接、外连接和交叉连接等。本书介绍内连接和外连接，由于交叉连接使用得很少，且其结果也没有太大的实际语义，因此不作介绍。

1. 内连接

内连接是一种最常用的连接类型。使用内连接时，如果两个表的相关字段满足连接条件，则从这两个表中提取数据并组合成新的记录。

在非 ANSI 标准的实现中，连接操作是在 WHERE 子句中执行的（即在 WHERE 子句中指定表连接条件），在 ANSI SQL-92 中，连接是在 JOIN 子句中执行的。这些连接方式分别被称为 theta 连接方式和 ANSI 连接方式。这里介绍 ANSI 连接方式。

内连接的语法格式为：

```
FROM  表1  [ INNER ]  JOIN  表2  ON  <连接条件>
```

在连接条件中指明两个表按什么条件进行连接，连接条件中的比较运算符称为连接谓词。连接条件的一般格式为：

```
[<表名1.>]<列名1> <比较运算符> [<表名2.>]<列名2>
```

注意：连接条件中的连接字段必须是可比的，即必须是语义相同的列，否则比较将是无意义的。

当比较运算符为等号（=）时，称为等值连接，使用其他运算符的连接称为非等值连接。

从概念上讲，DBMS 执行连接操作的过程是：首先取表 1 中的第 1 个元组，然后从头开始扫描表 2，逐一查找满足连接条件的元组，找到后就将表 1 中的第 1 个元组与该元组拼接起来，形成结果表中的一个元组。表 2 全部查找完毕后，再取表 1 中的第 2 个元组，然后再从头开始扫描表 2，逐一查找满足连接条件的元组，找到后就将表 1 中的第 2 个元组与该元组拼接起来，形成结果表中的另一个元组。重复这个过程，直到表 1 中的全部元组都处理完毕。

例 6-45 查询每个学生及其选课的详细信息。

由于学生基本信息存放在 Student 表中，学生选课信息存放在 SC 表中，因此这个查询涉及两个表，这两个表之间进行连接的连接条件是两个表中的 Sno 相等。

```
SELECT * FROM Student INNER JOIN  SC
  ON Student.Sno = SC.Sno        -- 将 Student 与 SC 连接起来
```

查询结果如图 6-48 所示。

从图 6-48 可以看到，两个表的连接结果中包含了两个表的全部列，其中有两个 Sno 列：一个来自 Student 表，一个来自 SC 表（不同表中的列可以重名），这两个列的值是完全相同的（因为这里的连接条件就是 Student.Sno = SC.Sno）。因此，在写多表连接查询语句时有必要将这些重复的列去掉，方法是在 SELECT 子句中直接列出所需要的列名，而不是写"*"。另外，由于进行多表连接之后，在连接生成的表中可能存在列名相同的列，因此，为了明确需要的是哪个列，可以在列名前添加表名前缀限制，其格式如下：

```
表名.列名
```

	Sno	Sname	Ssex	Sage	Sdept	Sno	Cno	Grade
1	9512101	李勇	男	19	计算机系	9512101	c01	90
2	9512101	李勇	男	19	计算机系	9512101	c02	86
3	9512101	李勇	男	19	计算机系	9512101	c06	NULL
4	9512101	李勇	男	19	计算机系	9512101	c07	88
5	9512102	刘晨	男	20	计算机系	9512102	c02	78
6	9512102	刘晨	男	20	计算机系	9512102	c04	66
7	9521102	吴宾	女	21	信息系	9521102	c01	82
8	9521102	吴宾	女	21	信息系	9521102	c02	75
9	9521102	吴宾	女	21	信息系	9521102	c04	92
10	9521102	吴宾	女	21	信息系	9521102	c05	50
11	9521103	张海	男	20	信息系	9521103	c02	68
12	9521103	张海	男	20	信息系	9521103	c06	NULL
13	9521103	张海	男	20	信息系	9521103	c07	76
14	9531101	钱…	女	18	数学系	9531101	c01	80
15	9531101	钱…	女	18	数学系	9531101	c05	95
16	9531102	王…	男	19	数学系	9531102	c05	85

图 6-48 例 6-45 的查询结果

比如在例 6-45 中，ON 子句中对 Sno 列就加上了表名前缀限制。

从上述结果还可以看到，在 SELECT 子句中列出的列表来自两个表的连接结果中的列，而且在 WHERE 子句中所涉及的列也是连接结果中的列。因此，根据要查询的列以及数据的选择条件涉及的列可以确定这些列所在的表，从而也就确定了进行连接操作的表。

例 6-46 去掉例 6-45 中的重复列。

```
SELECT Student.Sno,Sname,Ssex,Sage,Sdept,Cno,Grade
  FROM Student JOIN SC ON Student.Sno = SC.Sno
```

查询结果如图 6-49 所示。

	Sno	Sname	Ssex	Sage	Sdept	Cno	Grade
1	9512101	李勇	男	19	计算机系	c01	90
2	9512101	李勇	男	19	计算机系	c02	86
3	9512101	李勇	男	19	计算机系	c06	NULL
4	9512101	李勇	男	19	计算机系	c07	88
5	9512102	刘晨	男	20	计算机系	c02	78
6	9512102	刘晨	男	20	计算机系	c04	66
7	9521102	吴宾	女	21	信息系	c01	82
8	9521102	吴宾	女	21	信息系	c02	75
9	9521102	吴宾	女	21	信息系	c04	92
10	9521102	吴宾	女	21	信息系	c05	50
11	9521103	张海	男	20	信息系	c02	68
12	9521103	张海	男	20	信息系	c06	NULL
13	9521103	张海	男	20	信息系	c07	76
14	9531101	钱小平	女	18	数学系	c01	80
15	9531101	钱小平	女	18	数学系	c05	95
16	9531102	王大力	男	19	数学系	c05	85

图 6-49 例 6-46 的查询结果

例 6-47　查询计算机系学生的修课情况，要求列出学生的名字、所选的课程号和成绩。

```
SELECT Sname, Cno, Grade FROM Student JOIN SC
   ON Student.Sno = SC.Sno
   WHERE Sdept = '计算机系'
```

查询结果如图 6-50 所示。

可以为表提供别名，其格式如下：

```
FROM <源表名> [ AS ] <表别名>
```

为表指定别名可以简化表的书写，而且在有些连接查询（后面介绍的自连接）中要求必须指定别名。

图 6-50　例 6-47 的查询结果

例如，使用别名时例 6-47 可写为如下形式：

```
SELECT Sname,Cno,Grade FROM Student S JOIN SC
   ON S.Sno = SC.Sno
   WHERE Sdept = '计算机系'
```

注意：当为表指定了别名时，在查询语句中的其他地方，所有用到表名的地方都要使用别名，而不能再使用原表名。

例 6-48　查询"信息系"修了"计算机文化学"课程的学生信息，要求列出学生姓名、课程名和成绩。

```
SELECT Sname,Cname,Grade
   FROM   Student s JOIN SC ON s.Sno = SC. Sno
   JOIN   Course c ON c.Cno = SC.Cno
   WHERE Sdept = '信息系'
     AND Cname = '计算机文化学'
```

查询结果如图 6-51 所示。

注意：此查询涉及了三张表（所在系信息（"信息系"）在 Student 表中，课程信息（"计算机文化学"）在 Course 表中，"成绩"信息在 SC 表中）。每连接一张表，就需要加一个 JOIN 子句。

	Sname	Cname	Grade
1	吴宾	计算机文化学	82

图 6-51　例 6-48 的查询结果

例 6-49　查询所有选修了 VB 课程的学生情况，列出学生姓名和所在系。

```
SELECT Sname, Sdept FROM Student S
   JOIN SC ON S.Sno = SC. Sno
   JOIN Course C ON C.Cno = SC.cno
   WHERE Cname = 'VB'
```

查询结果如图 6-52 所示。

注意：在这个查询语句中，虽然所要查询的列和元组的选择条件均与 SC 表无关，但这里还是用了三张表进行连接，原因是 Student 表和 Course 表没有可以进行连接的列（语义相同的列），因此，这两张表的连接必须借助于第三张表——SC 表。

例 6-50　有分组的多表连接查询。统计每个系的学生考试平均成绩。

```
SELECT Sdept, AVG(grade) as AverageGrade
   FROM student S JOIN SC ON S.Sno = SC.Sno
   GROUP BY Sdept
```

查询结果如图 6-53 所示。

	Sname	Sdept
1	李勇	计算机系
2	刘晨	计算机系
3	吴宾	信息系
4	张海	信息系

图 6-52 例 6-49 的查询结果

	Sdept	AverageGrade
1	计算机系	81
2	数学系	86
3	信息系	73

图 6-53 例 6-50 的查询结果

例 6-51 有分组和行选择条件的多表连接查询。统计计算机系每门课程的选课人数、平均成绩、最高成绩和最低成绩。

```
SELECT Cno, COUNT(*) AS Total, AVG(Grade) as AvgGrade,
  MAX(Grade) as MaxGrade, MIN(Grade) as MinGrade
  FROM Student S JOIN SC ON S.Sno = SC.Sno
  WHERE Sdept = '计算机系'
  GROUP BY Cno
```

查询结果如图 6-54 所示。从数据得知计算机系有一个学生选了 c06 这门课程，但还没有考试，因此其平均成绩、最高成绩和最低成绩均为 NULL。

	Cno	Total	AvgGrade	MaxGrade	MinGrade
1	c01	1	90	90	90
2	c02	2	82	86	78
3	c04	1	66	66	66
4	c06	1	NULL	NULL	NULL
5	c07	1	88	88	88

图 6-54 例 6-51 的查询结果

2. 自连接

自连接是一种特殊的内连接，它是指相互连接的表在物理上为同一张表，但在逻辑上将其看成两张表。

要让物理上的一张表在逻辑上成为两张表，必须通过为表取别名的方法实现。例如：

```
FROM 表 1 AS T1      -- 在内存中生成表名为“T1”的表
JOIN 表 1 AS T2      -- 在内存中生成表名为“T2”的表
```

因此，在使用自连接时一定要为表取别名。

例 6-52 查询与刘晨在同一个系学习的学生的姓名和所在系。

分析此查询的实现过程：首先应找到刘晨在哪个系学习（在 Student 表中，不妨将这个表称为 S1 表），然后再找出此系的所有学生（也在 Student 表中，不妨将这个表称为 S2 表），S1 表和 S2 表的连接条件是两个表的系（Sdept）相同（在同一个系学习）。因此，实现此查询的 SQL 语句如下：

```
SELECT S2.Sname, S2.Sdept FROM Student S1 JOIN Student S2
  ON S1.Sdept = S2.Sdept     -- 是同一个系的学生
  WHERE S1.Sname = '刘晨'    -- S1 表作为查询条件表
  AND S2.Sname != '刘晨'     -- S2 表作为结果表，并从中去掉“刘晨”本人
```

查询结果如图 6-55 所示。

例 6-53 查询与“操作系统”学分相同的课程的课程名和学分。

这个例子与例 6-51 类似，只要将 Course 表想象成两张表，一张表作为查询条件的表，另一张表作为结果的表即可。

```
SELECT C1.Cname, C1.Credit
```

```
FROM Course C1 JOIN Course C2
ON C1.Credit = C2. Credit                -- 学分相同
WHERE C2.Cname = '操作系统'              -- C2 表作为查询条件表
```

查询结果如图 6-56 所示。

	Sname	Sdept
1	李勇	计算机系
2	王敏	计算机系

图 6-55 例 6-52 的查询结果

	Cname	Credit
1	计算机网络	4
2	操作系统	4

图 6-56 例 6-53 的查询结果

观察例 6-52 和例 6-53 可以看到，在自连接查询中，一定要注意区分好查询条件表和查询结果表。在例 6-52 中，用 S1 表作为查询条件表（WHERE S1.Sname ='刘晨'），S2 表作为查询结果表，因此在查询列表中写的就是"SELECT S2.Sname, …"。在例 6-53 中，用 C2 表作为查询条件表（C2.Cname ='数据结构'），C1 表作为查询结果表，因此在查询列表中写的就是："SELECT C1.Cname, …"。

例 6-52 和例 6-53 的另一个区别是，在例 6-53 的查询结果中去掉了与查询条件相同的数据（S2.Sname !='刘晨'），而在例 6-53 的查询结果中保留了这个数据。具体是否要保留，由用户的查询要求决定。

3. 外连接

在内连接操作中，只有满足连接条件的元组才能作为结果输出，但有时我们也希望输出那些不满足连接条件的元组信息，比如查看全部课程的被选修情况，包括有学生选的课程和没有学生选的课程。如果用内连接实现（通过 SC 表和 Course 表的内连接），则只能找到有学生选的课程，因为内连接的结果首先是要满足连接条件，即 SC.Cno = Course.Cno。对于在 Course 表中有，但在 SC 表中没有的课程（没有人选），由于不满足 SC.Cno = Course.Cno，因此是查找不出来的。这种情况就需要使用外连接来实现。

外连接是只限制一张表中的数据必须满足连接条件，而另一张表中的数据可以不满足连接条件。ANSI 方式的外连接的语法格式为：

```
FROM  表 1  LEFT | RIGHT [OUTER] JOIN  表 2  ON <连接条件>
```

"LEFT [OUTER] JOIN"称为左外连接，"RIGHT [OUTER] JOIN"称为右外连接。左外连接的含义是限制"表 2"中的数据必须满足连接条件，而不管"表 1"中的数据是否满足连接条件，均输出表 1 中的内容；右外连接的含义是限制表 1 中的数据必须满足连接条件，而不管表 2 中的数据是否满足连接条件，均输出表 2 中的内容。

theta 方式的外连接的语法格式为：

左外连接：FROM 表 1, 表 2 WHERE [表 1.]列名 (+) = [表 2.]列名
右外连接：FROM 表 1, 表 2 WHERE [表 1.]列名 = [表 2.]列名 (+)

SQL Server 支持 ANSI 方式的外连接，Oracle 支持 theta 方式的外连接。这里采用 ANSI 方式的外连接格式。

例 6-54 查询学生的选课情况，包括选了课程和没有选课程的学生，列出学号、姓名、课程号和成绩。

```
SELECT Student.Sno, Sname, Cno, Grade
```

```
FROM Student LEFT OUTER JOIN SC
ON Student.Sno = SC.Sno
```

查询结果如图 6-57 所示。

注意，结果中学号为"9512103"和"9521101"的两行数据，它们的 Cno 和 Grade 列的值均为 NULL，表明这两个学生没有选课，即他们不满足表连接条件，但进行左外连接时也将它们显示出来，并将不满足连接条件的结果在相应的列上放置 NULL 值。

此查询也可以用右外连接实现，语句如下所示：

```
SELECT Student.Sno, Sname, Cno, Grade
  FROM SC RIGHT OUTER JOIN Student
  ON Student.Sno = SC.Sno
```

其查询结果同左外连接一样。

例 6-55 查询哪些课程没有人选，列出课程名。

分析：如果某门课程没有人选，则必定是在 Course 表中有但在 SC 表中没有出现的课程，即在进行外连接后，没有人选的课程记录在 SC 表中相应的 Sno、Cno 或 Grade 列上必定都是空值，因此我们只要在连接后的结果中选出 SC 表中 Sno 为空或者 Cno 为空的记录即可（不选 Grade 为空作为筛选条件的原因是，Grade 本身允许有 NULL 值，因此，当以 Grade 是否为空来作为判断条件时，就可能将有人选但还没有考试的课程列出来，而这些记录是不符合查询要求的）。

	Sno	Sname	Cno	Grade
1	9512101	李勇	c01	90
2	9512101	李勇	c02	86
3	9512101	李勇	c06	NULL
4	9512101	李勇	c07	88
5	9512102	刘晨	c02	78
6	9512102	刘晨	c04	66
7	9512103	王敏	NULL	NULL
8	9521101	张立	NULL	NULL
9	9521102	吴宾	c01	82
10	9521102	吴宾	c02	75
11	9521102	吴宾	c04	92
12	9521102	吴宾	c05	50
13	9521103	张海	c02	68
14	9521103	张海	c06	NULL
15	9521103	张海	c07	76
16	9531101	钱小平	c01	80
17	9531101	钱小平	c05	95
18	9531102	王大力	c05	85

图 6-57　例 6-54 的查询结果

完成此功能的查询语句如下：

```
SELECT Cname FROM Course C LEFT JOIN SC
  ON C.Cno = SC.Cno
  WHERE SC.Cno IS NULL
```

查询结果如图 6-58 所示。

在外连接操作中同样可以使用 WHERE 子句、GROUP BY 子句等。

例 6-56 查询计算机系没选课的学生，列出学生姓名和性别。

```
SELECT Sname,Ssex
  FROM Student S LEFT JOIN SC ON S.Sno = SC.Sno
  WHERE Sdept = '计算机系'
    AND SC.Sno IS NULL
```

查询结果如图 6-59 所示。

例 6-57 统计计算机系每个学生的选课门数，包括没有选课的学生，结果按选课门数递减排序。

```
SELECT S.Sno AS 学号,COUNT(SC.Cno) AS 选课门数
  FROM Student S LEFT JOIN SC ON S.Sno = SC.Sno
  WHERE Sdept = '计算机系'
  GROUP BY S.Sno
  ORDER BY COUNT(SC.Cno) DESC
```

查询结果如图 6-60 所示。

	学号	选课门数
1	9512101	4
2	9512102	2
3	9512103	0

图 6-58　例 6-55 的查询结果　　　图 6-59　例 6-56 的查询结果　　　图 6-60　例 6-57 的查询结果

注意，在对外连接的结果进行分组、统计等操作时，一定要注意分组依据列和统计列的选择。例如，对于例 6-56，如果按 SC 表的 Sno 进行分组，则对没选课的学生，在连接结果中 SC 表对应的 Sno 是 NULL，因此，按 SC 表的 Sno 进行分组，就会产生一个 NULL 组，而名为 NULL 的组是没有意义的。

同样对于 COUNT 统计函数也是一样，如果写成 COUNT(Student.Sno) 或者是 COUNT(*)，则对没选课的学生都将返回 1，因为在外连接结果中，Student.Sno 不会是 NULL，而 COUNT(*) 函数本身也不考虑 NULL，它是直接对元组个数进行计数。

外连接通常是在两个表中进行的，但也支持对多个表进行外连接操作。如果是多个表进行外连接，则数据库管理系统是按连接书写的顺序，从左至右两两进行连接。

6.1.4　使用 TOP 限制结果集

在使用 SELECT 语句进行查询时，有时只希望列出结果集中的前几行结果，而不是全部结果。例如，竞赛时我们一般只取成绩最高的前三名，这时就可以使用 TOP 谓词来限制输出的结果。

使用 TOP 谓词的格式如下：

```
TOP n [ percent ] [WITH TIES ]
```

其中：

- n 为非负整数。
- TOP n 表示取查询结果的前 n 行数据。
- TOP n percent 表示取查询结果的前 n% 行数据。
- WITH TIES 表示包括并列的结果。

TOP 谓词写在 SELECT 单词的后边（如果有 DISTINCT 的话，则在 DISTINCT 单词之后），查询列表的前边。

例 6-58　查询年龄最大的三个学生的姓名、年龄及所在系。

```
SELECT TOP 3 Sname, Sage, Sdept
   FROM Student
   ORDER BY Sage DESC
```

查询结果如图 6-61 所示。

若要包括年龄并列第 3 名的所有学生，则此句可写为如下形式：

```
SELECT TOP 3 WITH TIES Sname, Sage, Sdept
   FROM Student
   ORDER BY Sage DESC
```

查询结果如图 6-62 所示。

	Sname	Sage	Sdept
1	张立	22	信息系
2	吴宾	21	信息系
3	王敏	20	计算机系

图 6-61　例 6-58 不包括并列情况的查询结果

	Sname	Sage	Sdept
1	张立	22	信息系
2	吴宾	21	信息系
3	张海	20	信息系
4	刘晨	20	计算机系
5	王敏	20	计算机系

图 6-62　例 6-58 包括并列情况的查询结果

注意：如果在 TOP 子句中使用了 WITH TIES 谓词，则要求必须使用 ORDER BY 子句对查询结果进行排序，否则会有语法错误。但如果没有使用 WITH TIES 谓词，则语法上不要求一定要有 ORDER BY 子句。如果使用 TOP 子句但没有使用 ORDER BY 子句，则是按查询显示的结果取前若干行。

例如，对于例 6-58，若写成如下形式：

```
SELECT TOP 3 Sname, Sage, Sdept FROM Student
```

则结果如图 6-63 所示。

显然这里显示的结果并不是年龄最大的前三名学生。造成这种结果的原因是系统对数据的默认排序方式不一定是我们希望的按年龄进行的，因此，当我们要求系统返回前若干行数据时，系统是按它的默认排序方式（通常是按主键进行排序）产生的结果来提取前若干行数据。因此，在使用没有 WITH TIES 谓词的 TOP 子句时，尽管语法上没有要求一定要写 ORDER BY 子句，但为了使结果满足要求，一般都要加上 ORDER BY 子句，让查询结果先按要求排序，然后再提取需要的前几行数据。

例 6-59　查询 VB 课程考试成绩前三名的学生的姓名、所在系和 VB 成绩。

```
SELECT TOP 3 WITH TIES Sname, Sdept, Grade
  FROM Student S JOIN SC on S.Sno = SC.Sno
  JOIN Course C ON C.Cno = SC.Cno
  WHERE Cname = 'VB'
  ORDER BY Grade DESC
```

查询结果如图 6-64 所示。

	Sname	Sage	Sdept
1	李勇	19	计算机系
2	刘晨	20	计算机系
3	王敏	20	计算机系

图 6-63　例 6-58 查询结果不正确的情况

	Sname	Sdept	Grade
1	李勇	计算机系	86
2	刘晨	计算机系	78
3	吴宾	信息系	75

图 6-64　例 6-59 的查询结果

例 6-60　查询选课人数最少的两门课程（不包括没有人选的课程），列出课程号和选课人数。

```
SELECT TOP 2 WITH TIES Cno, COUNT(*) 选课人数
  FROM SC
  GROUP BY Cno
  ORDER BY COUNT(Cno) ASC
```

查询结果如图 6-65 所示。

例 6-61 查询选课门数最少的四名学生（包括没选课的学生），列出学号和选课门数。

```
SELECT TOP 4 WITH TIES S.Sno, COUNT(SC.Sno) 选课门数
  FROM Student S LEFT JOIN SC ON S.Sno = SC.Sno
  GROUP BY S.Sno
  ORDER BY COUNT(SC.Sno) ASC
```

注意该例子中分组依据列、聚合函数使用的列，外连接中，Student.Sno 和 SC.Sno 的值在连接后的结果中是不完全一样的。查询结果如图 6-66 所示。

	Cno	选课人数
1	c04	2
2	c06	2
3	c07	2

图 6-65　例 6-60 的查询结果

	Sno	选课门数
1	9512103	0
2	9521101	0
3	9531102	1
4	9531101	2
5	9512102	2

图 6-66　例 6-61 的查询结果

6.1.5　子查询

在 SQL 中，一个 SELECT-FROM-WHERE 语句称为一个查询块。

如果一个 SELECT 语句嵌套在一个 SELECT、INSERT、UPDATE 或 DELETE 语句中，则称之为子查询或内层查询，而包含子查询的语句则称为主查询或外层查询。一个子查询也可以嵌套在另一个子查询中。为了与外层查询有所区别，总是把子查询写在圆括号中。与外层查询类似，子查询语句中也必须至少包含 SELECT 子句和 FROM 子句，并根据需要选择使用 WHERE 子句、GROUP BY 子句和 HAVING 子句。

子查询语句可以出现在任何能够使用表达式的地方，但通常情况下，子查询语句是用在外层查询的 WHERE 子句或 HAVING 子句中，与比较运算符或逻辑运算符一起构成查询条件。

1. 基于集合的测试

使用子查询进行基于集合的测试时，通过运算符 IN 或 NOT IN，将一个表达式的值与子查询返回的结果集进行比较。其形式为：

```
WHERE { 列名 | 表达式 } [NOT] IN ( 子查询 )
```

这与前边讲的 WHERE 子句中的 IN 运算符的作用完全相同。使用 IN 运算符时，如果表达式的值与集合中的某个值相等，则此测试结果为真；如果表达式的值与集合中的所有值均不相等，则测试结果为假。

这种形式的子查询的语句是分步骤实现的，是先执行子查询，然后在子查询的返回结果上再执行外层查询。子查询返回的结果实际上是一个集合，外层查询就是在这个集合上使用 IN 运算符进行比较。

注意：使用子查询进行基于集合的测试时，由该子查询返回的结果集中的列的个数、数据类型以及语义必须与表达式中的列的个数、数据类型以及语义相同。当子查询返回结果之后，外层查询将用这个结果作为筛选条件。

例 6-62　查询与"刘晨"在同一个系学习的学生。

```
SELECT Sno, Sname, Sdept FROM Student              -- 外层查询
  WHERE Sdept IN (
    SELECT Sdept FROM Student WHERE Sname = '刘晨')   -- 子查询
```

该子查询实际的执行过程为：

1）执行子查询，确定"刘晨"所在的系：

```
SELECT Sdept FROM Student WHERE Sname  = '刘晨'
```

查询结果为"计算机系"。

2）以子查询的执行结果为条件再执行外层查询，查找所有在此系学习的学生：

```
SELECT Sno, Sname, Sdept FROM Student
  WHERE Sdept IN('计算机系')
```

查询结果如图 6-67 所示。

可以看到查询结果中也包含学生刘晨。如果不希望刘晨出现在查询结果中，可以对上述查询语句添加一个条件，如下所示：

```
SELECT Sno, Sname, Sdept FROM Student
  WHERE Sdept IN (
    SELECT Sdept FROM Student WHERE Sname = '刘晨')
  AND Sname != '刘晨'
```

注意，这里的"Sname != '刘晨'"不需要使用表名前缀限制，因为当执行到外层查询时，它使用的只是子查询返回的结果，而不再涉及子查询的其他内容。

之前曾用自连接实现过此查询，从例 6-62 可以看出，SQL 的使用是很灵活的，同样的查询可以用多种形式实现。随着进一步的学习，我们会对这一点有更深的体会。

从概念上讲，IN 形式的子查询就是向外层查询的 WHERE 子句返回一个值集合。

例 6-63　查询考试成绩大于 90 的学生学号和姓名。

分析：首先应从 SC 表中查出成绩大于 90 分的学生学号，然后再根据这些学号在 Student 表中查出对应的姓名。具体如下。

```
SELECT Sno, Sname FROM Student
  WHERE Sno IN (
      SELECT Sno FROM SC
        WHERE Grade > 90 )
```

查询结果如图 6-68 所示。

	Sno	Sname	Sdept
1	9512101	李勇	计算机系
2	9512102	刘晨	计算机系
3	9512103	王敏	计算机系

图 6-67　例 6-62 的查询结果

	Sno	Sname
1	9521102	吴宾
2	9531101	钱小平

图 6-68　例 6-63 的查询结果

此查询也可以用多表连接实现：

```
SELECT SC.Sno, Sname FROM Student JOIN SC
```

```
ON Student.Sno = SC.Sno WHERE Grade > 90
```

例 6-64　查询计算机系选了"c02"课程的学生姓名和性别。

分析：首先应在 SC 表中查出选了 c02 课程的学生的学号，然后再根据这些学号在 Student 表中查出对应的计算机系的学生姓名和性别。具体如下。

```
SELECT Sname, Ssex FROM Student
  WHERE Sno IN (
    SELECT Sno FROM SC WHERE Cno = 'c02')
    AND Sdept = '计算机系'
```

查询结果如图 6-69 所示。

此查询也可以用多表连接实现：

```
SELECT Sname, Ssex FROM Student S JOIN SC ON S.Sno = SC.Sno
  WHERE Sdept = '计算机系' AND Cno = 'c02'
```

例 6-65　查询选修了"VB"课程的学生学号和姓名。

分析：这个查询应该分三个步骤来实现。

1）在 Course 表中，找出"VB"课程名对应的课程号。

2）根据得到的"VB"课程号，在 SC 表中找出选了该课程号的学生的学号。

3）根据得到的学号，在 Student 表中找出对应的学生的学号和姓名。

因此，该查询语句需要用到两个子查询语句，具体如下：

```
SELECT Sno, Sname FROM Student
    WHERE Sno IN (
      SELECT Sno FROM SC
        WHERE Cno IN (
          SELECT Cno FROM Course
            WHERE Cname = 'VB') )
```

查询结果如图 6-70 所示。

	Sname	Ssex
1	李勇	男
2	刘晨	男

图 6-69　例 6-64 的查询结果

	Sno	Sname
1	9512101	李勇
2	9512102	刘晨
3	9521102	吴宾
4	9521103	张海

图 6-70　例 6-65 的查询结果

此查询也可以用多表连接实现：

```
SELECT Student.Sno, Sname FROM Student
   JOIN SC ON Student.Sno = SC.Sno
   JOIN Course ON Course.Cno = SC.Cno
   WHERE Cname = 'VB'
```

例 6-66　统计选修了"VB"课程的这些学生的选课门数和平均成绩。

分析：这个查询应该分如下两个步骤实现。

1）首先找出选了"VB"课程的学生，这可通过如下两种形式实现：

①用连接查询。

```
SELECT Sno FROM SC JOIN Course C
   ON C.Cno = SC.Cno
   WHERE Cname = 'VB'
```

②用子查询。

```
SELECT Sno FROM SC
   WHERE Cno IN (SELECT Cno FROM Course
      WHERE Cname = 'VB')
```

2）然后再统计这些学生的选课门数和平均成绩，这个查询与步骤 1）之间只能通过子查询形式关联。具体代码如下：

```
SELECT Sno 学号，COUNT(*) 选课门数，AVG(Grade) 平均成绩
   FROM SC WHERE Sno IN (
      SELECT Sno FROM SC JOIN Course C
         ON C.Cno = SC.Cno
         WHERE Cname = 'VB')
   GROUP BY Sno
```

查询结果如图 6-71 所示。

注意，很多子查询语句都可以用多表连接的形式实现，如前边的例 6-62 ~ 例 6-65，但例 6-66 这个查询就不能用连接查询实现，因为这个查询的语义是要先找出选了 "VB" 课程的学生，然后再计算这些学生的选课门数和平均成绩。如果用连接查询实现：

```
SELECT Sno 学号，COUNT(*) 选课门数，AVG(Grade) 平均成绩
   FROM SC JOIN Course C ON C.Cno = SC.Cno
   WHERE Cname = 'VB'
   GROUP BY Sno
```

则其执行结果如图 6-72 所示。从这个结果可以看出，每个学生的选课门数均为 1，实际上这个 1 指的是 VB 这一门课程，其平均成绩也是 VB 课程的考试成绩。之所以产生这个结果，是因为连接查询在执行时首先是将所有进行连接操作的表连接成一张大表，这个大表中的数据为全部满足连接条件的数据。之后系统再在这个大表上执行 WHERE 子句，然后是 GROUP BY 子句。显然执行 "WHERE Cname = 'VB'" 子句后，大表中的数据就只剩下 VB 这一门课程的信息了。这种处理模式显然不符合我们的查询要求。而 IN 这种形式的子查询是先内后外逐层执行的，正好符合此例的查询要求。因此当查询需要分步骤实现时就只能用子查询来实现。

	学号	选课门数	平均成绩
1	9512101	4	88
2	9512102	2	72
3	9521102	4	74
4	9521103	3	72

图 6-71　例 6-66 的查询结果

	学号	选课门数	平均成绩
1	9512101	1	86
2	9512102	1	78
3	9521102	1	75
4	9521103	1	68

图 6-72　用连接查询实现例 6-66 的查询结果

从这个例子可以看出子查询和连接查询并不是总能相互替换的。基于集合的子查询的特点是分步骤实现，先内（子查询）后外（外层查询），而多表连接查询是对称的，它是先执行

连接操作,然后其他的子句均是在连接的结果上进行的。

例 6-67 查询选课人数少于三人的课程号、课程名和开课学期(不包括没人选的课程)。

分析:这个查询可以分两个步骤来实现。

1)在 SC 表中,统计选课人数少于 3 人的课程(课程号)。

2)根据得到的课程号,在 Course 表中找出对应的课程号、课程名和开课学期。

具体语句如下:

```
SELECT Cno, Cname, Semester FROM Course
  WHERE Cno IN (
    SELECT Cno FROM SC GROUP BY Cno
      HAVING COUNT(*) < 3 )
```

查询结果如图 6-73 所示。

注意,对于 IN 形式的子查询,SQL Server 只支持单列的比较,即子查询只能返回单列集合,外层 WHERE 子句中也只能是单个列和子查询结果进行比较。

	Cno	Cname	Semester
1	c04	数据库基础	6
2	c06	数据结构	4
3	c07	操作系统	5

图 6-73 用连接查询实现例 6-67 的查询结果

例 6-68 查询选课门数超过三门的学生学号、姓名、所在系及所选的课程名。

分析:这个查询可以分两个步骤来实现。

1)在 SC 表中,统计出选课门数超过三门的学生学号。

2)根据得到的学号,在 Student、SC 和 Course 表中找出对应的学号、姓名、所在系和课程名。

具体语句如下:

```
SELECT S.Sno, Sname, Sdept, Cname FROM
  Student S JOIN SC ON S.Sno = SC.Sno
  JOIN Course C ON C.Cno = SC.Cno
  WHERE S.Sno IN (
    SELECT Sno FROM SC GROUP BY Sno
      HAVING COUNT(*) > 3 )
```

查询结果如图 6-74 所示。

该例子说明连接查询和子查询可以一起使用,当查询列表中的列来自多张表时,应使用连接查询实现,当需要分步骤实现查询时,需要使用子查询。

	Sno	Sname	Sdept	Cname
1	9512101	李勇	计算机系	计算机文化学
2	9512101	李勇	计算机系	VB
3	9512101	李勇	计算机系	数据结构
4	9512101	李勇	计算机系	操作系统
5	9521102	吴宾	信息系	计算机文化学
6	9521102	吴宾	信息系	VB
7	9521102	吴宾	信息系	数据库基础
8	9521102	吴宾	信息系	高等数学

图 6-74 用连接查询实现例 6-68 的查询结果

2.进行比较测试

使用子查询进行比较测试时,通过比较运算符(=、<>、<、>、<=、<=),将一个表达式的值与子查询返回的值进行比较。如果比较运算的结果为真,则比较测试返回 True。

使用子查询进行比较测试的语法格式为:

```
WHERE { 列名 | 表达式 } 比较运算符 ( 子查询 )
```

注意:使用子查询进行比较测试时,要求子查询语句必须是返回单值的查询语句。

我们之前曾经提到,聚合函数不能出现在 WHERE 子句中,对于要与聚合函数的值进行比较的查询,应该使用进行比较测试的子查询实现。

同基于集合的子查询一样，用子查询进行比较测试时，也是先执行子查询，然后再根据子查询返回的结果执行外层查询。

例 6-69　查询选了"c04"课程且成绩高于此门课程平均成绩的学生学号和成绩。

分析：首先计算"c04"课程的平均成绩。

```
SELECT AVG(Grade) from SC  WHERE Cno = 'c04'
```

执行结果为 79。

然后，查找"c04"课程所有的考试成绩中高于 79 分的学生的学号和成绩：

```
SELECT Sno, Grade FROM SC
   WHERE Cno = 'c04' AND Grade > 79
```

将两个查询语句合起来即为满足要求的查询语句：

```
SELECT Sno, Grade FROM SC
   WHERE Cno = 'c04' AND Grade > (
      SELECT AVG(Grade) FROM SC
         WHERE Cno = 'c04')
```

查询结果如图 6-75 所示。

例 6-70　查询计算机系年龄最大的学生姓名和年龄。

分析：首先应该在 Student 表中找出计算机系的最大年龄（在子查询中实现），然后再在 Student 表中找出计算机系年龄等于该最大年龄的学生（在外层查询实现）。具体语句如下。

```
SELECT Sname, Sage FROM Student
   WHERE Sdept = '计算机系'
     AND Sage = (
        SELECT MAX(Sage) FROM Student
           WHERE Sdept = '计算机系')
```

查询结果如图 6-76 所示。

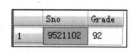

图 6-75　例 6-69 的查询结果

图 6-76　例 6-70 的查询结果

注意，在这个例子中，子查询和外层查询的"WHERE Sdept = '计算机系'"子句部分都不能省略。因为，如果在子查询中省略了这个子句，则子查询部分查询的最大年龄是全体学生的最大年龄，而不是计算机系学生的最大年龄。如果在外层查询中省略了此子句，则查询的结果是全体学生中年龄等于计算机系最大年龄的学生。

该查询也可以用 TOP 谓词实现，具体为：

```
SELECT TOP 1 WITH TIES Sname, Sage FROM Student
   WHERE Sdept = '计算机系'
   ORDER BY Sage DESC
```

用子查询进行基于集合测试和比较测试时，都是先执行子查询，然后再在子查询返回的结果基础上执行外层查询。子查询都只执行一次，子查询的查询条件不依赖于外层查询，我们将这样的子查询称为不相关子查询或嵌套子查询（nested subquery）。

嵌套子查询也可以出现在 HAVING 子句中。

例 6-71 查询考试平均成绩高于全体学生的总平均成绩的学生的学号和平均成绩。

```
SELECT Sno, AVG(Grade) 平均成绩
  FROM SC
  GROUP BY Sno
  HAVING AVG(Grade) > (
    SELECT AVG(Grade) FROM SC)
```

查询结果如图 6-77 所示。

可以将多表连接和子查询混合起来使用。

例 6-72 查询 VB 考试成绩高于"VB"平均成绩的学生的姓名、所在系和"VB"成绩。

这个查询要列出的信息包含在两张表中："姓名"和"所在系"信息在 Student 表中，"成绩"在 SC 表中。如果在查询中要列出来自多张表的属性，则必须用多表连接实现。由于该查询是与"VB"的平均成绩进行比较，这种形式的查询必须用子查询形式实现，因此该查询需要同时用到子查询和多表连接查询。

```
SELECT Sname, Sdept, Grade
  FROM Student S JOIN SC ON S.Sno = SC.Sno
  JOIN Course C ON C.Cno = SC.Cno
  WHERE Cname = 'VB' AND Grade > (
    SELECT AVG(Grade) FROM SC              -- 统计 VB 平均成绩
      JOIN Course C ON C.Cno = SC.Cno
      WHERE Cname = 'VB')
```

查询结果如图 6-78 所示。

	Sno	平均成绩
1	9512101	88
2	9531101	87
3	9531102	85

图 6-77 例 6-71 的查询结果

	Sname	Sdept	Grade
1	李勇	计算机系	86
2	刘晨	计算机系	78

图 6-78 例 6-72 的查询结果

3. 存在性测试

使用子查询进行存在性测试时，通常使用 EXISTS 谓词，其形式为：

```
WHERE [NOT] EXISTS ( 子查询 )
```

带 EXISTS 谓词的子查询不返回查询的结果，只产生真值和假值。

- EXISTS 的含义：当子查询中有满足条件的数据时，EXISTS 返回真值，否则返回假值。
- NOT EXISTS 的含义：当子查询中有满足条件的数据时，NOT EXISTS 返回假值；当子查询中不存在满足条件的数据时，NOT EXISTS 返回真值。

例 6-73 查询选了"c01"课程的学生姓名。

```
SELECT Sname FROM Student
WHERE EXISTS (
    SELECT * FROM SC
      WHERE Sno = Student.Sno AND Cno = 'c01' )
```

查询结果如图 6-79 所示。

使用子查询进行存在性测试时需注意以下问题。

1）带 EXISTS 谓词的查询是先执行外层查询，然后再执行内层查询。由外层查询的值决定内层查询的结果；内层查询的执行次数由外层查询的结果决定。

图 6-79　例 6-73 的查询结果

上述查询语句的处理过程如下。

无条件执行外层查询语句，在外层查询的结果集中取第一行数据，得到 Sno 的一个当前值，然后根据此 Sno 值处理内层查询。

将外层的 Sno 值作为已知值执行内层查询，如果在内层查询中有满足其 WHERE 子句条件的记录存在，则 EXISTS 返回一个真值（True），表示在外层查询结果集中的当前行数据为满足要求的一个结果。如果内层查询中不存在满足 WHERE 子句条件的记录，则 EXISTS 返回一个假值（False），表示在外层查询结果集中的当前行数据不是满足要求的结果。

顺序处理外层表 Student 表中的第 2、3、…行数据，直到处理完所有行。

2）由于 EXISTS 的子查询只能返回真值或假值，因此在子查询中指定列名是没有意义的。所以在有 EXISTS 的子查询中，其目标列名序列通常都用 "*"。

带 EXISTS 的子查询由于在子查询中要涉及与外层表数据的关联，因此经常将这种形式的子查询称为相关子查询。

例 6-73 的查询等价于：

```
SELECT Sname FROM Student JOIN SC
    ON SC.Sno = Student.Sno WHERE Cno = 'c01'
```

或

```
SELECT Sname FROM Student
    WHERE Sno IN (
        SELECT Sno FROM SC WHERE Cno = 'c01' )
```

由此也可以看出，同一个查询可以用不同的方式来实现。总体来说，多表连接查询的效率比子查询的效率要高（因为查询优化器可以对多表连接查询进行更多的优化）。

在存在性测试的子查询的 EXISTS 前边也可以使用 NOT。NOT EXISTS（子查询语句）的含义与前面介绍的基于集合的 NOT IN 运算的含义相同，NOT EXISTS 的含义是当子查询中至少存在一个满足条件的记录时，NOT EXISTS 返回假值，当子查询中不存在满足条件的记录时，NOT EXISTS 返回真值。

例 6-74　查询没选 "c01" 课程的学生姓名和所在系。

这是一个带否定条件的查询，如果利用多表连接和子查询分别实现这个查询，则一般可以写出如下几种形式。

1）用多表连接实现。

```
SELECT DISTINCT Sname, Sdept
  FROM Student S JOIN SC
  ON  S.Sno = SC.Sno
  WHERE Cno != 'c01'
```

执行结果如图 6-80a 所示。

2）用嵌套子查询实现。

①在子查询中否定。

```
SELECT Sname, Sdept FROM Student
  WHERE Sno IN (
    SELECT Sno FROM SC
      WHERE Cno != 'c01' )
```

执行结果与图 6-80a 所示相同。

②在外层查询中否定。

```
SELECT Sname, Sdept FROM Student
  WHERE Sno NOT IN (
    SELECT Sno FROM SC
      WHERE Cno = 'c01' )
```

执行结果如图 6-80b 所示。

3）用相关子查询实现。

①在子查询中否定。

```
SELECT Sname, Sdept FROM Student
  WHERE EXISTS (
    SELECT * FROM SC
      WHERE Sno = Student.Sno
        AND Cno != 'c01' )
```

执行结果与图 6-80a 所示相同。

②在外层查询中否定。

```
SELECT Sname, Sdept FROM Student
  WHERE NOT EXISTS (
    SELECT * FROM SC
      WHERE Sno = Student.Sno
        AND Cno = 'c01' )
```

执行结果与图 6-80b 所示相同。

	Sname	Sdept
1	李勇	计算机系
2	刘晨	计算机系
3	钱小平	数学系
4	王大力	数学系
5	吴宾	信息系
6	张海	信息系

a)

	Sname	Sdept
1	刘晨	计算机系
2	王敏	计算机系
3	张立	信息系
4	张海	信息系
5	王大力	数学系

b)

图 6-80　例 6-74 的两种查询结果

观察上述五种实现方式产生的结果，可以看到，多表连接查询与在子查询中否定的嵌套子查询和在子查询中否定的相关子查询所产生的结果是一样的，在外层查询中否定的嵌套子查询与在外层查询中否定的相关子查询产生的结果是一样的。通过对数据库中的数据进行分析，发现 1）、2）中的①和 3）中的①的结果均是错误的。2）中的②和 3）中的②的结果是正确的，即将否定放置在外层查询中时其结果是正确的。其原因就是不同的查询执行的机制是不同的。

- 对于多表连接查询，所有的条件都是在连接之后的结果表上进行的，而且是逐行进行判断，一旦发现满足要求的数据（Cno!='c01'），则此行即作为结果产生。因此，由多表连接产生的结果必然包含没有选修"c01"号课程的学生，也包含选修了"c01"同时又选修了其他课程的学生。
- 对于含有嵌套子查询的查询，是先执行子查询，然后在子查询的结果基础之上再执行外层查询，而在子查询中也是逐行进行判断，当发现有满足条件的数据时，即将此行数据作为外层查询的一个比较条件。分析这个查询，要查的数据是在某个学生所选的全部课程中不包含"c01"课程，如果将否定放在子查询中，即 2）中的①，则查出的结果是既包含没有选修"c01"课程的学生，也包含选修了"c01"课程同时也选修了其他课程的学生。显然，这个否定的范围不够。如果将否定放在子查询外边，即 2）中的②，则子查询返回的是所有选了"c01"课程的学生，外层查询的"NOT IN"实际是去掉了子查询返回的结果，因此最终的结果是没有选修"c01"课程的学生。
- 对于相关子查询，情况同嵌套子查询类似，这里不再详细分析。

通常情况下，对于否定条件的查询都应该使用子查询来实现，而且应该将否定放在外层。

例 6-75　查询计算机系没选"VB"课程的学生姓名和性别。

分析：对于这个查询，首先应该用子查询查出全部选修了"VB"课程的学生，然后再在外层查询中去掉这些学生（即为没有选修"VB"课程的学生），最后从这个结果中筛选出计算机系的学生。语句如下。

```
SELECT Sname, Ssex FROM Student
   WHERE Sno NOT IN (
     SELECT Sno FROM SC JOIN Course    -- 子查询：查询选了 VB 的学生
       ON SC.Cno = Course.Cno
         WHERE Cname = 'VB')
   AND Sdept = '计算机系'
```

查询结果如图 6-81 所示。

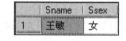

图 6-81　例 6-75 的查询结果

6.1.6　将查询结果保存到新表中

当使用 SELECT 语句查询数据时，产生的结果被保存在内存中。如果希望将查询结果保存到一个表中，则可以通过在 SELECT 语句中使用 INTO 子句实现。

包含 INTO 子句的 SELECT 语句的简单语法格式可描述为：

```
SELECT 查询列表序列 INTO <新表名> FROM 数据源
    ...                                  -- 其他行过滤、分组等语句
```

其中 < 新表名 > 是要存放查询结果的表名。这个语句将查询的结果保存在一个新表中。实际上这个语句包含两个功能：

- 一是根据查询列表序列的内容创建一个新表，新表中各列的列名就是查询结果中显示的列标题，列的数据类型是这些查询列在原表中定义的数据类型，如果查询列是聚合函数或表达式等经过计算的结果，则新表中对应列的数据类型是这些函数或表达式等返回值的数据类型。
- 二是执行查询语句并将查询的结果按列对应顺序保存到该新表中。

用 INTO 子句创建的新表可以是永久表，也可以是临时表（存储在内存中的表）。临时表又根据其使用范围分为两种：局部临时表和全局临时表。

- 局部临时表通过在表名前加一个 "#" 来标识，比如 #T1 表示该表为一个局部临时表。局部临时表的生存期为创建此局部临时表的连接的生存期，它只能在创建此局部临时表的当前连接中使用。
- 全局临时表通过在表名前加两个 "#" 来标识，比如 ##T1 表示该表为一个全局临时表。全局临时表的生存期为创建全局临时表的连接的生存期，并且在生存期内可以被所有的连接使用。

可以对局部临时表和全局临时表中的数据进行查询，它们的使用方法同永久表一样。

例 6-76 将计算机系的学生信息保存到 #ComputerStudent 局部临时表中。

```
SELECT Sno, Sname, Ssex, Sage
  INTO #ComputerStudent
  FROM Student WHERE Sdept = '计算机系'
```

例 6-77 将选了 Java 课程的学生的学号及成绩存入永久表 Java_Grade 中。

```
SELECT Sno, Grade INTO Java_Grade
  FROM SC JOIN Course C ON C.Cno = SC.Cno
  WHERE Cname = 'Java'
```

例 6-78 统计每个学期开设的课程总门数，将结果保存到永久表 Cno_Count 表中。

```
SELECT Semester, COUNT(*) C_Count INTO Cno_Count
  FROM Course GROUP BY Semester
```

注意，这个查询必须为聚合函数起别名，新建表将使用列的别名作为新表列名。

例 6-79 利用例 6-77 生成的新表，查询第二学期开设的课程名、学分和课程总门数。

```
SELECT Cname, Credit, C_Count
  FROM Cno_Count JOIN Course
  ON Cno_Count.Semester= Course.Semester
  WHERE Course.Semester = 2
```

查询结果如图 6-82 所示。

	Cname	Credit	C_Count
1	大学英语	3	2
2	计算机文化学	2	2

图 6-82　例 6-79 的查询结果

6.1.7　查询结果的并、交、差运算

查询语句的执行结果是产生一个集合，SQL 支持对查询的结果再进行并、交、差运算。本节介绍的这些操作并不一定在所有的数据库产品中都得到了实现，但在大多数产品中已经被实现了。

1. 并运算

并运算可将两个或多个查询语句的结果集合并为一个结果集，这个运算可以使用 UNION 运算符实现。UNION 可以实现让两个或更多的查询产生单一的结果集。

UNION 操作与 JOIN 连接操作不同，UNION 更像是将一个查询结果追加到另一个查询结果中（虽然各数据库管理系统对 UNION 操作略有不同，但基本思想是一样的）。JOIN 操作是水平地合并数据（添加更多的列），而 UNION 是垂直地合并数据（添加更多的行）。

使用 UNION 谓词的语法格式为：

```
SELECT 语句 1
UNION [ ALL ]
SELECT 语句 2
UNION [ ALL ]
…
SELECT 语句 n
```

其中 ALL 表示在结果集中包含所有查询语句产生的全部记录，包括重复的记录。如果没有指定 ALL，则系统默认是删除合并后结果集中的重复记录。

使用 UNION 时，需要注意以下几点。

1）各 SELECT 语句中查询列的个数必须相同，而且对应列的语义应该相同。

2）各 SELECT 语句中每个列的数据类型必须与其他查询语句中对应列的数据类型是隐式兼容的，即只要它们能进行隐式转换即可。例如，如果第一个查询语句中第二个列的数据类型是 char(20)，而第二个查询语句中第二个列的数据类型是 varchar(40)，是可以的。

3）合并后的结果集将采用第一个 SELECT 语句的列标题。

4）如果要对查询的结果进行排序，则 ORDER BY 子句应该写在最后一个查询语句之后，且排序的依据列应该是第一个查询语句中出现的列名。

例 6-80　查询计算机系和信息系学生的学号、姓名、年龄和所在系。

```
SELECT Sno, Sname, Sage, Sdept FROM Student
   WHERE Sdept = '计算机系'
UNION
SELECT Sno, Sname, Sage, Sdept FROM Student
   WHERE Sdept = '信息系'
```

执行结果如图 6-83 所示。

UNION 操作一般用在要从不同的表中查询语义相同的列，并将这些结果合并为一个结果的情况。例如，假设有作者表（authors）和出版商表（publishers），

	Sno	Sname	Sage	Sdept
1	9512101	李勇	19	计算机系
2	9512102	刘晨	20	计算机系
3	9512103	王敏	20	计算机系
4	9521101	张立	22	信息系
5	9521102	吴宾	21	信息系
6	9521103	张海	20	信息系

图 6-83　例 6-80 的查询结果

其中都有城市（city）列，如果要查询作者和出版商所在的全部城市（不包括重复的），则就需要使用 UNION 操作来实现。

```
SELECT city FROM authors
UNION
SELECT city FROM publishers
```

2. 交运算

交运算是返回同时在两个集合中出现的记录，即返回两个查询结果集中各个列的值均相同的记录，并用这些记录构成交运算的结果。

实现交运算的 SQL 运算符为 INTERSECT，其语法格式为：

```
SELECT 语句 1
INTERSECT
SELECT 语句 2
INTERSECT
…
SELECT 语句 n
```

INTERSECT 运算的注意事项同 UNION 运算。

例 6-81   查询李勇和刘晨所选择的相同的课程（即查询同时被李勇和刘晨选择的课程），列出课程名和学分。

分析：该查询是查找李勇所选的课程和刘晨所选的课程的交集。

```
SELECT Cname,Credit
  FROM Student S JOIN SC ON S.Sno = SC.Sno
  JOIN Course C ON C.Cno = SC.Cno
  WHERE Sname = '李勇'
INTERSECT
SELECT Cname,Credit
  FROM Student S JOIN SC ON S.Sno = SC.Sno
  JOIN Course C ON C.Cno = SC.Cno
  WHERE Sname = '刘晨'
```

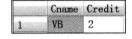

图 6-84   例 6-81 的查询结果

查询结果如图 6-84 所示。

例 6-81   的查询也可以用 IN 形式的嵌套子查询实现，语句如下：

```
SELECT Cname,Credit FROM Course
  WHERE Cno IN ( -- 李勇选的课程
    SELECT Cno FROM SC JOIN Student S
      ON S.Sno = SC.Sno
      WHERE Sname = '李勇' )
  AND Cno IN (    -- 刘晨选的课程
    SELECT Cno FROM SC JOIN Student S
      ON S.Sno = SC.Sno
      WHERE Sname = '刘晨' )
```

3. 差运算

差运算是返回在一个集合中有，但在另一个集合中没有的记录。

实现差运算的 SQL 运算符为 EXCEPT，其语法格式为：

```
SELECT 语句 1
EXCEPT
SELECT 语句 2
EXCEPT
…
SELECT 语句 n
```

使用 EXCEPT 的注意事项同 UNION 运算。

例 6-82   查询李勇选了但刘晨没有选的课程的课程名和开课学期。

分析：该查询是从李勇所选的课程中去掉刘晨所选的课程，即作差运算。

```
SELECT C.Cno, Cname, Semester FROM Course C
  JOIN SC ON C.Cno = SC.Cno
  JOIN Student S ON S.Sno = SC.Sno
  WHERE Sname = '李勇'
EXCEPT
SELECT C.Cno, Cname, Semester FROM Course C
  JOIN SC ON C.Cno = SC.Cno
  JOIN Student S ON S.Sno = SC.Sno
  WHERE Sname = '刘晨'
```

查询结果如图 6-85 所示。

例 6-82 的查询也可以用 NOT IN 子查询形式实现：

```
SELECT C.Cno, Cname, Semester FROM Course C
   JOIN SC ON C.Cno = SC.Cno
   JOIN Student S ON S.Sno = SC.Sno
   WHERE Sname = '李勇'
   AND C.Cno NOT IN (
     SELECT C.Cno FROM Course C
       JOIN SC ON C.Cno = SC.Cno
       JOIN Student S ON S.Sno = SC.Sno
         WHERE Sname = '刘晨')
```

	Cno	Cname	Semester
1	c01	计算机文化学	1
2	c06	数据结构	4

图 6-85   例 6-82 的查询结果

6.2   数据更改

前一节我们讨论了如何检索数据库中的数据，通过 SELECT 语句将返回由行和列组成的结果，但查询操作不会使数据库中的数据发生任何变化。如果要对数据进行各种更新操作，包括添加新数据、修改数据和删除数据，则需要使用数据修改语句 INSERT、UPDATE 和 DELETE 来完成。数据修改语句修改数据库中的数据，但不返回结果集。

6.2.1   插入数据

在创建完表之后，就可以使用 INSERT 语句在表中添加新数据。

插入数据的 INSERT 语句的格式为：

```
INSERT [INTO] <表名> [(<列名表>)] VALUES (值列表)
```

其中，<列名表>中的列名必须是表定义中已有的列名，值列表中的值可以是常量也可以是 NULL 值，各值之间用逗号分隔。

INSERT 语句用来新增一个符合表结构的数据行，将值列表数据按表中列定义顺序（或<列名表>中指定的顺序）逐一赋给对应的列名。

使用插入语句时应注意：

- 值列表中的值与列名表中的列按位置顺序对应，它们的数据类型必须一致。
- 如果<表名>后边没有指明列名，则新插入记录的值的顺序必须与表中列的定义顺序一致，且每一个列均有值（可以为空）。

例 6-83   将新生记录（9521104，陈冬，男，18 岁，信息系）插入 Student 表中。

```
INSERT INTO Student VALUES ('9521104', '陈冬', '男', 18, '信息系')
```

例 6-84   在 SC 表中插入一条新记录，学号为"9521104"，选的课程号为"c01"，成绩暂缺。

```
INSERT INTO SC(Sno, Cno) VALUES('9521104', 'c01')
```

注意：对于例 6-84，由于提供的值的个数与表中的列个数不一致，因此在插入的语句中必须列出列名。而且 SC 表中的 Grade 列必须允许为 NULL，因为此句实际插入的值为"('9521104', 'c01', NULL)"。

6.2.2   更新数据

当用 INSERT 语句向表中添加了记录之后，如果某些数据发生了变化，就需要对表中已有的数据进行修改。可以使用 UPDATE 语句对数据进行修改。

UPDATE 语句的语法格式为：

```
UPDATE <表名> SET <列名> = 表达式 [,… n]
  [WHERE <更新条件>]
```

其中，

- <表名> 给出了需要修改数据的表的名称。
- SET 子句指定要修改的列，表达式指定修改后的新值。
- WHERE 子句用于指定只修改表中满足 WHERE 子句条件的记录的相应列值。如果省略 WHERE 子句，则是无条件更新表中的全部记录的某列值。UPDATE 语句中 WHERE 子句的作用和写法同 SELECT 语句中的 WHERE 子句一样。

1. 无条件更新

例 6-85 将所有学生的年龄加 1。

```
UPDATE Student SET Sage = Sage + 1
```

2. 有条件更新

当用 WHERE 子句指定更改数据的条件时，可以分为两种情况。一种是基于本表条件的更新，即要更新的记录和更新记录的条件在同一张表中。如将计算机系全体学生的年龄加 1，要修改的表是 Student 表，而更改条件"学生所在的系"（这里是计算机系）也在 Student 表中；另一种是基于其他表条件的更新，即要更新的记录在一张表中。而更新的条件来自于另一张表。如将计算机系全体学生的成绩加 5 分，要更新的是 SC 表的 Grade 列，而更新条件"学生所在的系"（计算机系）在 Student 表中。基于其他表条件的更新可以用两种方法实现：一种是使用多表连接方法，另一种是使用子查询方法。

（1）基于本表条件的更新

例 6-86 将"9512101"学生的年龄改为 21 岁。

```
UPDATE Student SET Sage = 21
  WHERE Sno = '9512101'
```

（2）基于其他表条件的更新

例 6-87 将计算机系全体学生的成绩加 5 分。

①用子查询实现。

```
UPDATE SC SET Grade = Grade + 5
  WHERE Sno IN
    ( SELECT Sno FROM Student
        WHERE Sdept = '计算机系' )
```

②用多表连接实现。

```
UPDATE SC SET Grade = Grade + 5
  FROM SC JOIN Student ON SC.Sno = Student.Sno
    WHERE Sdept = '计算机系'
```

例 6-88 将学分最低的课程的学分加 2 分。

分析：这个更改只能通过子查询的形式实现，因为是要和聚合函数（最小值）的值进行比较，而聚合函数是不能出现在 WHERE 子句中的。

```
UPDATE Course SET Credit = Credit + 2
  WHERE Credit = (
    SELECT MIN(Credit) FROM Course )
```

例 6-89 将数学系学生的"VB"考试成绩增加 10 分。

①用子查询实现。

```
UPDATE SC SET Grade = Grade + 10
  WHERE Cno IN (SELECT Cno FROM Course WHERE Cname = 'VB')
    AND Sno IN (SELECT Sno FROM Student WHERE Sdept = '数学系')
```

②用多表连接实现。

```
UPDATE SC SET Grade = Grade + 10
  FROM SC JOIN Course C ON C.Cno = SC.Cno
  JOIN Student S ON S.Sno = SC.Sno
  WHERE Cname = 'VB' AND Sdept = '数学系'
```

6.2.3 删除数据

当确定不再需要某些记录时，可以使用删除语句 DELETE 将这些记录删掉。DELETE 语句的语法格式为：

```
DELETE [ FROM ] <表名> [WHERE <删除条件>]
```

其中，<表名>说明了要删除哪个表中的数据，WHERE 子句说明要删除表中的哪些记录，即只删除满足 WHERE 条件的记录。如果省略 WHERE 子句，则是无条件删除，表示要删除表中的全部记录。

1. 无条件删除

无条件删除是删除表中全部数据，但保留表的结构。

例 6-90 删除所有学生的选课记录。

```
DELETE FROM SC                         -- SC 成空表
```

2. 有条件删除

当用 WHERE 子句指定要删除记录的条件时，同 UPDATE 语句一样，也分为两种情况。一种是基于本表条件的删除。例如，删除所有不及格学生的选课记录，要删除的记录与删除的条件都在 SC 表中。另一种是基于其他表条件的删除。如删除计算机系不及格学生的选课记录，要删除的记录在 SC 表中，而删除的条件（计算机系）在 Student 表中。基于其他表条件的删除同样可以用两种方法实现，一种是使用多表连接，另一种是使用子查询。

（1）基于本表条件的删除

例 6-91 删除所有学生的不及格选课记录。

```
DELETE FROM SC WHERE Grade < 60
```

（2）基于其他表条件的删除

例 6-92 删除计算机系成绩不及格的选课记录。

①用子查询实现。

```
DELETE FROM SC
  WHERE Grade < 60 AND Sno IN (
```

```
SELECT Sno FROM Student
  WHERE Sdept = '计算机系' )
```

②用多表连接实现。

```
DELETE FROM SC
  FROM SC JOIN Student ON SC.Sno = Student.Sno
    WHERE Sdept = '计算机系' AND Grade < 60
```

例 6-93　删除没人选的课程信息。

```
DELETE FROM Course
  WHERE Cno NOT IN (
    SELECT Cno FROM Course )
```

注意，删除数据时，如果表之间有外键引用约束，则在删除主表数据时，系统会自动检查所删除的数据是否被外键表引用。如果是，则根据所定义的外键的类别（级联、限制）来决定是否能对主表数据进行删除操作。

小结

本章主要介绍了 SQL 中的数据操作功能：数据的增、删、改、查功能。数据的增、删、改、查，尤其是查询是数据库中使用得最多的操作。

首先介绍的是查询语句，介绍了单表查询和多表连接查询，包括无条件的查询、有条件的查询、分组、排序、选择结果集中的前若干行等功能。多表连接查询介绍了内连接、自连接、左外连接和右外连接。对条件查询介绍了多种实现方法，包括用子查询实现和用连接查询实现。

在综合运用这些方法实现数据查询时，有一些事项需要注意。

1）当查询语句的目标列中包含聚合函数时，若没有分组子句，则目标列中只能写聚合函数，而不能再写其他列名。若包含分组子句，则在查询的目标列中除了可以写聚合函数外，只能写分组依据列。

2）对行的过滤条件一般用 WHERE 子句实现，对组的过滤条件用 HAVING 子句实现。

3）不能将对统计后的结果进行筛选的条件写在 WHERE 子句中，应该写在 HAVING 子句中。

例如，查询平均年龄大于 20 的系，若将条件写成：

```
WHERE AVG(Sage)  >  20
```

则是错误的，应该是：HAVING AVG(Sage) > 20

4）不能将列值与统计结果值进行比较的条件写在 WHERE 子句中，这种条件一般都用子查询来实现。

例如，查询年龄大于平均年龄的学生，若将条件写成：

```
WHERE Sage > AVG(Sage)
```

则是错误的，应该是：

```
WHERE Sage > ( SELECT AVG(Sage) FROM Student )
```

5）当查询目标列来自多个表时，必须用多表连接实现。子查询语句中的列不能用在外层查询中。

6）使用内连接时，必须为表取别名，使其在逻辑上成为两个表。

7）带否定条件的查询一般用子查询实现（NOT IN 或 NOT EIXSTS），不用多表连接实现。

8）当使用 TOP 子句限制选取结果集中的前若干行数据时，一般情况下都要有 ORDER BY 子句与它配合。

对于数据的更改操作，本章介绍了数据的插入、修改和删除。对删除和更新操作，介绍了无条件的操作。和有条件的操作。对有条件的删除和更新操作又介绍了用多表连接实现和用子查询实现两种方法。

另外，在介绍这些语句时，主要采用新的 SQL 语法格式，目前大多数新数据库管理系统都支持这些格式。

在进行数据的增、删、改时数据库管理系统自动检查数据的完整性约束，而且这些检查是在对数据进行操作之前进行的，只有当数据完全满足完整性约束条件时才进行数据更改操作。

习题

1. 简单说明 SELECT 语句中 FROM、WHERE、GROUP BY、HAVING 子句的作用。

2. 简单说明 COUNT(*) 与 COUNT（列名）的区别。

3. 在聚合函数中，不忽略空值的函数是哪个？

4. 哪些数据类型的列可以使用 SUM（列名）和 AVG（列名）函数？

5. 外连接和内连接的区别是什么？

6. TOP 子句的作用是什么？

7. DISTINCT 子句的作用是去掉表中的重复行数据，这个说法对吗？

8. 简单说明嵌套子查询的执行顺序。

上机练习

利用 5.3.1 节定义的 Student、Course 和 SC 表结构，在这三个表中插入本章表 6-1 ~ 表 6-3 的数据，实现如下操作，并观察各语句执行结果。

1. 查询学生选课表中的全部数据。

2. 查询计算机系的学生姓名、年龄。

3. 查询成绩在 70 ~ 80 分之间的学生学号、课程号和成绩。

4. 查询计算机系年龄在 18 ~ 20 且性别为"男"的学生姓名、年龄。

5. 查询"c01"课程最高分。

6. 查询计算机系学生的最大年龄和最小年龄。

7. 统计每个系的学生人数。

8. 统计每个学生的选课门数和考试总成绩，并按选课门数升序显示结果（不包括没选课的学生）。

9. 查询总成绩超过 200 分的学生，列出学号、总成绩。

10. 查询选了"c02"课程的学生姓名和所在系。

11. 查询成绩 80 分以上的学生姓名、课程号和成绩，并按成绩降序排列结果。

12. 查询哪些学生没有选课，要求列出学号、姓名和所在系。

13. 统计每门课程的选课人数，列出课程号和选课人数（包括没人选的课程）。

14. 查询与"VB"在同一学期开设的课程的课程名和开课学期。

15. 查询与李勇年龄相同的学生的姓名、所在系和年龄。

16. 查询计算机系年龄最小的两名学生的姓名和年龄。

17. 查询 "VB" 成绩最高的前两名学生的姓名、所在系和 "VB" 成绩，包括并列的情况。

18. 查询选课门数最多的前两名学生的学号和选课门数，包括并列的情况。

19. 查询学生人数最多的系，列出系名和人数。

20. 用子查询实现如下查询：

（1）查询选修了 "c01" 号课程的学生的姓名和所在系。

（2）查询数学系成绩在 80 分以上的学生学号、姓名、课程号和成绩。

（3）查询计算机系考试成绩最高的学生姓名。

（4）查询数据结构考试成绩最高的学生姓名、所在系、性别和成绩。

21. 查询没选 "VB" 课程的学生姓名和所在系。

22. 查询计算机系没有选课的学生的姓名和性别。

23. 查询计算机系考试平均成绩最低的学生的姓名以及所选的课程名。

24. 查询 1 ~ 5 学期中，选课人数最少的课程的课程名、开课学期和学分。

25. 查询计算机系每个学生的考试情况，列出姓名、课程名和考试成绩，并将查询结果保存到一个新表中。新表名为：Computer_Dept。

26. 创建一个新表，表名为 test_t，其结构为（COL1, COL 2, COL 3），其中：

（1）COL1：整型，允许空值。

（2）COL2：普通编码字符型，长度为 10，不允许空值。

（3）COL3：普通编码字符型，长度为 10，允许空值。

试写出按行插入如下数据的语句（空白处表示空值）。

COL1	COL2	COL3
	B1	
1	B2	C2
2	B3	

27. 删除考试成绩低于 50 分的学生的选课记录。

28. 删除没有人选的课程。

29. 删除计算机系 "VB" 成绩不及格学生的 "VB" 选课记录。

30. 删除 "VB" 考试成绩最低的学生的 "VB" 选课记录。

31. 将第 2 学期开设的所有课程的学分增加 2 分。

32. 将 VB 课程的学分改为 3 分。

33. 将计算机系学生的年龄增加 1 岁。

34. 将信息系学生的 "计算机文化学" 课程的考试成绩加 5 分。

35. 将选课人数最少的课程的学分降低 1 分。

第7章 索引和视图

我们在第5章介绍了关系数据库中最重要的对象——基本表，本章我们介绍数据库中的另外两个重要对象：索引和视图，这两个对象都是建立在基本表基础之上的。索引的作用是为了加快数据的查询效率，视图是为了满足不同用户对数据的需求。索引通过对数据建立方便查询的搜索结构来达到加快数据查询效率的目的；视图是从基本表中抽取满足用户所需的数据，这些数据可以只来自一张表，也可以来自多张表。

7.1 索引

本节介绍索引的作用以及如何创建和维护索引。

7.1.1 基本概念

在数据库中建立索引是为了加快数据的查询速度。数据库中的索引与书籍中的目录或书后的术语表类似。在一本书中，利用目录或术语表可以快速查找所需信息，而无须翻阅整本书。在数据库中，索引使对数据的查找不需要对整个表进行扫描，就可以在其中找到所需数据。书籍的索引表是一个词语列表，其中注明了包含各个词的页码。而数据库中的索引是一个表中所包含的列值的列表，其中注明了表中包含各个值的行数据所在的存储位置。可以为表中的单个列建立索引，也可以为一组列建立索引。索引一般采用 B 树结构。索引由索引项组成，索引项由来自表中每一行的一个或多个列（称为搜索关键字或索引关键字）组成。B 树按搜索关键字排序，可以对组成搜索关键字的任何子词条集合上进行高效搜索。例如，对于一个由 A、B、C 三个列组成的索引，可以在 A 以及 A、B 和 A、B、C 上对其进行高效搜索。

例如，假设在 Student 表的 Sno 列上建立一个索引（索引项为 Sno），则在索引部分就有指向每个学号所对应的学生的存储位置的信息，如图 7-1 所示。

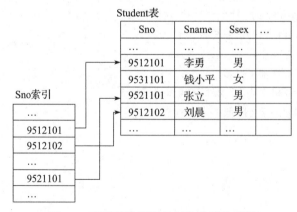

图 7-1　索引及数据间的对应关系示意图

当数据库管理系统执行一个在 Student 表上根据指定的 Sno 查找该学生的信息的语句时，

它能够识别 Sno 列是索引列，并首先在索引部分（按学号有序存储）查找该学号，然后根据找到的学号所指向的数据的存储位置，直接检索出需要的信息。如果没有索引，则数据库管理系统需要从 Student 表的第一行开始，逐行检索指定的 Sno 的值。从数据结构的算法知识我们知道有序数据的查找比无序数据的查找效率要高很多。

但索引为查找所带来的性能好处是有代价的。首先索引在数据库中会占用一定的存储空间来存储索引信息。其次，在对数据进行插入、更改和删除操作时，为了使索引与数据保持一致，还需要对索引进行相应维护。对索引的维护是需要花费时间的。

因此，利用索引提高查询效率是以占用了空间和增加了数据更改的时间为代价的。在设计和创建索引时，应确保对性能的提高程度大于在存储空间和处理资源方面的代价。

在数据库管理系统中，数据一般是按数据页存储的，数据页是一块固定大小的连续存储空间。不同的数据库管理系统数据页的大小不同，有的数据库管理系统数据页的大小是固定的，比如 SQL Server 的数据页就固定为 8 KB；有些数据库管理系统的数据页大小可由用户设定，比如 DB2。在数据库管理系统中，索引项也按数据页存储，而且其数据页的大小与存放数据的数据页的大小相同。

存放数据的数据页与存放索引项的数据页采用的都是通过指针链接在一起的方式连接各数据页，而且在页头包含指向下一页及前面页的指针，这样就可以将表中的全部数据或者索引链在一起。数据页的组织方式的示意图如图 7-2 所示。

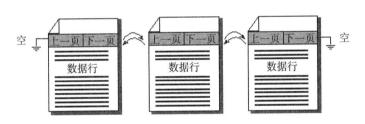

图 7-2   数据页的组织方式示意图

7.1.2   索引的存储结构及分类

索引分为两大类，一类是聚集索引（Clustered Index，也称为聚簇索引），另一类是非聚集索引（Non-clustered Index，也称为非聚簇索引）。聚集索引对数据按索引关键字进行物理排序，非聚集索引不对数据进行物理排序。图 7-1 所示的索引示意图即为非聚集索引。聚集索引和非聚集索引一般都使用 B 树结构来存储索引项，而且都包含数据页和索引页，其中索引页是用来存放索引项和指向下一层的指针，数据页用来存放数据。

在介绍这两类索引之前，首先简单介绍一下 B 树结构。

1. B 树结构

B 树（Balanced Tree，平衡树）的最上层节点称为根节点（root node），最下层节点称为叶节点（left node）。在根节点所在层和叶节点所在层之间的层上的节点称为中间节点（intermediate node）。B 树结构从根节点开始，以左右平衡的方式存放数据，中间可根据需要分成多层，如图 7-3 所示。

2. 聚集索引

聚集索引的 B 树是自下而上建立的。最下层的叶级节点存放的是数据，因此它既是索引页，同时也是数据页。多个数据页生成一个中间层节点的索引页，然后再由数个中间层的节点的索引页合成更上层的索引页。如此上推，直到生成顶层的根节点的索引页。其示意图如图 7-4 所示。生成高一层节点的方法是：从叶级节点开始，高一层节点中的每个索引项的索引关键字的值是其下层节点中的最大或最小索引关键字的值。

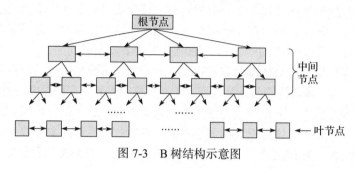

图 7-3　B 树结构示意图

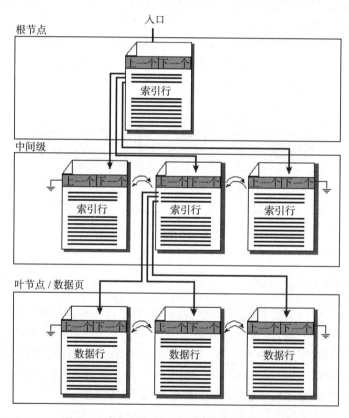

图 7-4　建有聚集索引的表的存储结构示意图

对于除叶级节点之外的其他层节点，每一个索引行由索引项的值以及这个索引项在下层节点的数据页编号组成。

例如，设有职工（employee）表，其包含的列有：职工号（eno）、职工名（ename）和所在单位（dept），数据示例如表 7-1 所示。假设在 eno 列上建有一个聚集索引（按升序排序），则其 B 树结构示意图如图 7-5 所示（注：每个节点左上位置的数字代表数据页编号），其中的虚线代表数据页间的链接。

表 7-1   employee 表的数据

eno	ename	dept
E01	AB	CS
E02	AA	CS
E03	BB	IS
E04	BC	CS
E05	CB	IS
E06	AS	IS
E07	BB	IS
E08	AD	CS
E09	BD	IS
E10	BA	IS
E11	CC	CS
E12	CA	CS

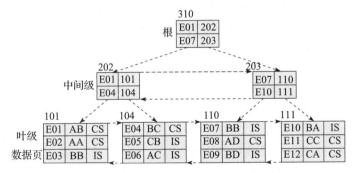

图 7-5   在 eno 列上建有聚集索引的 B 树

在聚集索引的叶节点中，数据按聚集索引项的值进行物理排序。因此，聚集索引很类似于电话号码簿。在电话号码簿中数据是按姓氏排序的，这里姓氏就是聚集索引项。由于聚集索引项决定了数据在表中的物理存储顺序，因此一个表只能包含一个聚集索引。但该索引可以由多个列（组合索引）组成，就像电话号码簿按姓氏和名字进行组织一样。

当在建有聚集索引的列上查找数据时，系统首先从聚集索引树的入口（根节点）开始逐层向下查找，直到达到 B 树索引的叶级，也就是达到了要找的数据所在的数据页，最后只在这个数据页中查找所需数据即可。

例如，执行语句 SELECT * FROM employee WHERE eno = 'E08'。

首先从根（310 数据页）开始查找，用"E08"逐项与 310 页上的每个索引项进行比较。由于"E08"大于此页的最后一个索引项"E07"的值，因此，选"E07"索引项所在的数据页 203，再进入到 203 数据页中继续比较。由于"E08"大于 203 数据页上的"E07"而小于"E10"，因此，选"E07"索引项所在的数据页 110，再进入到 110 数据页中继续逐项比较。在 110 数据页上进行逐项比较，可找到职工号等于"E08"的项，而且这个项包含了此职工的全部数据信息。至此查找完毕。

当增加或删除数据时，除了会影响数据的排列顺序外，还会引起索引页中索引项的增加或减少，系统会对索引页进行分裂或合并，以保证 B 树的平衡性，因此，B 树的中间节点数量以及 B 树的层次都有可能会发生变化，但这些调整都是系统自动完成的，因此，在对有索引的表进行增加、删除和修改操作时，会影响这些操作的执行性能。

聚集索引对于那些经常要搜索列在连续范围内的值的查询特别有效。使用聚集索引找到包含第一个列值的行后，由于后续要查找的数据值在物理上相邻而且有序，因此只要将数据值直接与查找的终止值进行比较即可。

在创建聚集索引之前，应先了解数据是如何被访问的，因为数据的访问方式直接影响了对索引的使用。如果索引建立得不合适，则非但不能达到提高数据查询效率的目的，而且还会影响数据的插入、删除和修改操作的效率。因此，索引并不是建立得越多越好（建立索引需要占用空间，维护索引需要占用时间），而是要有一些考虑因素。

下列情况可考虑创建聚集索引：
- 包含大量非重复值的列。
- 使用下列运算符返回一个范围值的查询：BETWEEN AND、>、>=、< 和 <=。
- 不返回大型结果集的查询。
- 经常被用作连接的列，一般来说，这些列是外键列。
- 对 ORDER BY 或 GROUP BY 子句中指定的列进行索引，可以使数据库管理系统在查询时不必对数据再进行排序，因而可以提高查询性能。

下列情况不适于建立聚集索引：
- 频繁更改的列。因为这将导致索引项的整行移动。
- 字节长的列。因为聚集索引的索引项的值将被所有非聚集索引作为查找关键字使用，并被存储在每个非聚集索引的 B 树的叶级索引项中。

2. 非聚集索引

非聚集索引与图书后的术语表类似。书的内容（数据）存储在一个地方，术语表（索引）存储在另一个地方。而且书的内容（数据）并不按术语表（索引）的顺序存放，但术语表中的每个词在书中都有确切的位置。非聚集索引就类似于术语表，而数据就类似于一本书的内容。

非聚集索引的存储示意图如图 7-6 所示。

非聚集索引与聚集索引一样用 B 树结构，但有两个重要差别：
- 数据不按非聚集索引关键字值的顺序排序和存储。
- 非聚集索引的叶级节点不是存放数据的数据页。

非聚集索引 B 树的叶级节点是索引行。每个索引行包含非聚集索引关键字值以及一个或多个行定位器，这些行定位器指向该关键字值对应的数据行（如果索引不唯一，则可能是多行）。

例如，假设在前边的 employee 表的 eno 列上建有一个非聚集索引，则其表和索引 B 树的形式如图 7-7 所示。从这个图我们可以观察到，数据页上的数据并不是按索引列 eno 排序的，但根据 eno 建立的索引 B 树是按 eno 排序的，而且上一层节点中的每个索引键值取的是下一层节点上的最小索引键值。

在建有非聚集索引的表上查找数据的过程与聚集索引类似，也是从根节点开始逐层向下查找，直到找到叶级节点，在叶级节点中找到匹配的索引关键字值之后，其所对应的行定位器所指位置即是查找数据的存储位置。

由于非聚集索引并不改变数据的物理存储顺序，因此，可以在一个表上建立多个非聚集索引，就像一本书可以有多个术语表一样。比如一本介绍园艺的书可能会包含一个植物通俗名称的术语表和一个植物学名称的术语表，因为这是读者查找信息的两种最常用的方法。

在创建非聚集索引之前，应先了解数据是如何被访问的，以使建立的索引科学合理。对于下述情况可考虑创建非聚集索引。

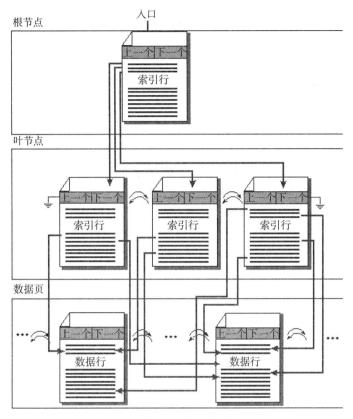

图 7-6　非聚集索引的存储结构示意图

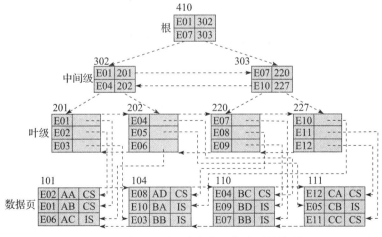

图 7-7　在 eno 列上建有非聚集索引的情形

- 包含大量非重复值的列。如果某列只有很少的非重复值，比如只有 1 和 0，则不对这些列建立非聚集索引。
- 不返回大型结果集的查询。

- 经常作为查询条件使用的列。
- 经常作为连接和分组条件的列，应在这些列上创建多个非聚集索引。

3. 唯一索引

唯一索引可以确保索引列不包含重复的值。唯一索引可以只包含一个列（限制该列取值不重复），也可以由多个列共同构成（限制这些列的组合取值不重复）。例如，如果在 LastName、FirstName 和 MiddleInitial 列的组合上创建了一个唯一索引 FullName，则该表中任何两个人都不可以具有完全相同的名字（LastName、FirstName 和 MiddleInitial 名字均相同）。

聚集索引和非聚集索引都可以是唯一索引。因此，只要列中的数据是唯一的，就可以在同一个表上创建一个唯一的聚集索引和多个唯一的非聚集索引。

需要说明的是，只有当数据本身具有唯一性特征时，指定唯一索引才有意义。如果必须要实施唯一性来确保数据的完整性，则应在列上创建 UNIQUE 约束或 PRIMARY KEY 约束（关于约束的详细信息请参见本书第 5 章），而不要创建唯一索引。例如，如果想限制学生表（主码为 Sno）中的身份证号码（sid）列（假设学生表中有此列）的取值不能有重复，则可在 sid 列上创建 UNIQUE 约束。实际上，当在表上创建 PRIMARY KEY 约束或 UNIQUE 约束时，系统会自动在这些列上创建唯一索引。

7.1.3 创建和删除索引

1. 创建索引

确定了索引列之后，就可以在数据库的表上创建索引。创建索引的 SQL 语句是 CREATE INDEX，其一般语法格式为：

```
CREATE [UNIQUE] [CLUSTERED | NONCLUSTERED]
    INDEX 索引名 ON 表名 (列名 [,...n])
```

其中，UNIQUE 表示要创建的索引是唯一索引，CLUSTERED 表示要创建的索引是聚集索引，NONCLUSTERED 表示要创建的索引是非聚集索引。

如果没有指定索引类型，则默认是创建非聚集索引。

例 7-1 在 Student 表的 Sname 列上创建一个非聚集索引。

```
CREATE INDEX Sname_ind
    ON Student ( Sname )
```

例 7-2 在 Student 表的 Sid 列上创建一个唯一聚集索引（假设 Student 表有 Sid 列）。

```
CREATE UNIQUE CLUSTERED INDEX Sid_ind
    ON Student (Sid )
```

例 7-3 在 Employee 表的 FirstName 和 LastName 列上创建一个复合聚集索引。

```
CREATE CLUSTERED INDEX EName_ind
    ON Employee (FirstName, LastName )
```

2. 删除索引

索引一经建立，就由数据库管理系统自动使用和维护，不需要用户干预。建立索引是为了加快数据的查询效率，但如果需要频繁地对数据进行增、删、改操作，则系统会花费很多时间来维护索引，这会降低数据的修改效率；另外，存储索引需要占用额外的空间，这增加了数据库的空间开销。因此，当不需要某个索引时，可将其删除。

删除索引的 SQL 语句是 DROP INDEX，其一般语法格式为：

```
DROP INDEX <表名>.<索引名>
```

例 7-4 删除 Student 表中的 Sname_ind 索引。

```
DROP INDEX Student.Sname_ind
```

7.2 视图

在第 2 章介绍数据库的三级模式时，可以看到模式（对应到基本表）是数据库中全体数据的逻辑结构。这些数据也是物理存储的，当不同的用户需要基本表中不同的数据时，可以为每类用户建立一个外模式。外模式中的内容来自于模式，这些内容可以是某个模式的部分数据或多个模式组合的数据。外模式对应到关系数据库中的概念就是视图。

视图（view）是数据库中的一个对象，它是数据库管理系统提供给用户的以多种角度观察数据库中的数据的一种重要机制。本节介绍视图的概念和作用。

7.2.1 基本概念

通常我们将模式所对应的表称为基本表。基本表中的数据实际上是物理存储在磁盘上的。在关系模型中有一个重要的特点，就是由 SELECT 语句得到的结果仍然是二维表，由此引出了视图的概念。视图是查询语句产生的结果，但它有自己的视图名，视图中的每个列也有自己的列名。视图在很多方面都与基本表类似。

视图是由从数据库的基本表中选取出来的数据组成的逻辑窗口，是基本表的部分行和列数据的组合。它与基本表不同的是，视图是一个虚表。数据库中只存储视图的定义，而不存储视图所包含的数据，这些数据仍存放在原来的基本表中。这种模式有如下两个好处。

第一，视图数据始终与基本表数据保持一致。当基本表中的数据发生变化时，从视图中查询出的数据也会随之变化。因为每次从视图查询数据时，都是执行定义视图的查询语句，即最终都是落实到基本表中查询数据。从这个意义上讲，视图就像一个窗口，透过它可以看到数据库中用户自己感兴趣的数据。

第二，节省存储空间。当数据量非常大时，重复存储数据是非常耗费空间的。视图可以从一个基本表中提取数据，也可以从多个基本表中提取数据，甚至还可以从其他视图中提取数据，构成新的视图。但不管怎样，对视图数据的操作最终都会转换为对基本表的操作。

例如，如果某用户只关心计算机系考试成绩大于等于 60 的学生情况，只希望列出学生姓名、所在系、选的课程名和考试成绩，则可用如下查询语句实现：

```
SELECT Sname 姓名,Sdept 所在系,Cname 课程名,Grade 成绩
  FROM Student S JOIN SC ON S.Sno = SC.Sno
  JOIN Course C ON C.Cno = SC.Cno
  WHERE sdept = '计算机系' and grade >= 60
```

我们可以把这个查询结果就看成一个视图，用户通过这个视图可以查到他所感兴趣的数据。图 7-8 显示了这个视图与基本表之间的关系。

7.2.2 定义视图

定义视图的 SQL 语句为 CREATE VIEW，其一般格式如下：

```
CREATE VIEW <视图名> [( 列名 [ ,...n ] )]
AS
   SELECT 语句
```

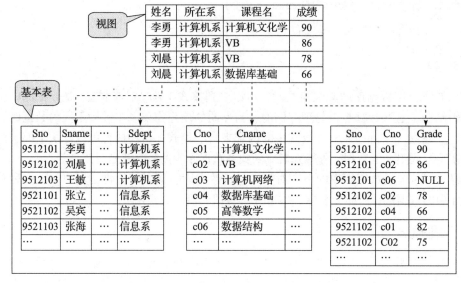

图 7-8   视图与基本表的关系示意图

其中，查询语句可以是任意的 SELECT 语句，但是要注意以下几点。

1）查询语句中通常不包含 ORDER BY 和 DISTINCT 子句。

2）在定义视图时要么指定视图的全部列名，要么全部省略不写，不能只写视图的部分列名。如果省略了视图的“列名表”部分，则视图的列名与查询语句中查询结果显示的列名相同。但在如下三种情况下必须明确指定组成视图的所有列名：

①某个目标列不是简单的列名，而是函数或表达式，并且没有为这样的列起别名。

②多表连接时选出了几个同名列作为视图的字段。

③需要在视图中为某个列选用新的更合适的列名。

1. 定义单源表视图

单源表的行列子集视图是指视图的数据取自一个基本表的部分行和列，这样的视图行列与基本表行列对应。用这种方法定义的视图可以通过视图对数据进行查询和修改操作。

例 7-5   建立查询信息系学生的学号、姓名、性别和年龄的视图。

```
CREATE VIEW IS_Student
AS
   SELECT Sno, Sname, Ssex, Sage
     FROM Student WHERE Sdept = '信息系'
```

数据库管理系统执行 CREATE VIEW 语句的结果只是在数据库中保存视图的定义，并不执行其中的 SELECT 语句。只有在对视图执行查询操作时，才按视图的定义从相应基本表中检索数据。

2. 定义多源表视图

多源表视图指定义视图的查询语句涉及多张表，这样定义的视图一般只用于查询，不用于修改数据。

例 7-6 建立信息系选修了"c01"号课程的学生的学号、姓名和成绩的视图。

```
CREATE VIEW V_IS_S1(Sno, Sname, Grade)
AS
  SELECT Student.Sno, Sname, Grade
    FROM Student JOIN  SC ON Student.Sno = SC.Sno
    WHERE Sdept = '信息系'  AND  SC.Cno = 'c01'
```

3. 在已有视图上定义新视图

还可以在视图上再建立视图,这时作为数据源的视图必须是已经建立好的视图。

例 7-7 利用例 7-5 建立的视图,建立查询信息系年龄小于 20 的学生的学号、姓名和年龄的视图。

```
CREATE VIEW IS_Student_Sage
AS
  SELECT Sno, Sname, Sage
    FROM IS_Student WHERE Sage < 20
```

视图的来源不仅可以是单个的视图和基本表,而且还可以是视图和基本表的组合。

例 7-8 在例 7-5 所建的视图基础上,例 7-6 的视图定义可改为:

```
CREATE VIEW V_IS_S2(Sno, Sname, Grade)
AS
  SELECT SC.Sno, Sname, Grade
    FROM IS_Student JOIN SC ON IS_Student.Sno = SC.Sno
    WHERE Cno = 'c01'
```

这里的视图 V_IS_S2 就是建立在 IS_Student 视图和 SC 表之上的。

4. 定义带表达式的视图

在定义基本表时,为减少数据库中的冗余数据,表中只存放基本数据,而基本数据经过各种计算派生出的数据一般是不存储的。但由于视图中的数据并不实际存储,所以定义视图时可以根据需要设置一些派生属性列,在这些派生属性列中保存经过计算的值。这些派生属性由于在基本表中并不实际存在,因此,也称它们为虚拟列。包含虚拟列的视图也称为带表达式的视图。

例 7-9 定义一个查询学生出生年份的视图,内容包括学号、姓名和出生年份。

```
CREATE VIEW BT_S(Sno, Sname, Sbirth)
AS
  SELECT Sno, Sname, 2016 - Sage
    FROM Student
```

注意:在定义这个视图的查询语句的查询列表中有一个表达式,但没有为表达式指定别名,因此,在定义视图时必须指定视图的全部列名。

5. 含分组统计信息的视图

含分组统计信息的视图是指定义视图的查询语句中含有 GROUP BY 子句,这样的视图只能用于查询,不能用于修改数据。

例 7-10 定义一个查询每个学生的学号及平均成绩的视图。

```
CREATE VIEW S_G
AS
```

```
SELECT Sno, AVG(Grade) AverageGrade FROM SC
    GROUP BY Sno
```

注意：这个查询语句为统计函数指定了列别名，因此在定义视图的语句中可以省略视图的列名。当然，也可以指定视图的列名。如果指定了视图中各列的列名，则视图用指定的列名作为视图各列的列名。

7.2.3 通过视图查询数据

定义视图后，就可以对其进行查询了，通过视图查询数据同通过基本表查询数据一样。

例 7-11 利用例 7-5 建立的视图，查询信息系男生的信息。

```
SELECT * FROM IS_Student WHERE Ssex = '男'
```

查询结果如图 7-9 所示。

数据库管理系统在对视图进行查询时，首先检查要查询的视图是否存在。如果存在，则从数据字典中提取视图的定义，根据定义视图的查询语句转换成等价的对基本表的查询，然后再执行转换后的查询操作。

	Sno	Sname	Ssex	Sage
1	9521101	张立	男	22
2	9521103	张海	男	20
3	9521104	陈冬	男	18

图 7-9　例 7-11 的查询结果

因此，例 7-11 的查询最终转换成的实际查询语句如下：

```
SELECT Sno, Sname, Ssex, Sage
  FROM Student
  WHERE Sdept = '信息系'  AND  Ssex = '男'
```

例 7-12 查询信息系选修了"c01"号课程且成绩大于等于 60 的学生的学号、姓名和成绩。这个查询可以利用例 7-6 的视图实现。

```
SELECT * FROM V_IS_S1 WHERE Grade >= 60
```

查询结果如图 7-10 所示。

此查询转换成的对最终基本表的查询语句如下：

	Sno	Sname	Grade
1	9521102	吴宾	82

图 7-10　例 7-12 的查询结果

```
SELECT S.Sno, Sname, Grade FROM SC
  JOIN Student S ON S.Sno = SC.Sno
  WHERE Sdept = '信息系'  AND  SC.Cno = 'c01'
    AND Grade >= 60
```

例 7-13 查询信息系学生的学号、姓名、所选课程的课程名。

```
SELECT v.Sno, Sname, Cname
  FROM IS_Student v JOIN SC ON v.Sno = SC.Sno
  JOIN Course C ON C.Cno = SC.Cno
```

查询结果如图 7-11 所示。

此查询转换成的对最终基本表的查询如下：

```
SELECT S.Sno, Sname, Cname
  FROM Student S JOIN SC ON S.Sno = SC.Sno
  JOIN Course C ON C.Cno = SC.Cno
  WHERE Sdept = '信息系'
```

	Sno	Sname	Cname
1	9521102	吴宾	计算机文化学
2	9521102	吴宾	VB
3	9521102	吴宾	数据库基础
4	9521102	吴宾	高等数学
5	9521103	张海	VB
6	9521103	张海	数据结构
7	9521103	张海	操作系统
8	9521104	陈冬	计算机文化学

有时，将通过视图查询数据转换成对基本表查询是很

图 7-11　例 7-13 的查询结果

直接的，但有些情况下，这种转换不能直接进行。

例 7-14 利用例 7-11 建立的视图，查询平均成绩大于等于 80 分的学生的学号和平均成绩。

```
SELECT * FROM S_G
WHERE   AverageGrade >= 80
```

查询结果如图 7-12 所示。

这个示例的查询语句不能直接转换为基本表的查询语句，因为若直接转换，将会产生如下语句：

```
SELECT Sno, AVG(Grade) FROM SC
  WHERE   AVG(Grade) > 80
    GROUP BY Sno
```

	Sno	AverageGrade
1	9512101	88
2	9531101	87
3	9531102	85

图 7-12　例 7-14 的查询结果

这个转换显然是错误的，因为在 WHERE 子句中不能包含聚合函数。正确的转换语句应该是：

```
SELECT Sno, AVG(Grade) FROM SC
  GROUP BY Sno
    HAVING AVG(Grade) >= 80
```

目前大多数关系数据库管理系统对这种含有统计函数的视图的查询均能进行正确的转换。

视图不仅可用于查询数据，也可以用来修改基本表中的数据，但并不是所有的视图都可以用于修改数据。比如，经过统计或表达式计算得到的视图就不能用于修改数据的操作。能否通过视图修改数据的基本原则是：如果这个操作能够最终落实到基本表上，并成为对基本表的正确操作，则可以通过视图修改数据，否则不行。

7.2.4　修改和删除视图

定义视图后，如果其结构不能满足用户的要求，则可以对其进行修改。如果不需要某个视图了，还可以删除此视图。

1. 修改视图

修改视图定义的 SQL 语句为 ALTER VIEW，其语法格式如下：

```
ALTER VIEW   视图名 [ ( 列名 [ ,...n ] ) ]
AS
  查询语句
```

我们看到，修改视图的 SQL 语句与定义视图的语句基本是一样的，只是将 CREATE VIEW 改成了 ALTER VIEW。

例 7-15 修改 7.2.2 节例 7-10 定义的视图，使其统计每个学生的考试平均成绩和修课总门数。

```
ALTER VIEW S_G(Sno, AverageGrade,Count_Cno)
AS
  SELECT Sno, AVG(Grade), Count(*) FROM SC
    GROUP BY Sno
```

2. 删除视图

删除视图的 SQL 语句的格式如下：

```
DROP VIEW < 视图名 >
```

例 7-16 删除例 7-5 定义的 IS_Student 视图。

```
DROP VIEW IS_Student
```

删除视图时需要注意，如果被删除的视图是其他视图的数据源，如前面的 IS_Student_Sage 视图就是定义在 IS_Student 视图之上的，那么删除该视图（如删除 IS_Student），其导出视图（如 IS_Student_Sage）将无法再使用。同样，如果视图的基本表被删除了，视图也将无法使用。因此，在删除基本表和视图时一定要注意是否存在引用被删除对象的视图，如果有，应同时删除。

7.2.5 视图的作用

正如前边所讲的，使用视图可以简化和定制用户对数据的需求。虽然对视图的操作最终都转换为对基本表的操作，视图看起来似乎没什么用处，但实际上，如果合理地使用视图会带来许多好处。

1. 简化数据查询语句

采用视图机制可以使用户将注意力集中在所关心的数据上。如果这些数据来自多个基本表，或者数据一部分来自于基本表，另一部分来自于视图，并且所用的搜索条件又比较复杂时，需要编写的 SELECT 语句就会很长，这时定义视图就可以简化数据的查询语句。定义视图可以将表与表之间复杂的连接操作和搜索条件对用户隐藏起来，用户只需简单地查询一个视图即可。这在多次执行相同的数据查询操作时尤为有用。

2. 使用户能从多角度看待同一数据

采用视图机制能使不同的用户以不同的方式看待同一数据，当许多不同类型的用户共享同一个数据库时，这种灵活性是非常重要的。

3. 提高了数据的安全性

使用视图可以定制用户查看哪些数据并屏蔽敏感数据。比如，不希望员工看到别人的工资，就可以建立一个不包含工资项的职工视图，然后让用户通过视图来访问表中的数据，而不授予他们直接访问基本表的权限，这样就在一定程度上提高了数据库数据的安全性。

4. 提供了一定程度的逻辑独立性

视图在一定程度上提供了第 2 章介绍的数据的逻辑独立性，因为它对应的是数据库的外模式。

在关系数据库中，数据库的重构是不可避免的。重构数据库的最常见方法是将一个基本表分解成多个基本表。例如，可将学生关系表 Student (Sno, Sname, Ssex, Sage, Sdept) 分解为 SX (Sno, Sname, Sage,) 和 SY (Sno, Ssex, Sdept) 两个关系，这时对 Student 表的操作就变成了对 SX 和 SY 的操作，则可定义视图：

```
CREATE VIEW Student (Sno, Sname, Ssex, Sage, Sdept)
AS
  SELECT SX.Sno, SX.Sname, SY.Ssex, SX.Sage, SY.Sdept
    FROM SX JOIN SY ON SX.Sno = SY.Sno
```

这样，尽管数据库的表结构变了，但应用程序可以不必修改，新建的视图保证了用户原来的关系，使用户的外模式并未发生改变。

注意，视图只能在一定程度上提供数据的逻辑独立性。由于视图的更新是有条件的，因此，应用程序在修改数据时可能会因基本表结构的改变而受一些影响。

小结

本章介绍了数据库中的两个重要概念：索引和视图。建立索引的目的是为了提高数据的查询效率，但存储索引需要空间的开销，维护索引需要时间的开销。因此，当对数据库的应用主要是查询操作时，可以适当多建立索引。如果对数据库的操作主要是增、删、改，则应尽量少建索引，以免影响数据的更改效率。

索引分为聚集索引和非聚集索引两种，它们一般都采用 B 树结构存储。建立聚集索引时，数据库管理系统首先按聚集索引列的值对数据进行物理地排序，然后再在此基础之上建立索引的 B 树。如果建立的是非聚集索引，则系统是直接在现有数据存储顺序的基础之上直接建立索引 B 树。不管数据是否是有序的，索引 B 树中的索引项一定是有序的。因此建立所以需要耗费一定的时间，特别是当数据量很大时，建立索引需要花费相当长的时间。

在一个表上只能建立一个聚集索引，但可以建立多个非聚集索引。聚集索引和非聚集索引都可以是唯一索引。唯一索引的作用是保证索引项所包含的列的取值彼此不能重复。

视图是基于数据库基本表的虚表，视图所包含的数据并不被物理地存储，视图的数据全部来自于基本表，它的数据可以是一个表的部分数据，也可以是几个表的数据的组合。用户通过视图访问数据时，最终都落实到对基本表的操作，因此通过视图访问数据比直接从基本表访问数据效率会低一些，因为它多了一层转换操作。尤其当视图层次比较多时，即某个视图是建立在其他视图基础上，而这个或这些视图又是建立在另一些视图之上的，这个效率的降低就很明显。

视图提供了一定程度的数据逻辑独立性，并可增加数据的安全性，封装了复杂的查询，简化了客户端访问数据库数据的编程，为用户提供了从不同的角度看待同一数据的方法。对视图进行查询的方法与基本表的查询方法相同。

习题

1. 索引的作用是什么？

2. 索引分为哪几种类型？分别是什么？它们的主要区别是什么？

3. 在一个表上可以创建几个聚集索引？可以创建多个非聚集索引吗？

4. 聚集索引一定是唯一索引，对吗？反之呢？

5. 在建立聚集索引时，数据库管理系统是真正将数据按聚集索引列进行物理排序的吗？

6. 在建立非聚集索引时，数据库管理系统并不对数据进行物理排序？

7. 不管对表进行什么类型的操作，在表上建立的索引越多越能提高操作效率？

8. 经常对表进行哪类操作适合建立索引？适合在哪些列上建立索引？

9. 使用第 5 章建立的 Student、Course 和 SC 表，写出实现下列操作的 SQL 语句。

（1）在 Student 表上为 Sname 列建立一个非聚集索引，索引名为：SnameIdx。

（2）在 Course 表上为 Cname 列建立一个唯一的非聚集索引，索引名为：CNIdx。

（3）在 SC 表上为 Sno 和 Cno 建立一个组合的聚集索引，索引名为：SnoCnoIdx。

（4）删除 Sname 列上建立的 SnoIdx 索引。

10. 试说明使用视图的好处。

11. 使用视图可以加快数据的查询速度，这句话对吗？为什么？

12. 使用第 5 章建立的 Student、Course 和 SC 表，写出创建满足下述要求的视图的 SQL 语句。

（1）查询学生的学号、姓名、所在系、课程号、课程名、课程学分。

（2）查询学生的学号、姓名、选修的课程名和考试成绩。

（3）统计每个学生的选课门数，要求列出学生学号和选课门数。

（4）统计每个学生的修课总学分，要求列出学生学号和总学分（说明：考试成绩大于等于 60 才可获得此门课程的学分）。

13. 利用第 12 题建立的视图，完成如下查询：

（1）查询考试成绩大于等于 90 分的学生的姓名、课程名和成绩。

（2）查询选课门数超过 3 门的学生的学号和选课门数。

（3）查询计算机系选课门数超过 3 门的学生的姓名和选课门数。

（4）查询修课总学分超过 10 分的学生的学号、姓名、所在系和修课总学分。

（5）查询年龄大于等于 20 岁的学生中，修课总学分超过 10 分的学生的姓名、年龄、所在系和修课总学分。

14. 修改第 12 题（4）中定义的视图，使其查询每个学生的学号、平均成绩以及总的选课门数。

第8章 关系数据库规范化理论

数据库设计是数据库应用领域中的主要研究课题。数据库设计的任务是在给定的应用环境下，创建满足用户需求且性能良好的数据库模式、建立数据库及其应用系统，使之能有效地存储和管理数据，满足某公司或部门各类用户业务的需求。

数据库设计需要理论指导，关系数据库规范化理论就是数据库设计的一个理论指南。规范化理论研究的是关系模式中各属性之间的依赖关系及其对关系模式性能的影响，探讨"好"的关系模式应该具备的性质，以及达到"好"的关系模式的方法。规范化理论提供了判断关系模式好坏的理论标准，帮助我们预测可能出现的问题，是数据库设计人员的有力工具，同时也使数据库设计工作有了严格的理论基础。

本章主要讨论关系数据库规范化理论，讨论如何判断一个关系模式是否是好的关系模式，以及如何将不好的关系模式转换成好的关系模式，并保证所得到的关系模式仍能表达原来的语义。

8.1 函数依赖

数据的语义不仅表现为完整性约束，对关系模式的设计也提出了一定的要求。针对一个问题，如何构造一个合适的关系模式，应构造几个关系模式，每个关系模式由哪些属性组成等，都是数据库设计问题，确切地讲是关系数据库的逻辑设计问题。

首先看一下关系模式中各属性之间的依赖关系。

8.1.1 基本概念

我们非常熟悉函数的概念，对公式

$$Y = f(X)$$

自然也不会陌生，但是大家熟悉的是 X 和 Y 在数量上的对应关系，即给定任意一个 X 值，都会有一个 Y 值与它对应。也可以说 X 函数决定 Y，或 Y 函数依赖于 X。在关系数据库中讨论函数或函数依赖注重的是语义上的关系，比如

$$省 = f(城市)$$

只要给出一个具体的城市值，就会有唯一一个省值与它对应，如"武汉市"在"湖北省"，这里"城市"是自变量 X，"省"是因变量或函数值 Y。把 X 函数决定 Y 或 Y 函数依赖于 X 表示为

$$X \rightarrow Y$$

根据以上讨论可以写出较直观的函数依赖定义，即如果有一个关系模式 $R(A_1, A_2, \cdots, A_n)$，X 和 Y 为 $\{A_1, A_2, \cdots, A_n\}$ 的子集，那么对于关系 R 中的任意一个 X 值，都只有一个 Y 值与之对应，则称 X 函数决定 Y，或 Y 函数依赖于 X。

例如，对学生关系模式 Student (Sno, Sname, Sdept, Sage)，有以下依赖关系：

$$Sno \rightarrow Sname \qquad Sno \rightarrow Sdept \qquad Sno \rightarrow Sage$$

对学生选课关系模式 SC (Sno, Cno, Grade)，有以下依赖关系

$$（Sno, Cno）\rightarrow Grade$$

显然，函数依赖讨论的是属性之间的依赖关系，它是语义范畴的概念，也就是说关系模式的属性之间是否存在函数依赖只与语义有关。下面对函数依赖给出严格的形式化定义。

定义 设有关系模式 $R(A_1, A_2, \cdots, A_n)$，X 和 Y 均为 $\{A_1, A_2, \cdots, A_n\}$ 的子集，r 是 R 的任一具体关系，t_1、t_2 是 r 中的任意两个元组。如果由 $t_1[X] = t_2[X]$ 可以推导出 $t_1[Y] = t_2[Y]$，则称 X 函数决定 Y，或 Y 函数依赖于 X，记为 $X \rightarrow Y$。

在以上定义中特别要注意，只要

$$t_1[X] = t_2[X] \Longrightarrow t_1[Y] = t_2[Y]$$

成立，就有 $X \rightarrow Y$。也就是说，只有当 $t_1[X] = t_2[X]$ 为真，而 $t_1[Y] = t_2[Y]$ 为假时，函数依赖 $X \rightarrow Y$ 不成立；而当 $t_1[X] = t_2[X]$ 为假时，不管 $t_1[Y] = t_2[Y]$ 为真或为假，都有 $X \rightarrow Y$ 成立。

8.1.2 一些术语和符号

下面给出本章中使用的一些术语和符号。设有关系模式 $R(A_1, A_2, \cdots, A_n)$，X 和 Y 均为 $\{A_1, A_2, \cdots, A_n\}$ 的子集，则有以下结论。

1）如果 $X \rightarrow Y$，但 Y 不包含于 X，则称 $X \rightarrow Y$ 是非平凡的函数依赖。如不作特别说明，我们总是讨论非平凡函数依赖。

2）如果 Y 不函数依赖于 X，则记作 $X \nrightarrow Y$。

3）如果 $X \rightarrow Y$，则称 X 为决定因子。

4）如果 $X \rightarrow Y$，并且 $Y \rightarrow X$，则记作 $X \longleftrightarrow Y$。

5）如果 $X \rightarrow Y$，并且对于 X 的一个任意真子集 X' 都有 $X' \nrightarrow Y$，则称 Y 完全函数依赖于 X，记作 $X \xrightarrow{f} Y$；如果 $X' \rightarrow Y$ 成立，则称 Y 部分函数依赖于 X，记作 $X \xrightarrow{P} Y$。

6）如果 $X \rightarrow Y$（非平凡函数依赖，并且 $Y \nrightarrow X$）、$Y \rightarrow Z$，则称 Z 传递函数依赖于 X。

例 8-1 假设有关系模式 SC（Sno, Sname, Cno, Credit, Grade），其中各属性分别为学号、姓名、课程号、学分、成绩，主键为（Sno, Cno），则函数依赖关系有：

$$Sno \rightarrow Sname \qquad\qquad 姓名函数依赖于学号$$
$$(Sno, Cno) \xrightarrow{P} Sname \qquad 姓名部分函数依赖于学号和课程号$$
$$(Sno, Cno) \xrightarrow{f} Grade \qquad 成绩完全函数依赖于学号和课程号$$

例 8-2 假设有关系模式 S（Sno, Sname, Dept, Dept_master），其中各属性分别为学号、姓名、所在系和系主任（假设一个系只有一个主任），主键为 Sno，则函数依赖关系有：

$$Sno \xrightarrow{f} Sname \qquad\qquad 姓名完全函数依赖于学号$$

由于：

$$Sno \xrightarrow{f} Dept \qquad\qquad 所在系完全函数依赖于学号$$
$$Dept \xrightarrow{f} Dept\_master \qquad 系主任完全函数依赖于系$$

所以有：

$$Sno \xrightarrow{传递} Dept\_master \qquad 系主任传递函数依赖于学号$$

函数依赖是数据的重要性质，关系模式应能反映这些性质。

8.1.3 为什么要讨论函数依赖

讨论属性之间的关系以及讨论函数依赖有什么必要呢？让我们通过例子看一下。

假设有描述学生选课及住宿情况的关系模式:

S-L-C (Sno, Sname, Ssex, Sdept, Sloc, Cno, Grade)

其中各属性分别为学号、姓名、性别、学生所在系、学生所住宿舍楼、课程号和考试成绩。假设每个系的学生都住在一栋楼里,(Sno, Cno)为主键。

看一看这个关系模式存在什么问题。假设有如表 8-1 所示的数据。

表 8-1   S-L-C 模式的部分数据示例

Sno	Sname	Ssex	Sdept	Sloc	Cno	Grade
9512101	李勇	男	计算机系	2 公寓	C01	90
9512101	李勇	男	计算机系	2 公寓	C02	86
9512101	李勇	男	计算机系	2 公寓	C06	NULL
9512102	刘晨	男	计算机系	2 公寓	C02	78
9512102	刘晨	男	计算机系	2 公寓	C04	66
9521102	吴宾	女	信息系	1 公寓	C01	82
9521102	吴宾	女	信息系	1 公寓	C02	75
9521102	吴宾	女	信息系	1 公寓	C04	92
9521102	吴宾	女	信息系	1 公寓	C05	50
9521103	张海	男	信息系	1 公寓	C02	68
9521103	张海	男	信息系	1 公寓	C06	NULL
9531101	钱小平	女	数学系	1 公寓	C01	80
9531101	钱小平	女	数学系	1 公寓	C05	95
9531102	王大力	男	数学系	1 公寓	C05	85

观察这个表的数据,会发现有如下问题。

1)数据冗余问题:在这个关系中,有关学生所在系和其所对应的宿舍楼的信息有冗余,因为一个系有多少个学生,这个系所对应的宿舍楼的信息就要重复存储多少遍。而且学生基本信息(包括学生学号、姓名、性别、所在系)也有重复,一个学生修了多少门课,他的基本信息就重复多少遍。

2)数据更新问题:如果某一学生从计算机系转到了信息系,那么不但要修改此学生的 Sdept 列的值,而且还要修改其 Sloc 列的值,从而使修改复杂化。

3)数据插入问题:如果新成立了某个系,并且也确定好了此系学生的宿舍楼,即已经有了 Sdept 和 Sloc 信息,也不能将这个信息插入到 S-L-C 表中,因为这个系还没有招生,其 Sno 和 Cno 列的值均为空,而 Sno 和 Cno 是这个表的主属性,因此不能为空。

4)数据删除问题:如果一个学生只选了一门课,而后来又不选了,则应该删除此学生选此门课程的记录。但由于这个学生只选了一门课,删掉此学生的选课记录的同时也删掉了此学生的其他基本信息。

类似的问题统称为操作异常。为什么会出现以上种种操作异常现象呢?是因为这个关系模式没有设计好,这个关系模式的某些属性之间存在着"不良"的函数依赖关系。如何改造这个关系模式并克服以上种种问题是关系规范化理论要解决的问题,也是我们讨论函数依赖的原因。

解决上述种种问题的方法就是进行模式分解,即把一个关系模式分解成两个或多个关系模式,在分解的过程中消除那些"不良"的函数依赖,从而获得良好的关系模式。

8.2 关系规范化

关系规范化是指将有"不良"函数依赖的关系模式转换为良好的关系模式的理论。这里涉及范式的概念，不同的范式表示关系模式遵守的不同规则。本节介绍常用的第一范式、第二范式和第三范式的概念。在介绍范式的概念之前，先介绍一下关系模式中键的概念。

8.2.1 关系模式中的键

设用 U 表示关系模式 R 的属性全集，即 $U = \{A_1, A_2, \cdots, A_n\}$，用 F 表示关系模式 R 上的函数依赖集，则关系模式 R 可表示为 $R(U, F)$。

1. 候选键

设 K 为 $R(U, F)$ 中的属性或属性组，若 $K \xrightarrow{f} U$，则 K 为 R 的候选键。K 为决定 R 中全部属性值的最小属性组。

2. 主键

关系 $R(U, F)$ 中可能有多个候选键，选其中一个作为主键。

3. 全键

候选键为整个属性组。

4. 主属性与非主属性

在 $R(U, F)$ 中，包含在任一候选键中的属性称为主属性，不包含在任一候选键中的属性称为非主属性。

例 8-3 有关系模式：学生（学号，姓名，性别，身份证号，年龄，所在系）。

候选键为：学号，身份证号。

主键可以为"学号"或者是"身份证号"。

主属性为：学号，身份证号。

非主属性为：姓名，性别，年龄，所在系。

例 8-4 有关系模式：选课（学号，课程号，考试次数，成绩）。

设一个学生对一门课程可以有多次考试，每一次考试有一个考试成绩。

候选键为：（学号，课程号，考试次数）。

这里的候选键也为主键。

主属性为：（学号，课程号，考试次数）。

非主属性为：成绩。

例 8-5 有关系模式：授课（教师号，课程号，学年）。

其语义为：一个教师在一个学年可以讲授多门不同的课程，可以在不同学年对同一门课程讲授多次，但不能在同一个学年对同一门课程讲授多次。一门课程在一个学年可以由多个不同的教师讲授，同一个学年可以开设多门课程，同一门课程可以在不同学年开设多次。

其候选键为：教师号，课程号，学年。因为只有教师号、课程号、学年三者才能唯一地确定一个元组。

这里的候选键也是主键。

主属性为：教师号，课程号，学年。

没有非主属性。

称这种候选键为全部属性的表为全键表。

5. 外键

用于关系表之间建立关联的属性（组）称为外键。

定义 若 $R(U, F)$ 的属性（组）X（X 属于 U）是另一个关系 S 的主键，则称 X 为 R 的外键（X 必须先被定义为 S 的主键）。

8.2.2 范式

在 8.1.3 节已经介绍了设计"不好"的关系模式会带来的问题，本节将讨论"好"的关系模式应具备的性质，即关系规范化问题。

关系数据库中的关系要满足一定的要求，满足不同程度要求的为不同的范式。满足最低要求的关系称为是第一范式的，简称 1NF（First Normal Form）。在第一范式中进一步满足一些要求的关系称为第二范式，简称 2NF。以此类推，还有 3NF、BCNF、4NF、5NF。

所谓"第几范式"是表示关系模式满足的条件，所以经常称某一关系模式为第几范式的关系模式。也可以把这个概念理解为符合某种条件的关系模式的集合，因此，R 为第二范式的关系模式也可以写为：$R \in 2NF$。

对关系模式的属性间的函数依赖加以不同的限制，就形成了不同的范式。这些范式是递进的，如果一个关系模式是 1NF 的，它比不是 1NF 的要好；同样，2NF 的关系模式比 1NF 的关系模式好……使用这种方法的目的是从一个表或表的集合开始，逐步产生一个和初始集合等价的表的集合（指提供同样的信息）。范式越高、规范化的程度越高，关系模式越好。

规范化的理论首先由 E. F. Codd 于 1971 年提出，目的是要设计"好的"关系数据库模式。关系规范化实际上就是对有问题（操作异常）的关系进行分解从而消除这些异常。

1. 第一范式（1NF）

定义 不包含重复组的关系（即不包含非原子项的属性）是第一范式的关系。

图 8-1 所示的表就不是第一范式的关系，因为在这个表中，"高级职称人数"不是基本的数据项，它是由两个基本数据项（"教授"和"副教授"）组成的一个复合数据项。非第一范式的关系转换成第一范式的关系非常简单，只需要将所有数据项都表示为不可再分的最小数据项即可。图 8-1 所示的关系转换成第一范式的关系如图 8-2 所示。

系名称	高级职称人数	
	教授	副教授
计算机系	6	10
信息系	3	5
数学系	4	8

图 8-1 非第一范式的关系

系名称	教授人数	副教授人数
计算机系	6	10
信息系	3	5
数学系	4	8

图 8-2 第一范式的关系

2. 第二范式（2NF）

定义 如果 $R(U, F) \in 1NF$，并且 R 中的每个非主属性都完全函数依赖于主键，则 $R(U, F) \in 2NF$。

从定义可以看出，若某个 1NF 的关系的主键只由一个列组成，那么这个关系就是 2NF 关系。但如果主键是由多个属性共同构成的复合主键，并且存在非主属性对主键的部分函数依赖，则这个关系就不是 2NF 关系。

例如，前面所讲的 S-L-C（Sno, Sname, Ssex, Sdept, Sloc, Cno, Grade）就不是 2NF 的。

因为（Sno, Cno）是主键，而又有 Sno → Sname，因此有：

$$(Sno, Cno) \xrightarrow{P} Sname$$

即存在非主属性对主键的部分函数依赖关系，所以，此 S-L-C 关系不是 2NF 的。前面已经介绍过这个关系存在操作异常，而这些操作异常就是由于它存在部分函数依赖造成的。

可以用模式分解的办法将非 2NF 的关系模式分解为多个 2NF 的关系模式。去掉部分函数依赖关系的分解过程为：

1）用构成主键的属性集合的每一个子集作为主键构成一个新关系模式。

2）将依赖于这些主键的属性放置到相应的关系模式中。

3）最后去掉只由主键的子集构成的关系模式。

例如，对 S-L-C 表，首先分解为如下的三个关系模式（下划线部分表示主键）：

$$S\text{-}L\ (\underline{Sno}, \cdots)$$
$$C\ (\underline{Cno}, \cdots)$$
$$S\text{-}C\ (\underline{Sno, Cno}, \cdots)$$

然后，将依赖于这些主键的属性放置到相应的关系模式中，形成如下三个关系模式：

$$S\text{-}L\ (Sno, Sname, Ssex, Sdept, Sloc)$$
$$C\ (Cno)$$
$$S\text{-}C\ (Sno, Cno, Grade)$$

最后，去掉只由主键的子集构成的关系模式，也就是去掉 C (Cno) 关系模式。S-L-C 关系模式最终被分解的形式为：

$$S\text{-}L\ (Sno, Sname, Ssex, Sdept, Sloc)$$
$$S\text{-}C\ (Sno, Cno, Grade)$$

现在对分解后的关系模式再进行分析。

首先分析 S-L 关系模式。这个关系模式的主键是 (Sno)，并且有如下函数依赖：

$$Sno \xrightarrow{f} Sname$$
$$Sno \xrightarrow{f} Ssex, \quad Sno \xrightarrow{f} Sdept$$
$$Sno \xrightarrow{f} Sloc$$

由于只存在完全依赖关系，因此 S-L 关系模式是 2NF 的。

然后分析 S-C 关系模式。这个关系模式的主键是（Sno，Cno），并且有函数依赖：

$$(Sno, Cno) \xrightarrow{f} Grade$$

因此 S-C 关系模式也是 2NF 的。

下面看一下分解之后的 S-L 关系模式和 S-C 关系模式是否还存在问题，先讨论 S-L 关系模式，现在这个关系包含的数据如表 8-2 所示。

表 8-2　S-L 关系的部分数据示例

Sno	Sname	Ssex	Sdept	Sloc
9512101	李勇	男	计算机系	2公寓
9512102	刘晨	男	计算机系	2公寓
9521102	吴宾	女	信息系	1公寓
9521103	张海	男	信息系	1公寓
9531101	钱小平	女	数学系	1公寓
9531103	王大力	女	数学系	1公寓

从表 8-2 所示的数据可以看到，一个系有多少个学生，就会重复描述每个系和其所在的宿舍楼多少遍，因此还存在数据冗余，也就存在操作异常。比如，当新组建一个系时，如果此系还没有招收学生，但已分配了宿舍楼，则还是无法将此系的信息插入到数据库中，因为这时的学号为空。

由此看到，第二范式的关系模式还可能存在操作异常情况，因此还需要对此关系模式进行进一步的分解。

3. 第三范式（3NF）

定义　如果 $R(U, F) \in$ 2NF，并且所有的非主属性都不传递依赖于主键，则 $R(U, F) \in$ 3NF。

从定义可以看出，如果存在非主属性对主键的传递依赖，则相应的关系模式就不是 3NF 的。

以关系模式 S-L（Sno, Sname, Ssex, Sdept, Sloc）为例，因为有

$$Sno \rightarrow Sdept，Sdept \rightarrow Sloc$$

因此有 $Sno \xrightarrow{传递} Sloc$。

从前面的分析可以知道，当关系模式中存在传递函数依赖时，这个关系模式仍然有操作异常，因此，还需要对其进行进一步的分解，使其成为 3NF 的关系。

去掉传递函数依赖关系的分解过程为：

1）对于不是候选键的每个决定因子，从关系模式中删去依赖于它的所有属性。

2）新建一个关系模式，新关系模式中包含原关系模式中所有依赖于该决定因子的属性。

3）将决定因子作为新关系模式的主键。

S-L 分解后的关系模式为：

$$S\text{-}D\ (\ Sno, Sname, Ssex, Sdep)，主键为 Sno$$

$$S\text{-}L\ (\ Sdept, Sloc)，主键为 Sdept$$

对 S-D，有 $Sno \xrightarrow{f} Sname$，$Sno \xrightarrow{f} Ssex$，$Sno \xrightarrow{f} Sdept$，因此 S-D 是 3NF 的。

对 S-L，有 $Sdept \xrightarrow{f} Sloc$，因此 S-L 也是 3NF 的。

对 S-C（Sno, Cno, Grade）关系模式，其主键是（Sno，Cno），并且有

$$(Sno, Cno) \xrightarrow{f} Grade$$

因此 S-C 也是 3NF 的。

至此，S-L-C（Sno, Sname, Ssex, Sdept, Sloc, Cno, Grade）关系模式共分解为如下三个关系模式，每个关系模式都是 3NF 的。

S-D（Sno, Sname, Ssex, Sdept），Sno 为主键，Sdept 为引用 S-L 关系模式的外键。

S-L（Sdept, Sloc），Sdept 为主键，没有外键。

S-C（Sno, Cno, Grade），（Sno，Cno）为主键，并且 Sno 为引用 S-D 关系模式的外键。

模式分解使原来在一张表中表达的信息被分解在多张表中表达，因此，为了能够表达分解前关系的语义，在分解完之后除了要标识主键之外，还要标识相应的外键。

由于 3NF 关系模式中不存在非主属性对主键的部分依赖和传递依赖关系，因而在很大程度上消除了数据冗余和操作异常，因此在通常的数据库设计中，一般要求达到 3NF 即可。

4. BC 范式（BCNF）

关系数据库设计的目的是消除部分依赖和传递依赖，因为这些依赖会导致更新异常。到目前为止，我们讨论的第二范式和第三范式都是不允许存在非主属性对主键的部分依赖和传

递依赖，但这些定义并没有考虑对候选键的依赖问题。如果只考虑对主键属性的依赖关系，则在第三范式的关系中有可能存在会引起数据冗余的函数依赖。第三范式的这些不足导致了另一种更强范式的出现，即 Boyce-Codd 范式，简称 BC 范式或 BCNF（Boyce Codd Normal Form）。

BCNF 是由 Boyce 和 Codd 共同提出的，它比 3NF 更进了一步，通常认为 BCNF 是修正的 3NF。它是在考虑了关系中对所有候选键的函数依赖的基础上建立的。

首先我们分析一下 3NF 中可能存在的问题。例如，设有关系模式 STC（Sno，Tno，Cno），其中 Sno 表示学号，Tno 表示教师号，Cno 表示课程号。假设每个教师只能讲授一门课。每门课可由若干教师讲授，某一学生选定某门课，就对应一个固定的教师。由语义可得到如下函数依赖。

$$（Sno，Cno）\rightarrow Tno；（Sno，Tno）\rightarrow Cno；Tno \rightarrow Cno$$

这里（Sno，Cno）、（Sno，Tno）都是候选键。

STC 关系模式不存在非主属性，因此它是 3NF，但不是 BCNF，因为 Tno 是决定因子，而不是候选键。

如果要在 STC（Sno，Tno，Cno）中插入一行数据，但该数据目前只有 Tno 和 Cno 有值，则该行数据是不能插入的，因为不管是用（Sno，Cno）还是用（Sno，Tno）作为主键，Sno 都必须有值（主属性不能为空）。因此 STC（Sno，Tno，Cno）关系模式存在操作异常。

由此可见，即使是 3NF 的关系模式，也可能存在操作异常。操作异常产生的原因是存在函数依赖 Tno → Cno，Tno 是决定因子，但 Tno 不是候选键。

3NF 关系模式中之所以会存在操作异常，主要是存在主属性对非候选键的函数依赖，这种情形下就产生了 BCNF。

定义　如果 $R（U,F）\in$ 1NF，若 $X \rightarrow Y$ 且 $Y \nsubseteq X$ 时 X 必包含候选键，则 $R（U,F）\in$ BCNF。通俗地讲，当且仅当关系中的每个函数依赖的决定因子都是候选键，该范式为 BCNF。

或者说，如果 $R \in$ 3NF，并且不存在主属性对非键属性的函数依赖，则 $R \in$ BCNF。

为了验证一个关系是否符合 BCNF，首先要确定关系中所有的决定因子，然后再看它们是否都是候选键。所谓决定因子是一个属性或一组属性，其他属性完全函数依赖于它。

3NF 和 BCNF 之间的区别在于，对一个函数依赖 $A \rightarrow B$，3NF 允许 B 是主属性，而 A 不是候选键。而 BCNF 则要求在这个依赖中 A 必须是候选键。因此，BCNF 也是 3NF，只是更加规范。尽管满足 BCNF 的关系也是 3NF 关系，但 3NF 关系却不一定是 BCNF 的。

看看前面分解的 S-D、S-L 和 S-C 关系，这三个关系都是 3NF 的，同时也都是 BCNF 的，因为它们都只有一个决定因子。大多数情况下 3NF 的关系都是 BCNF 的，只有在非常特殊的情况下才会发生违反 BCNF 的情况。下面是有可能违反 BCNF 的情形：

- 关系中包含两个（或更多）复合候选键。
- 候选键有重叠，通常至少有一个重叠的属性。

把 STC（Sno，Tno，Cno）关系模式分解为

$$TC（Tno，Cno），ST（Sno，Tno）$$

就去掉了决定因子不是候选键的情况，这两个关系模式就都是 BCNF 的了。

如果一个模型中的所有关系模式都属于 BCNF，那么在函数依赖范畴内就实现了彻底的分解，消除了操作异常。也就是说，在函数依赖范畴，BCNF 达到了最高的规范化程度。

1NF、2NF、3NF 和 BCNF 的相互关系是：1NF $\supset$ 2NF $\supset$ 3NF $\supset$ BCNF。

8.3 关系模式的分解准则

前面已经介绍过,为了提高规范化程度,我们都是通过把范式程度低的关系模式分解为若干个范式程度高的关系模式来实现的。每个规范化的关系应该只有一个主题,如果某个关系描述了两个或多个主题,那么它就应该被分解为多个关系,使每个关系只描述一个主题。当我们发现一个关系存在操作异常时,通过把关系分解为两个或多个单独的关系,使每个关系只描述一个主题,就可以消除这些异常。

规范化的方法是进行模式分解,但分解后产生的模式应与原模式等价,即模式分解必须遵守一定的准则,不能表面上消除了操作异常现象,却留下了其他问题。为此,模式分解要满足:

1)模式分解具有无损连接性。

2)模式分解能够保持函数依赖。

无损连接是指分解后的关系通过自然连接可以恢复成原来的关系,即通过自然连接得到的关系与原来的关系相比,既不多出信息又不丢失信息。

保持函数依赖的分解是指在模式的分解过程中,函数依赖不能丢失的特性,即模式分解不能破坏原来的语义。

为了得到更高范式的关系进行的模式分解,是否总能既保证无损连接又保持函数依赖呢?答案是否定的。

但如何对关系模式进行分解呢?对于同一个关系模式可能有多种分解方案。例如,对于关系模式 S-D-L(Sno,Dept,Loc)(各属性含义分别为学号、系名和宿舍楼号,假设系名可以决定宿舍楼号),有函数依赖:

$$Sno \rightarrow Dept, \quad Dept \rightarrow Loc$$

显然这个关系模式不是第三范式的。对于此关系模式我们至少可以有三种分解方案,分别为:

方案 1:S-L(Sno,Loc),D-L(Dept,Loc)

方案 2:S-D(Sno,Dept),S-L(Sno,Loc)

方案 3:S-D(Sno,Dept),D-L(Dept,Loc)

这三种分解方案得到的关系模式都是第三范式的。那么如何比较这三种方案的好坏呢?由此我们想到,在将一个关系模式分解为多个关系模式时除了提高规范化程度之外,还需要考虑其他的一些因素。

将一个关系模式 $R<U, F>$ 分解为若干个关系模式 $R_1<U_1, F_1>$,$R_2<U_2, F_2>$,…,$R_n<U_n, F_n>$(其中 $U = U_1 \cup U_2 \cup \cdots \cup U_n$,$F_i$ 为 F 在 U_i 上的投影),意味着相应地将存储在一张二维表 r 中的数据分散到了若干个二维表 r_1,r_2,…,r_n 中(r_i 是 r 在属性组上 U_i 的投影)。我们当然希望这样的分解不丢失信息,也就是说,希望能通过对关系 r_1,r_2,…,r_n 的自然连接运算重新得到关系 r 中的所有信息。

事实上,将关系 r 投影为 r_1,r_2,…,r_n 时不会丢失信息,关键是对 r_1,r_2,…,r_n 进行自然连接时可能产生一些 r 中原来没有的元组,从而无法区别哪些元组是 r 中原来有的,即数据库中应该存在的数据,哪些是不应该有的。从这个意义上说就丢失了信息。

但如何对关系模式进行分解呢?对于同一个关系模式可能有多种分解方案。例如,对于上述关系模式 S-D-L(Sno,Dept,Loc),有三种分解方案,而且这三种分解方案得到的关系模式都是第三范式的，那么这三种分解方案是否都满足分解的要求呢？我们对此进行一些分析。

假设在某一时刻，此关系模式的数据如表 8-3 所示，此关系用 r 表示。

表 8-3 S-D-L 关系模式的某一时刻数据（r）

Sno	Dept	Loc
S01	D1	L1
S02	D2	L2
S03	D2	L2
S04	D3	L1

若按方案 1 将关系模式 S-D-L 分解为 S-L（Sno，Loc）和 D-L（Dept，Loc），则将 S-D-L 投影到 S-L 和 D-L 的属性上，得到关系 r_{11} 和 r_{12}，如表 8-4 和表 8-5 所示。

表 8-4 分解所得到的结果 r_{11}

Sno	Loc
S01	L1
S02	L2
S03	L2
S04	L1

表 8-5 分解所得到的结果 r_{12}

Dept	Loc
D1	L1
D2	L2
D3	L1

进行自然连接 $r_{11}*r_{12}$，得到 r'，如表 8-6 所示。

表 8-6 $r_{11}*r_{12}$ 自然连接后得到 r'

Sno	Dept	Loc
S01	D1	L1
S01	D3	L1
S02	D2	L2
S03	D2	L2
S04	D1	L1
S04	D3	L1

r' 中的元组（S01, D3, L1）和（S04, D1, L1）不是原来 r 中有的元组，因此，我们无法知道原来的 r 中到底有哪些元组，这当然不是我们所希望的。

将关系模式 $R<U, F>$ 分解为关系模式 $R_1<U_1, F_1>$，$R_2<U_2, F_2>$，$\cdots$，$R_n<U_n, F_n>$，若对于 R 中的任何一个可能的 r，都有 $r = r_1*r_2*\cdots*r_n$，即 r 在 R_1，R_2，$\cdots$，R_n 上的投影的自然连接等于 r，则称关系模式 R 的这个分解具有无损连接性。

分解方案 1 不具有无损连接性，因此不是一个好的分解方法。

再分析方案 2。将 S-D-L 投影到 S-D、S-L 的属性上，得到关系 r_{21} 和 r_{22}，如表 8-7 和表 8-8 所示。

表 8-7　分解所得到的结果 r_{21}

Sno	Dept
S01	D1
S02	D2
S03	D2
S04	D3

表 8-8　分解所得到的结果 r_{22}

Sno	Loc
S01	L1
S02	L2
S03	L2
S04	L1

将 $r_{11}*r_{12}$ 进行自然连接，得到 r''，如表 8-9 所示。

表 8-9　$r_{21}*r_{22}$ 自然连接后得到 r''

Sno	Dept	Loc
S01	D1	L1
S02	D2	L2
S03	D2	L2
S04	D3	L1

我们看到分解后的关系模式经过自然连接后恢复成了原来的关系，因此，分解方案 2 具有无损连接性。现在我们对这个分解进行进一步的分析。假设学生 S03 从 D2 系转到了 D3 系，于是我们需要在 r_{21} 中将元组（S03, D2）改为（S03, D3），同时还需要在 r_{22} 中将元组（S03, L2）改为（S03, L1）。如果这两个修改没有同时进行，则数据库中就会出现不一致信息。这是由于这样分解得到的两个关系模式没有保持原来的函数依赖关系造成的。原有的函数依赖 Dept → Loc 在分解后既没有投影到 S-D 中，也没有投影到 S-L 中，而是分布在了两个关系模式上。因此分解方案 2 没有保持原有的函数依赖关系，因此也不是好的分解方法。

我们再看分解方案 3。经过分析（读者可以自己思考）可以看出分解方案 3 既满足无损连接性，又保持了原有的函数依赖关系，因此它是一个好的分解方法。

总结以上我们可以看出，分解具有无损连接性和分解保持函数依赖是两个独立的标准。具有无损连接性的分解不一定保持函数依赖，如前面的分解方案 2；保持函数依赖的分解不一定具有无损连接性（请读者自己想例子来说明这种情况）。

一般情况下，在进行模式分解时，我们应将有直接依赖关系的属性放置在一个关系模式中，这样得到的分解结果一般能具有无损连接性，并且能保持函数依赖关系不变。

小结

关系规范化理论是设计没有操作异常的关系数据库表的基本原则，规范化理论主要是研究关系表中各属性之间的依赖关系。根据函数依赖关系的不同，我们介绍了从各个属性都是不能再分的原子属性的第一范式（1NF），到消除了非主属性对主键的部分依赖关系的第二范式（2NF），再到消除了非主属性对主键的传递依赖关系的第三范式（3NF），最后到每个决定因子都必须是候选键的 BCNF。范式的每一次升级都是通过模式分解实现的，在进行模式分解时应注意保持分解后的关系具有无损连接性并能保持原有的函数依赖关系。

　　关系规范化理论的根本目的是指导我们设计没有数据冗余和操作异常的关系模式。对于一般的数据库应用来说，设计到第三范式就足够了。因为规范化程度越高，表的个数也就越多，相应地就有可能会降低数据的操作效率。

习题

1. 关系规范化中的操作异常有哪些？它是由什么引起的？解决的办法是什么？

2. 第一范式、第二范式和第三范式的定义分别是什么？

3. 什么是部分函数依赖？什么是传递函数依赖？请举例说明。

4. 第三范式的关系模式是否一定不包含部分函数依赖？

5. 对于主键只由一个属性组成的关系模式，如果它是第一范式的，则它是否一定也是第二范式的？

6. 设有关系模式：学生修课（学号，姓名，所在系，性别，课程号，课程名，学分，成绩）。设一个学生可以选多门课程，一门课程可以被多名学生选。一个学生有唯一的所在系，每门课程有唯一的课程名和学分。请指出此关系模式的候选键，判断此关系模式是第几范式的。若不是第三范式的，请将其规范化为第三范式关系模式，并指出分解后的每个关系模式的主键和外键。

7. 设有关系模式：学生（学号，姓名，所在系，班号，班主任，系主任）。其语义为：一个学生只在一个系的一个班学习，一个系只有一个系主任，一个班只有一名班主任，一个系可以有多个班。请指出此关系模式的候选键，判断此关系模式是第几范式的。若不是第三范式的，请将其规范化为第三范式关系模式，并指出分解后的每个关系模式的主键和外键。

8. 设有关系模式：教师授课（课程号，课程名，学分，授课教师号，教师名，授课时数）。其语义为：一门课程（由课程号决定）有确定的课程名和学分，每名教师（由教师号决定）有确定的教师名，每门课程可以由多名教师讲授，每名教师也可以讲授多门课程，每名教师对每门课程有确定的授课时数。指出此关系模式的候选键，判断此关系模式属于第几范式。若不属于第三范式，请将其规范化为第三范式关系模式，并指出分解后的每个关系模式的主键和外键。

第9章　事务与并发控制

事务与并发控制属于数据库保护的知识范畴，数据库保护同时还包括安全管理、数据库备份与恢复等内容。本章介绍事务与并发控制的概念，安全管理将在第 13 章介绍，数据库备份和恢复机制将在第 14 章介绍。

事务是数据库中一系列的操作，这些操作是一个完整的执行单元，它是保证数据一致性的基本手段。数据库是一个多用户的共享资源，因此当多个用户同时操作相同的数据时，如何保证数据的正确性是并发控制要解决的问题。

9.1　事务

数据库中的数据是共享的资源，因此，允许多个用户同时访问相同的数据。当多个用户同时增、删、改相同的数据时，如果不采取任何措施，则会造成数据异常。事务就是为防止这种情况的发生而产生的概念。

9.1.1　基本概念

事务（transaction）是用户定义的数据操作系列，这些操作作为一个完整的工作单元执行。一个事务内的所有语句作为一个整体，要么全部执行，要么全部不执行。

例如，A 账户转账给 B 账户 n 元钱，这个活动包含如下两个操作：

- 第一个操作：A 账户 $- n$
- 第二个操作：B 账户 $+ n$

可以设想，假设第一个操作成功了，但第二个操作由于某种原因没有成功（比如突然停电等）。那么在系统恢复正常运行后，A 账户的金额是减 n 之前的值还是减 n 之后的值呢？如果 B 账户的金额没有变化（没有加上 n），则正确的情况是 A 账户的金额应该是没有作减 n 操作之前的值（如果 A 账户是减 n 之后的值，则 A 账户中的金额和 B 账户中的金额就对不上了，这显然是不正确的）。怎样保证在系统恢复之后，A 账户中的金额是减 n 前的值呢？这就需要用到事务的概念。事务可以保证在一个事务中的全部操作或者全部成功，或者全部失败。也就是说，当第二个操作没有成功完成时，系统自动撤销第一个操作，使第一个操作不执行。这样当系统恢复正常时，A 账户和 B 账户中的数值就是正确的。

必须显式地告诉数据库管理系统哪些操作属于一个事务，这可以通过标记事务的开始与结束来实现。不同的事务处理模型中，事务的开始标记不完全一样（我们将在 9.1.3 节介绍事务处理模型），但不管是哪种事务处理模型，事务的结束标记都是一样的。事务的结束标记有两个：一个是正常结束，用 COMMIT（提交）表示，也就是事务中的所有操作都会物理地保存到数据库中，成为永久的操作；另一个是异常结束，用 ROLLBACK（回滚）表示，也就是事务中的全部操作被撤销，数据库回到事务开始之前的状态。事务中的操作一般是对数据的更新操作。

9.1.2 事务的特征

事务有四个特征，即原子性（atomicity）、一致性（consistency）、隔离性（isolation）和持久性（durability）。这四个特征也简称为事务的 ACID 特征。

1. 原子性

事务的原子性是指事务是数据库的逻辑工作单位，事务中的操作，要么都做，要么都不做。

2. 一致性

事务的一致性是指事务执行的结果必须是使数据库从一个一致性状态变到另一个一致性状态。如前所述的转账事务。当事务成功提交时，数据库就从事务开始前的一致性状态转到了事务结束后的一致性状态。同样，如果由于某种原因，在事务尚未完成时就出现了故障，那么就会出现事务中的一部分操作已经完成，而另一部分操作还没有做，这样就有可能使数据库产生不一致的状态（参考前面转账实例），因此，事务中的操作如果有一部分成功，一部分失败，为避免数据库产生不一致状态，系统会自动将事务中已完成的操作撤销，使数据库回到事务开始前的状态。因此，事务的一致性和原子性是密切相关的。

3. 隔离性

事务的隔离性是指数据库中一个事务的执行不能被其他事务干扰，即一个事务内部的操作及使用的数据对其他事务是隔离的，并发执行的各个事务不能相互干扰。

4. 持久性

事务的持久性也称为永久性（permanence），是指事务一旦提交，则其对数据库中数据的改变就是永久性的，以后的操作或故障不会对事务的操作结果产生任何影响。

事务是数据库并发控制和恢复的基本单位。保证事务的 ACID 特性是事务处理的重要任务。事务的 ACID 特性可能遭到破坏的因素有：

1）多个事务并行运行时，不同事务的操作有交叉情况。

2）事务在运行过程中被强迫停止。

在情况 1 下，数据库管理系统必须保证多个事务在交叉运行时不影响这些事务的原子性；在情况 2 下，数据库管理系统必须保证被强迫终止的事务对数据库和其他事务没有任何影响。

以上这些工作都由数据库管理系统中恢复和并发控制机制完成。

9.1.3 事务处理模型

事务有两种类型：一种是显式事务，另一种是隐式事务。显式事务是有显式的开始和结束标记的事务，隐式事务是指每一条数据操作语句都自动地成为一个事务。对于显式事务，不同的数据库管理系统又有不同的形式，一类是采用 ISO 制定的事务处理模型，另一类是采用 T-SQL 的事务处理模型。下面分别介绍这两种模型。

1. ISO 事务处理模型

ISO 事务处理模型是明尾暗头，即事务的开始是隐式的，而事务的结束有明确的标记。在这种事务处理模型中，程序的首条 SQL 语句或事务结束语句后的第一条 SQL 语句为事务的开始，而在程序正常结束处或在 COMMIT 或 ROLLBACK 语句处是事务的终止。

如前面的 *A* 账户转账给 *B* 账户 *n* 元钱的事务，用 ISO 事务处理模型可描述为：

```
UPDATE 支付表 SET 账户总额 = 账户总额 - n
   WHERE 账户号 = 'A'
UPDATE 支付表 SET 账户总额 = 账户总额 + n
```

```
  WHERE 账户号 = 'B'
COMMIT
```

2. T-SQL 事务处理模型

T-SQL 事务处理模型是 Microsoft SQL Server 使用的事务处理模型。这种模型对每个事务都有显式的开始和结束标记。事务的开始标记是 BEGIN TRANSACTION（TRANSACTION 可简写为 TRAN），事务的结束标记有如下两个：

- COMMIT［TRANSACTION | TRAN］：正常结束。
- ROLLBACK［TRANSACTION | TRAN］：异常结束。

前面的转账例子用 T-SQL 事务处理模型可描述为：

```
BEGIN TRANSACTION
  UPDATE 支付表 SET 账户总额 = 账户总额 - n
    WHERE 账户号 = 'A'
  UPDATE 支付表 SET 账户总额 = 账户总额 + n
    WHERE 账户号 = 'B'
COMMIT
```

9.2 并发控制

数据库系统一个明显的特点是多个用户共享数据库资源，尤其是多用户可以同时存取相同数据。飞机订票系统的数据库、银行系统的数据库等都是典型多用户共享的数据库。在这样的系统中，在同一时刻同时运行的事务可达数百个。若对多用户的并发操作不加控制，就会造成数据存取的错误，破坏数据的一致性和完整性。

如果事务是顺序执行的，即一个事务完成之后，再开始另一个事务，则称这种执行方式为串行执行，串行执行的示意图如图 9-1a 所示（图中的 T_1、T_2 和 T_3 分别表示不同的事物）。如果数据库管理系统可以同时接受多个事务，并且这些事务在时间上可以重叠执行，则称这种执行式为并发执行。在单 CPU 系统中，同一时间只能有一个事务占据 CPU，各个事务交叉地使用 CPU，这种并发方式称为交叉并发。在多 CPU 系统中，多个事务可以同时占有 CPU，这种并发方式称为同时并发。这里主要讨论的是单 CPU 中的交叉并发的情况，交叉并发执行的示意图如图 9-1b 所示。

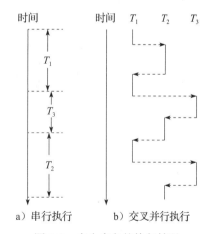

a）串行执行　　b）交叉并行执行

图 9-1　多个事务的执行情况

9.2.1 并发控制概述

数据库中的数据是可以共享的资源，因此会有很多用户同时使用数据库中的数据。也就是说，在多用户系统中，可能同时运行着多个事务。而事务的运行需要时间，并且事务中的操作需要在一定的数据上完成，那么当系统中同时有多个事务运行时，特别是当这些事务使用同一段数据时，彼此之间就有可能产生相互干扰的情况。

上一节提到，事务是并发控制的基本单位，保证事务的 ACID 特性是事务处理的重要任务，而事务的 ACID 特性会因多个事务对数据的并发操作而遭到破坏。为保证事务之间的隔离性和一致性，数据库管理系统应该对并发操作进行正确的调度。

下面我们看一下并发事务之间可能出现的相互干扰情况。

假设有两个飞机订票点 A 和 B。如果 A、B 两个订票点恰巧同时办理同一架航班的飞机订票业务，其操作过程及顺序如下：

①A 订票点（事务 A）读出航班目前的机票余额数，假设为 10 张。

②B 订票点（事务 B）读出航班目前的机票余额数，也为 10 张。

③A 订票点订出 6 张机票，修改机票余额为 $10 - 6 = 4$，并将 4 写回到数据库中。

④B 订票点订出 5 张机票，修改机票余额为 $10 - 5 = 5$，并将 5 写回到数据库中。

由此可见，这两个事务不能反映出飞机票数不够的情况，而且 B 事务还覆盖了 A 事务对数据的修改，使数据库中的数据不正确。这种情况就称为数据的不一致，这种不一致是由并发操作引起的。在并发操作情况下会产生数据的不一致，因为系统对 A、B 两个事务的操作序列的调度是随机的。这种情况在现实当中是不允许发生的，因此数据库管理系统必须想办法避免出现这种情况，这就是数据库管理系统在并发控制中要解决的问题。

并发操作所带来的数据不一致情况大致可以概括为四种：丢失数据修改、读"脏"数据、不可重复读和产生"幽灵"数据，下面分别介绍。

1. 丢失数据修改

丢失数据修改是指两个事务 T_1 和 T_2 读入同一数据并进行修改，T_2 提交的结果破坏了 T_1 提交的结果，导致 T_1 的修改被 T_2 覆盖掉了。上述飞机订票系统就属于这种情况。丢失数据修改的情况如图 9-2 所示。

2. 读"脏"数据

读"脏"数据是指一个事务读了某个失败事务运行过程中的数据。即事务 T_1 修改了某一数据，并将修改结果写回到磁盘，然后事务 T_2 读取了同一数据（是 T_1 修改后的结果），但 T_1 后来由于某种原因撤销了它所做的操作，这样被 T_1 修改过的数据又恢复为原来的值，那么 T_2 读到的值就与数据库中实际的数据值不一致了。这时就说 T_2 读的数据为 T_1 的"脏"数据，或不正确的数据。读"脏"数据的情况如图 9-3 所示。

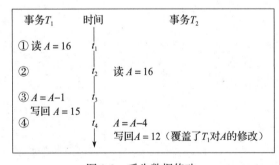

图 9-2　丢失数据修改

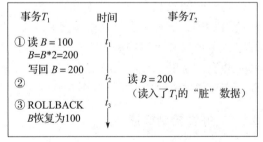

图 9-3　读"脏"数据

3. 不可重复读

不可重复读是指事务 T_1 读取数据后，事务 T_2 执行了更新操作，修改了 T_1 读取的数据，T_1 操作完数据后，又重新读取了同样的数据，但这次读完之后，当 T_1 再对这些数据进行相同操作时，所得的结果与前一次不一样。不可重复读的情况如图 9-4 所示。

4. 产生"幽灵"数据

产生"幽灵"数据实际属于不可重复读的范畴。它是指当事务 T_1 按一定条件从数据库中读取了某些数据记录后，事务 T_2 删除了其中的部分记录，或者在其中添加了部分记录，那么当 T_1 再次按相同条件读取数据时，发现其中莫名其妙地少了（删除）或多了（插入）一些记录。这样的数据对 T_1 来说就是"幽灵"数据或称"幻影"数据。

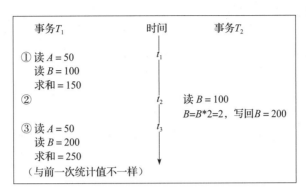

图 9-4 不可重复读

产生这四种数据不一致现象的主要原因是并发操作破坏了事务的隔离性。并发控制就是要用正确的方法来调度并发操作，使一个事务的执行不受其他事务的干扰，避免造成数据的不一致情况。

9.2.2 并发控制措施

在数据库环境下，进行并发控制的主要方式是使用封锁机制，即加锁（locking）。加锁是一种并行控制技术，用来调整对共享目标（如数据库中共享记录）的并行存取。事务通过向封锁管理程序的系统组成部分发出请求而对记录加锁。

加锁就是限制事务内和事务外对数据的操作。加锁是实现并发控制的一个非常重要的技术。所谓加锁就是事务 T 在对某个数据操作之前，先向系统发出请求，封锁其所要使用的数据。加锁后事务 T 对其要操作的数据具有了一定的控制权，在事务 T 释放它的锁之前，其他事务不能操作这些数据。

以飞机订票系统为例，当事务 T 要修改订票数时，在读取订票数之前先封锁该数据，然后再对数据进行读取和修改操作。这时其他事务就不能读取和修改订票数，直到事务 T 修改完成并将数据写回到数据库，并解除对该数据的封锁之后才能由其他事务使用这些数据。

具体的控制权由锁的类型决定。基本的锁类型有两种：共享锁（share lock，也称 S 锁或读锁）和排他锁（exclusive lock，也称为 X 锁或写锁）。

（1）共享锁

若事务 T 给数据对象 A 加了 S 锁，则事务 T 可以读 A，但不能修改 A，其他事务可以再给 A 加 S 锁，但不能加 X 锁，直到 T 释放了 A 上的 S 锁为止。即对于读操作（检索）来说，可以有多个事务同时获得共享锁，但阻止其他事务对已获得共享锁的数据进行排他封锁。

共享锁的操作基于这样的事实：查询操作并不改变数据库中的数据，而更新操作（插入、删除和修改）才会真正使数据库中的数据发生变化。加锁的真正目的在于防止更新操作带来的数据不一致的问题，而对查询操作则可放心地并行进行。

（2）排他锁

若事务 T 给数据对象 A 加了 X 锁，则允许 T 读取和修改 A，但不允许其他事务再给 A 加任何类型的锁和进行任何操作。即一旦一个事务获得了对某一数据的排他锁，则任何其他事务均不能对该数据进行任何封锁，其他事务只能进入等待状态，直到第一个事务撤销了对该数据的封锁。

排他锁和共享锁的控制方式可以用图 9-5 所示的相容矩阵来表示。

在图 9-5 所示的加锁类型相容矩阵中，最左边一列表示事务 T_1 已经获得的数据对象上的锁的类型，最上面一行表示另一个事务 T_2 对同一数据对象发出的加锁请求。T_2 的加锁请求能否被

T_1 \ T_2	X	S	无锁
X	否	否	是
S	否	是	是
无锁	是	是	是

图 9-5　加锁类型的相容矩阵

满足在矩阵中分别用"是"和"否"表示。"是"表示事务 T_2 的加锁请求与 T_1 已有的锁兼容，加锁请求可以满足；"否"表示事务 T_2 的加锁请求与 T_1 已有的锁冲突，加锁请求不能满足。

9.2.3　封锁协议

在运用 X 锁和 S 锁给数据对象加锁时，还需要约定一些规则，如何时申请 X 锁或 S 锁、持锁时间、何时释放锁等，这些规则称为封锁协议或加锁协议（locking protocol）。对封锁方式规定不同的规则，就形成了各种不同级别的封锁协议。不同级别的封锁协议所能达到的系统一致性级别是不同的。

1. 一级封锁协议

一级封锁协议：对事务 T 要修改的数据加 X 锁，直到事务结束（包括正常结束和非正常结束）时才释放。

一级封锁协议可以防止丢失修改，并保证事务 T 是可恢复的，如图 9-6 所示。事务 T_1 要对 A 进行修改，因此，它在读 A 之前先对 A 加了 X 锁，当 T_2 要对 A 进行修改时，它也申请给 A 加 X 锁，但由于 A 已经被事务 T_1 加了 X 锁，因此 T_2 的申请被拒绝，只能等待，直到 T_1 释放了对 A 加的 X 锁为止。当 T_2 能够读取 A 时，它所得到的已经是 T_1 更新后的值了。因此，一级封锁协议可以防止丢失修改。

在一级封锁协议中，如果事务 T 只是读数据而不对其进行修改，则不需要加锁，因此不能保证可重复读和不读"脏"数据。

2. 二级封锁协议

二级封锁协议：一级封锁协议加上事务 T 对要读取的数据加 S 锁，读完后即释放 S 锁。

二级封锁协议除了可以防止丢失修改外，还可以防止读"脏"数据。图 9-7 所示的为使用二级封锁协议防止读"脏"数据的情况。

在图 9-7 中，事务 T_1 要对 C 进行修改，因此，先对 C 加了 X 锁，修改后将值写回到数据库中。这时 T_2 要读 C 的值，因此，申请对 C 加 S 锁，由于 T_1 已在 C 上加了 X 锁，因此 T_2 只能等待。当 T_1 由于某种原因撤销了它所做的操作时，C 恢复为原来的值 50，然后 T_1 释放对 C 加的 X 锁，因而 T_2 获得了对 C 的 S 锁。当 T_2 能够读 C 时，C 的值仍然是原来的值，即 T_2 读到的是 50。因此避免了读"脏"数据。

在二级封锁协议中，由于事务 T 读完数据即释放 S 锁，因此，不能保证可重复读数据。

3. 三级封锁协议

三级封锁协议：一级封锁协议加上事务 T 对要读取的数据加 S 锁，并直到事务结束才释放。

三级封锁协议除了可以防止丢失数据修改和不读"脏"数据之外，还进一步防止了不可

重复读。图 9-8 所示为使用三级封锁协议防止不可重复读的情况。

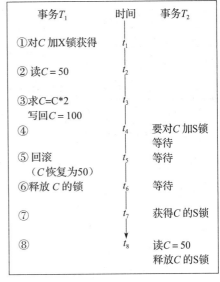

图 9-6 没有丢失修改　　　　　　　　　图 9-7 不读"脏"数据

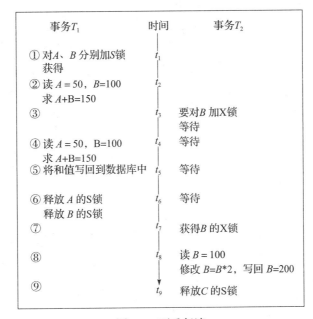

图 9-8 可重复读

在图 9-8 中，事务 T_1 要读取 A、B 的值，因此先对 A、B 加了 S 锁，这样其他事务只能再对 A、B 加 S 锁，而不能加 X 锁，即其他事务只能对 A、B 进行读取操作，而不能进行修改操作。因此，当 T_2 为修改 B 而申请对 B 加 X 锁时被拒绝，T_2 只能等待。T_1 为验算再读 A、B 的值，这时读出的值仍然是 A、B 原来的值，因此求和的结果也不会变，即可重复读。直到 T_1 释放了在 A、B 上加的锁，T_2 才能获得对 B 的 X 锁。

三个封锁协议的主要区别在于哪些操作需要申请锁以及何时释放锁。三个级别的封锁协议的总结如表 9-1 所示。

表 9-1 不同级别的封锁协议

封锁协议	X 锁（对写数据）	S 锁（对只读数据）	不丢失数据修改（写）	不读脏数据（读）	可重复读（读）
一级	事务全程加锁	不加	√		
二级	事务全程加锁	事务开始加锁，读完即释放锁	√	√	
三级	事务全程加锁	事务全程加锁	√	√	√

9.2.4 活锁和死锁

与操作系统一样，并发控制的封锁方法可能会引起活锁和死锁等问题。

1. 活锁

如果事务 T_1 封锁了数据 R，事务 T_2 也请求封锁 R，则 T_2 等待数据 R 上的锁的释放。这时又有 T_3 请求封锁数据 R，也进入等待状态。当 T_1 释放了数据 R 上的封锁之后，若系统首先批准了 T_3 对数据 R 的请求，则 T_2 继续等待。然后又有 T_4 请求封锁数据 R。若 T_3 释放了 R 上的锁之后，系统又批准了 T_4 对数据 R 的请求……则 T_2 可能永远在等待，这就是活锁的情形，如图 9-9 所示。

T_1	T_2	T_3	T_4
lock R	⋮	⋮	⋮
⋮	lock R		
	等待	Lock R	
Unlock	等待	等待	Lock R
	等待	Lock R	等待
	等待	⋮	等待
⋮	等待	Unlock	等待
	等待		Lock R
	等待	⋮	⋮

图 9-9 活锁示意图

避免活锁的简单方法是采用先来先服务的策略。当多个事务请求封锁同一数据对象时，数据库管理系统按"先请求先满足"的事务排队策略，当数据对象上的锁被释放后，让事务队列中第一个事务获得锁。

2. 死锁

如果事务 T_1 封锁了数据 R_1，T_2 封锁了数据 R_2，然后 T_1 又请求封锁 R_2，由于 T_2 已经封锁了 R_2，因此 T_1 等待 T_2 释放 R_2 上的锁。然后 T_2 又请求封锁 R_1，由于 T_1 已经封锁了 R_1，因此 T_2 也只能等待 T_1 释放 R_1 上的锁。这样就会出现 T_1 等待 T_2 先释放 R_2 上的锁，而 T_2 又等待 T_1 先释放 R_1 上的锁的局面，此时 T_1 和 T_2 都在等待对方先释放锁，因而形成死锁，如图 9-10 所示。

死锁问题在操作系统和一般并行处理中已经有了

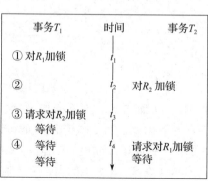

图 9-10 死锁示意图

深入的阐述，这里不作过多解释。目前在数据库中解决死锁问题的方法主要有两类：一类是采取一定的措施来预防死锁的发生，另一类是允许死锁的发生，但采用一定的手段定期诊断系统中有无死锁，若有则解除之。

3. 预防死锁

在数据库中，产生死锁的原因是两个或多个事务都对一些数据进行了封锁，然后又请求为已被其他事务封锁的数据对象进行加锁，从而出现循环等待的情况。由此可见，预防死锁的发生就是解除产生死锁的条件，通常有如下两种方法。

（1）一次封锁法

每个事务一次将所有要使用的数据全部加锁，否则就不能继续执行。例如，对于图 9-10 所示的死锁例子，如果事务 T_1 将数据对象 R_1 和 R_2 一次全部加锁，则 T_2 在加锁时就只能等待，这样就不会造成 T_1 等待 T_2 释放锁的情况，从而也就不会产生死锁。

一次封锁法的问题是封锁范围过大，降低了系统的并发性。而且，由于数据库中的数据不断变化，使原来可以不加锁的数据，在执行过程中可能变成了被封锁对象，进一步扩大了封锁范围，从而更进一步降低了并发性。

（2）顺序封锁法

预先对数据对象规定一个封锁顺序，所有事务都按这个顺序封锁。这种方法的问题是若封锁对象很多，则随着插入、删除等操作的不断变化，使维护这些资源的封锁顺序很困难，另外事务的封锁请求可随事务的执行而动态变化，因此很难事先确定每个事务的封锁数据及其封锁顺序。

4. 死锁的诊断和解除

数据库管理系统中诊断死锁的方法与操作系统类似，一般使用超时法和事务等待图法。

（1）超时法

如果一个事务的等待时间超过了规定的时限，则认为发生了死锁。超时法的优点是实现起来比较简单，但不足之处也很明显。一是可能产生误判的情况，比如，如果事务因某些原因造成等待时间比较长，超过了规定的等待时限，则系统会误认为发生了死锁。二是若时限设置的比较长，则不能对发生的死锁进行及时的处理。

（2）等待图法

事务等待图是一个有向图 $G = (T, U)$。T 为节点的集合，每个节点表示正在运行的事务；U 为边的集合，每条边表示事务等待的情况。若 T_1 等待 T_2，则 T_1 和 T_2 之间画一条有向边，从 T_1 指向 T_2，如图 9-11 所示。

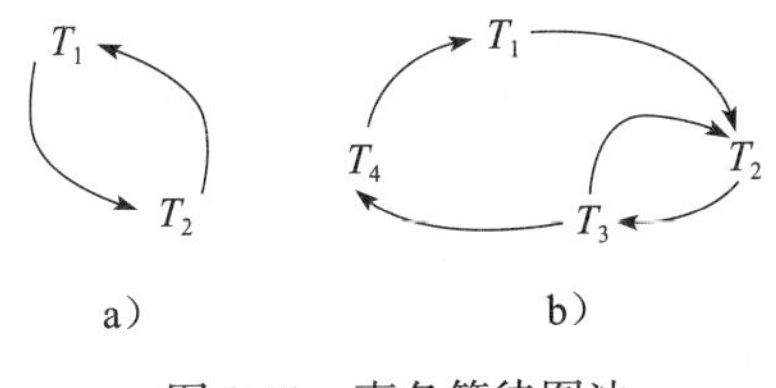

图 9-11a 表示事务 T_1 等待 T_2，T_2 等待 T_1，因此产生了死锁。图 9-11b 表示事务 T_1 等待 T_2，T_2 等待 T_3，T_3 等待 T_4，T_4 又等待 T_1，因此也产生了死锁。

图 9-11　事务等待图法

事务等待图动态地反映了所有事务的等待情况。数据库管理系统中的并发控制子系统周期性地（比如每隔几秒）生成事务的等待图，并进行检测。如果发现图中存在回路，则表示系统中出现了死锁。

数据库管理系统的并发控制子系统一旦检测到系统中产生了死锁，就要设法解除。通常采用的方法是选择一个处理死锁代价最小的事务，将其撤销，释放此事务所持有的全部锁，使其他事务可以继续运行下去。而且，对撤销事务所执行的数据修改操作必须加以恢复。

9.2.5　并发调度的可串行性

数据库管理系统对并发事务中操作的调度是随机的，而不同的调度会产生不同的结果，那么哪个结果是正确的，哪个是不正确的？直观地说，如果多个事务在某个调度下的执行结果与这些事务在某个串行调度下的执行结果相同，那么这个调度就一定是正确的。因为所有事务的串行调度策略一定是正确的调度策略。虽然以不同的顺序串行执行事务可能会产生不同的结果，但都不会将数据库置于不一致的状态，因此都是正确的。

多个事务的并发执行是正确的，当且仅当其结果与按某一顺序的串行执行的结果相同，就称这种调度为可串行化的调度。

可串行性是并发事务正确性的准则，根据这个准则可知，对于一个给定的并发调度，当且仅当它是可串行化的调度时，才认为是正确的调度。

例如，假设有两个事务，分别包含如下操作：

事务 T_1：读 B；$A = B + 1$；写回 A。

事务 T_2：读 A；$B = A + 1$；写回 B。

假设 A、B 的初值均为 4，则按 $T_1 \rightarrow T_2$ 的顺序执行，其结果为 $A = 5$，$B = 6$；如果按 $T_2 \rightarrow T_1$ 的顺序执行，则其结果为 $A = 6$，$B = 5$。则当并发调度时，如果执行的结果是这两者之一，则认为都是正确的结果。

图 9-12 给出了这两个事务的串行调度策略，图 9-13 给出了两个事务的并行调度策略。

T_1	T_2	T_1	T_2
对B加S锁			对A加S锁
读B=4			读A=4
释放B的S锁			释放A的S锁
对A加X锁			对B加X锁
A=B+1=5			B=A+1=5
写回A（=5）			写回B（=5）
释放A的X锁			释放B的X锁
	对A加S锁	对B加S锁	
	读A=5	读B=5	
	释放A的S锁	释放B的S锁	
	对B加X锁	对A加X锁	
	B=A+1=6	A=B+1=6	
	写回B（=6）	写回A（=6）	
	释放B的X锁	释放A的X锁	
a）串行调度（1）		b）串行调度（2）	

图 9-12　并发事务的串行调度

为了保证并发操作的正确性，数据库管理系统的并发控制机制必须提供一定的手段来保证调度是可串行化的。

从理论上讲，若在某一事务执行过程中禁止执行其他事务，则这种调度策略一定是可串行化的。但这种方法实际上是不可取的，因为这样不能让用户充分共享数据库资源，降低了事务的并发性。目前的数据库管理系统普遍采用封锁方法来实现并发操作的可串行性，从而保证调度的正确性。

T_1	T_2	T_1	T_2
对B加S锁		对B加S锁	
读B=4		读B=4	
	对A加S锁	释放B的S锁	
	读A=4	A加X锁	
释放B的S锁			要对A加S锁
	释放A的S锁	$A=B+1=5$	等待
对A加X锁		写回A(=5)	等待
$A=B+1=5$		释放B的X锁	等待
写回A(=5)			读A=5
	对B加X锁		释放A的S锁
	$B=A+1=5$		B加X锁
	写回B(=5)		$B=A+1=6$
释放A的X锁			写回B(=6)
	释放B的X锁		释放B的X锁
a）不可串行化调度		b）可串行化调度	

图 9-13　并发事务的并行调度

两段锁（Two-Phase Locking，简称 2PL）协议是保证并发调度的可串行性的封锁协议。除此之外还有一些其他方法，比如乐观方法等来保证调度的正确性。这里只介绍两段锁协议。

9.2.6　两段锁协议

两段锁协议是指所有的事务必须分为两个阶段对数据进行加锁和解锁，具体内容如下：

在对任何数据进行读写操作之前，首先要获得对该数据的封锁。

在释放一个封锁之后，事务不再申请和获得任何其他封锁。

两段锁协议是实现可串行化调度的充分条件。

两段锁的含义是，可以将每个事务分成两个时期：申请封锁期（开始对数据操作之前）和释放封锁期（结束对数据操作之后），申请封锁期申请要进行的封锁，释放封锁期释放所占有的封锁。在申请封锁期不允许释放任何锁，在释放封锁期不允许申请任何锁，这就是两段式封锁。

可以证明，若并发执行的所有事务都遵守两段锁协议，则这些事务的任何并发调度策略都是可串行化的。

事务遵守两段锁协议是可串行化调度的充分条件，而不是必要条件。也就是说，如果并发事务都遵守两段锁协议，则对这些事务的任何并发调度策略都是可串行化的。但若并发事务的某个调度是可串行化的，并不意味着这些事务都遵守两段锁协议，如图 9-14 所示。在图 9-14 中，a 为遵守两段锁协议，b 为没有遵守两段锁协议，但它们都是可串行化调度的。

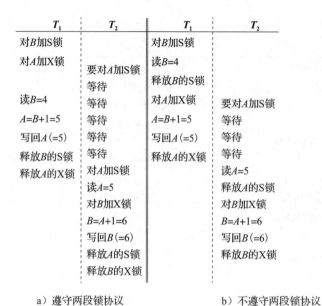

T_1	T_2	T_1	T_2
对B加S锁		对B加S锁	
对A加X锁	要对A加S锁	读B=4	
	等待	释放B的S锁	
读B=4	等待	对A加X锁	要对A加S锁
A=B+1=5	等待	A=B+1=5	等待
写回A(=5)	等待	写回A(=5)	等待
释放B的S锁	等待	释放A的X锁	等待
释放A的X锁	对A加S锁		读A=5
	读A=5		释放A的S锁
	对B加X锁		对B加X锁
	B=A+1=6		B=A+1=6
	写回B(=6)		写回B(=6)
	释放A的S锁		释放B的X锁
	释放B的X锁		

a）遵守两段锁协议　　　　　　　b）不遵守两段锁协议

图 9-14　可串行化调度

小结

本章介绍了事务和并发控制的概念。事务在数据库中是非常重要的一个概念，它是保证数据并发控制的基础。事务的特点是：事务中的操作是作为一个完整的工作单元，这些操作或者全部成功，或者全部不成功。并发控制指当同时执行多个事务时，为了保证一个事务的执行不受其他事务的干扰所采取的措施。并发控制的主要方法是加锁，根据对数据操作的不同，锁分为共享锁和排他锁两种，当只对数据进行读取（查询）操作时，加共享锁，当需要对数据进行修改（增、删、改）操作时，需要加排他锁。在一个数据对象上可以同时存在多个共享锁，但只能同时存在一个排他锁。为了保证并发执行的事务是正确的，一般要求事务遵守两段锁协议，即在一个事务中明显地分为锁申请封锁期和释放封锁期，它是保证事务是可并发执行的充分条件。

对操作相同数据的事务来说，由于一个事务的执行会影响到其他事务的执行（一般是等待），因此，为尽可能保证数据操作的效率，尤其保证并发操作的效率，事务中包含的操作应该尽可能的少，而且最好是只包含修改数据的操作，而将查询数据的操作放置在事务之外。另外需要说明的是，事务所包含的操作是由用户的业务需求决定的，而不是由数据库设计人员随便放置的。

习题

1. 试说明事务的概念及四个特征。
2. 事务处理模型有哪两种？
3. 在数据库中为什么要有并发控制？
4. 并发控制的措施是什么？

5. 设有三个事务 T_1、T_2 和 T_3，其所包含的动作为：

    T_1：$A = A + 2$；T_2：$A = A * 2$；T_3：$A = A - 1$

    设 A 的初值为 3，若这三个事务并行执行，则可能的调度策略有几种？A 的最终结果分别是什么？

6. 当某个事务对某段数据加了 S 锁之后，在此事务释放锁之前，其他事务还可以对此段数据添加什么锁？

7. 什么是死锁？预防死锁有哪些方法？

8. 如何诊断和解除死锁？

9. 怎样保证多个事务的并发执行是正确的？

10. 一级封锁协议对读和写分别加什么锁？加锁范围分别是什么？能避免哪些干扰？

11. 二级封锁协议对读和写分别加什么锁？加锁范围分别是什么？能避免哪些干扰？

12. 三级封锁协议对读和写分别加什么锁？加锁范围分别是什么？能避免哪些干扰？

第 10 章　数据库设计

数据库设计是指利用现有的数据库管理系统针对具体的应用对象构建适合的数据库模式，建立数据库及其应用系统，使之能有效地收集、存储、操作和管理数据，满足企业中各类用户的应用需求（信息需求和处理需求）。

从本质上讲，数据库设计是将数据库系统与现实世界进行密切的、有机的、协调一致的结合的过程。因此，数据库设计者必须同时了解数据库系统本身及其实际应用对象这两方面的知识。

本章将介绍数据库设计的全过程，从需求分析、结构设计到数据库的实施和维护。

10.1　数据库设计概述

数据库设计主要分为数据库结构设计和数据库行为设计。数据库结构设计包括概念结构设计、逻辑结构设计和物理结构设计。数据库行为设计包括设计数据库的功能组织和流程控制。

数据库设计虽然是一项应用课题，但它涉及的内容很广泛，所以设计一个性能良好的数据库并不容易。数据库设计的质量与设计者的知识、经验和水平有密切的关系。

数据库设计中面临的主要困难和问题有：

1）懂得计算机与数据库的人一般都缺乏应用业务知识和实际经验，而熟悉应用业务的人又往往不懂计算机和数据库，同时具备这两方面知识的人很少。

2）在开始时往往不能明确应用业务的数据库系统的目标。

3）缺乏很完善的设计工具和方法。

4）用户的要求往往不是一开始就明确的，而是在设计过程中不断提出新的要求，甚至在数据库建立之后还会要求修改数据库结构和增加新的应用。

5）应用业务系统千差万别，很难找到一种适合所有应用业务的工具和方法，这就增加了研究数据库自动生成工具的难度。因此，开发适合一切应用业务的全自动数据库生成工具是不可能的。

在进行数据库设计时，必须确定系统的目标，这样可以确保开发工作进展顺利，并能提高工作效率，保证数据模型的准确和完整。数据库设计的最终目标是数据库必须能够满足客户对数据的存储和处理需求，同时定义系统的长期和短期目标，能够提高系统的服务以及新数据库的性能期望值——客户对数据库的期望也是非常重要的。新的数据库能在多大程度上方便最终用户？新数据库的近期和长期发展计划是什么？是否所有的手工处理过程都可以自动实现？现有的自动化处理是否可以改善？这些都只是定义一个新的数据库设计目标时所必须考虑的一部分问题或因素。

成功的数据库系统应具备如下特点：

- 功能强大。
- 能准确地表示业务数据。
- 使用方便，易于维护。

- 对最终用户操作的响应时间合理。
- 便于数据库结构的改进。
- 便于数据的检索和修改。
- 维护数据库的工作较少。
- 有效的安全机制可以确保数据安全。
- 冗余数据最少或不存在。
- 便于数据的备份和恢复。
- 数据库结构对最终用户透明。

10.1.1 数据库设计的特点

数据库设计的工作量大且比较复杂，是一项数据库工程也是一项软件工程。数据库设计的很多阶段都可以对应于软件工程的各阶段，软件工程的某些方法和工具同样也适合于数据库工程。但由于数据库设计是与用户的业务需求紧密相关的，因此，它还有很多自己的特点。

1.综合性

数据库设计涉及的范围很广，包含了计算机专业知识及业务系统的专业知识，还要同时解决技术和非技术两方面的问题。

非技术问题包括组织机构的调整、经营方针的改变、管理体制的变更等。这些问题都不是设计人员所能解决的，但新的管理信息系统要求必须有与之相适应的新的组织机构、新的经营方针、新的管理体制，这就是一个较为尖锐的矛盾。另一方面，由于同时具备数据库和业务两方面知识的人很少，因此，数据库设计者一般都需要花费相当多的时间去熟悉应用业务系统知识，这一过程有时很麻烦，可能会使设计人员产生厌烦情绪，从而影响系统设计的最后成功。而且，由于承担部门和应用部门是一种委托雇佣关系，在客观上存在着一种对立的势态，当在某些问题上意见不一致时会使双方关系比较紧张。这在 MIS（管理信息系统）中尤为突出。

2.结构设计与行为设计相分离

结构设计是指数据库的模式结构设计，包括概念结构、逻辑结构和存储结构；行为设计是指应用程序设计，包括功能组织、流程控制等方面的设计。传统的软件工程在比较注重处理过程的设计，不太注重数据结构的设计。在一般的应用程序设计中只要可能就尽量推迟数据结构的设计，这种方法对于数据库设计就不太适用。

数据库设计与传统的软件工程的做法正好相反。数据库设计的主要精力首先是放在数据结构的设计上，比如数据库的表结构、视图等。

10.1.2 数据库设计方法概述

为了使数据库设计更合理有效，需要有效的指导原则，这种原则就称为数据库设计方法。

首先，一个好的数据库设计方法，应该能在合理的期限内，以合理的工作量，产生一个有实用价值的数据库结构。这里的"实用价值"是指满足用户关于功能、性能、安全性、完整性及发展需求等方面的要求，同时又服从特定 DBMS 的约束，可以用简单的数据模型来表达。其次，数据库设计方法还应具有足够的灵活性和通用性，不但能够为具有不同经验的人使用，而且不受数据模型及 DBMS 的限制。最后，数据库设计方法应该是可再生的，即不同的设计者使用同一方法设计同一问题时，可以得到相同或相似的设计结果。

多年来，经过人们的不断努力和探索，提出了各种数据库设计方法。运用软件工程的思想和方法提出的各种设计准则和规程都属于规范设计方法。

新奥尔良（New Orleans）方法是一种比较著名的数据库设计方法。这种方法将数据库设计分为四个阶段：需求分析、概念结构设计、逻辑结构设计和物理结构设计，如图 10-1 所示。这种方法注重数据库的结构设计，而不太考虑数据库的行为设计。

图 10-1　新奥尔良方法的数据库设计步骤

其后，S. B. Yao 等人又将数据库设计分为五个阶段，主张数据库设计应包括设计系统开发的全过程，并在每一阶段结束时进行评审，以便及早发现设计错误，及早纠正。各阶段也不是严格线性的，而是采取"反复探寻、逐步求精"的方法。在设计时从数据库应用系统设计和开发的全过程来考察数据库设计问题，既包括数据库模型的设计，也包括围绕数据库展开的应用处理的设计。在设计过程中努力把数据库设计和系统其他成分的设计紧密结合，把数据和处理的需求、分析、抽象、设计和实现在各个阶段同时进行，相互参照，相互补充，以完善两方面的设计。

基于 E-R 模型的数据库设计方法、基于第三范式的设计方法、基于抽象语法规范的设计方法等都是在数据库设计的不同阶段上使用的具体技术和方法。

数据库设计方法从本质上看仍然是手工设计方法，其基本思想是过程迭代和逐步求精。

10.1.3　数据库设计的全过程

按照规范设计的方法，同时考虑数据库及其应用系统开发的全过程，可以将数据库设计分为如下几个阶段。

1）需求分析。

2）结构设计，包括概念结构设计、逻辑结构设计和物理结构设计。

3）行为设计，包括功能设计、事务设计和程序设计。

4）数据库实施，包括加载数据库数据和调试运行应用程序。

5）数据库运行和维护。

图 10-2 说明了数据库设计的全过程。从图中我们也可以看到数据库的结构设计和行为设计是分离进行的。

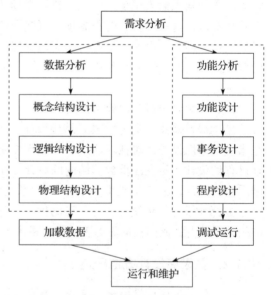

图 10-2　数据库设计的全过程

需求分析阶段主要是收集信息并进行分析和整理，为后续的各个阶段提供充足的信息。这个过程是整个设计过程的基础，也是最困难、最耗时间的一个阶段，需求分析做得不好，会导致整个数据库设计重新返工。概念结构设计是整个数据库设计的关键，此过程对需求分析的结果进行综合、归纳，形成一个独立于具体的 DBMS 的概念模型。逻辑结构设计是将概念结构设计的结果转换为某个具体的 DBMS 所支持的数据模型，并对其进行优化。物理结构设计是为逻辑结构设计的结果选取一个最适合应用环境的数据库物理结构。数据库的行为设计是设计数据库所包含的功能、这些功能间的关联关系以及一些功能的完整性要求。数据库实施是人们运用 DBMS 提供的数据语言以及数据库开发工具，根据结构设计和行为设计的结果建立数据库，编制应用程序，组织数据入库并进行试运行。数据库运行和维护阶段是指将已经试运行的数据库应用系统投入正式使用，在数据库应用系统的使用过程中不断对其进行调整、修改和完善。

设计一个完善的数据库应用系统不可能一蹴而就，往往要经过上述几个阶段的不断反复才能设计成功。

10.2 数据库需求分析

简单地说，需求分析就是分析用户的要求。需求分析是数据库设计的起点，其结果将直接影响后续阶段的设计，并影响最终的数据库系统能否被合理使用。

10.2.1 需求分析的任务

需求分析阶段的主要任务是对现实世界要处理的对象（公司、部门、企业）进行详细调查，在了解现行系统的概况、确定新系统功能的过程中，收集支持系统目标的基础数据及其处理方法。需求分析是在用户调查的基础上，通过分析，逐步明确用户对系统的需求，包括数据需求和围绕这些数据的业务处理需求。

用户调查的重点是"数据"和"处理"。通过调查要从用户那里获得对数据库的下列要求。

1）信息需求。定义所设计数据库系统用到的所有信息，明确用户将向数据库中输入什么样的数据，从数据库中要求获得哪些内容，将要输出哪些信息。也就是明确在数据库中需要存储哪些数据，对这些数据将做哪些处理等，同时还要描述数据间的联系等。

2）处理需求。定义系统数据处理的操作功能，描述操作的优先次序，包括操作的执行频率和场合，操作与数据间的联系，还要明确用户要完成哪些处理功能，每种处理的执行频度，用户需求的响应时间以及处理的方式（比如是联机处理还是批处理），等等。

3）安全性与完整性要求。安全性要求描述系统中不同用户对数据库的使用和操作情况，完整性要求描述数据之间的关联关系以及数据的取值范围要求。

在需求分析中，通过自顶向下、逐步分解的方法分析系统，任何一个系统都可以抽象为图 10-3 所示的数据流图的形式。

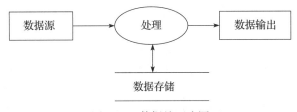

图 10-3　数据处理流图

数据流图是从"数据"和"处理"两方面表达数据处理的一种图形化表示方法。在需求分析阶段，不必确定数据的具体存储方式，这些问题留待进行物理结构设计时考虑。数据流图中的"处理"抽象地表达了系统的功能需求，系统的整体功能要求可以分解为系统的若干子功能要求，通过逐步分解的方法，可以将系统的工作过程细分，直至表达清楚为止。

需求分析是整个数据库设计（严格讲是管理信息系统设计）中最重要的一步，是其他各步骤的基础。如果把整个数据库设计当成一个系统工程看待，那么需求分析就是这个系统工程的最原始的输入信息。如果这一步做得不好，那么后续的设计即使再优化也只能前功尽弃。所以这一步特别重要。

需求分析也是最困难、最麻烦的一步，其困难之处不在于技术上，而在于要了解、分析、表达客观世界并非易事，这也是数据库自动生成工具的研究中最困难的部分。目前，许多自动生成工具都绕过这一步，先假定需求分析已经有结果，这些自动工具就以这一结果作为后面几步的输入。

10.2.2　需求分析的方法

需求分析首先要调查清楚用户的实际需求，与用户达成共识，然后再分析和表达这些需求。

调查用户的需求的重点是"数据"和"处理"，为达到这一目的，在调查前要拟定调查提纲。调查时要抓住两个"流"，即"信息流"和"处理流"，而且调查中要不断地将这两个"流"结合起来。调查的任务是调研现行系统的业务活动规则，并提取描述系统业务的现实系统模型。

通常情况下，调查用户的需求包括三方面内容，即系统的业务现状、信息源流及外部要求。

1）业务现状包括：业务方针政策，系统的组织机构，业务内容，约束条件和各种业务的全过程。

2）信息源流包括：各种数据的种类、类型及数据量，各种数据的源头、流向和终点，各种数据的产生、修改、查询及更新过程和频率以及各种数据与业务处理的关系。

3）外部要求包括：对数据保密性的要求，对数据完整性的要求，对查询响应时间的要求，对新系统使用方式的要求，对输入方式的要求，对输出报表的要求，对各种数据精度的要求，对吞吐量的要求，对未来功能、性能及应用范围扩展的要求。

在进行需求调查时，实际上就是发现现行业务系统的运作事实。常用的发现事实的方法有检查文档、面谈、观察操作中的业务、研究和问卷调查等。

1. 检查文档

当要深入了解为什么客户需要数据库应用时，检查用户的文档是非常有用的。检查文档可以发现文档中有助于提供与问题相关的业务信息（或者业务事务的信息）。如果问题与现存系统相关，则一定有与该系统相关的文档。检查与目前系统相关的文档、表格、报告和文件是一种非常好的快速理解系统的方法。

2. 面谈

面谈，通过面对面谈话获取有用信息是最常用的，通常也是最有用的事实发现方法。面谈还有其他用处，比如找出事实、确认、澄清事实、得到所有最终用户、标识需求、集中意见和观点。但是，使用面谈这种技术需要良好的交流能力，面谈的成功与否依赖于谈话者的交流技巧，而且，面谈也有它的缺点，比如非常消耗时间。为了保证谈话成功，必须选择合适的谈话人员，准备的问题涉及范围要广，还要引导谈话有效地进行。

3. 观察业务的运转

观察是用来理解一个系统的最有效的事实发现方法之一。使用这个技术可以参与或者观察做事的人以了解系统。当用其他方法收集的数据的有效性值得怀疑或者系统特定方面的复杂性阻碍了最终用户做出清晰的解释时，这种技术尤其有用。

与其他事实发现技术相比，成功的观察要求做非常多的准备。为了确保成功，要尽可能多地了解要观察的人和活动。例如，所观察的活动的低谷、正常以及高峰期分别是什么时候。

4. 研究

研究是通过计算机行业的杂志、参考书和因特网来查找是否有类似的解决此问题的方法，甚至可以查找和研究是否存在解决此问题的软件包。但这种方法也有很多缺点。比如，如果存在解决此问题的方法，则可以节省很多时间，但如果没有，则可能会非常浪费时间。

5. 问卷调查

问卷是一种有着特定目的的小册子，这样可以在控制答案的同时，集中一大群人的意见。当和大批用户打交道，其他的事实发现技术都不能有效地把这些事实列成表格时，就可以采用问卷调查的方式。问卷有两种格式：自由格式和固定格式。

在自由格式问卷上，答卷人提供的答案有更大的自由。问卷问题是开放式的，例如："你当前收到的是什么报表，它们有什么用？"，"这些报告是否存在问题？如果有，请说明"。自由格式问卷存在的问题是答卷人的答案可能难以列成表格，而且，有时答卷人可能答非所问。

在固定格式问卷上，问题答案是特定的。给定一个问题，回答者必须从提供的答案中选择一个。例如：现在的业务系统的报告形式非常理想，不必改动。答卷人可以选择的答案有"是"或"否"，或者一组选项，包括"非常赞同""同意""没意见""不同意"和"强烈反对"等。因此，结果容易列表。但另一方面，答卷人不能提供一些有用的附加信息。

10.3　数据库结构设计

数据库结构设计是在数据库需求分析的基础上，逐步形成对数据库概念、逻辑、物理结构的描述。概念结构设计的结果是形成数据库的概念层数据模型，用语义层模型描述，如 E-R 模型。逻辑结构设计的结果是形成数据库的模式与外模式，用结构层模型描述，例基本表、视图等。物理结构设计的结果是形成数据库的内模式，用文件级术语描述，例如数据库文件或目录、索引等。

10.3.1　概念结构设计

概念结构设计的重点在于信息结构的设计。它将需求分析得到的用户需求抽象为信息结构即概念层数据模型，是整个数据库系统设计的关键，独立于逻辑结构设计和数据库管理系统。

1. 概念结构的特点和设计策略

概念结构设计的任务是产生反映企业组织信息需求的数据库概念结构，即概念层数据模型。

（1）概念结构的特点

概念结构应具备如下特点：

1）有丰富的语义表达能力。能表达用户的各种需求，包括描述现实世界中各种事物和事物与事物之间的联系，能满足用户对数据的处理需求。

2）易于交流和理解。概念结构是数据库设计人员和用户之间的主要交流工具，因此必须能通过概念模型和不熟悉计算机的用户交换意见，用户的积极参与是数据库成功的关键。

3）易于更改。当应用环境和应用要求发生变化时，能方便地对概念结构进行修改，以反映这些变化。

4）易于向各种数据模型转换，易于导出与 DBMS 有关的逻辑模型。

描述概念结构的一个有力工具是 E-R 模型。有关 E-R 模型的概念已经在第 2 章介绍，本章在介绍概念结构设计时也采用 E-R 模型。

（2）概念结构设计的策略

概念结构设计的策略主要有如下几种：

1）自底向上。先定义每个局部应用的概念结构，然后按一定的规则把它们集成起来，从而得到全局概念结构。

2）自顶向下。先定义全局概念结构，然后再逐步细化。

3）由里向外。先定义最重要的核心结构，然后再逐步向外扩展。

4）混合策略。将自顶向下和自底向上方法结合起来使用。先用自顶向下设计一个概念结构的框架，然后以它为框架再用自底向上策略设计局部概念结构，最后把它们集成起来。

最常用的设计策略是自底向上策略。

从这一步开始，需求分析所得到的结果按"数据"和"处理"分开考虑。概念结构设计重点在于信息结构的设计，而"处理"则由行为设计来考虑。这也是数据库设计的特点，即"行为"设计与"结构"设计分离进行。但由于两者原本是一个整体，因此在设计概念结构和逻辑结构时，要考虑如何有效地为"处理"服务，而设计应用模型时，也要考虑如何有效地利用结构设计提供的条件。

概念结构设计使用集合概念，抽取现实业务系统的元素及其应用语义关联，最终形成 E-R 模型。

2. 采用 E-R 模型方法的概念结构设计

设计数据库概念结构的最著名、最常用的方法是 E-R 方法。采用 E-R 方法的概念结构设计可分为三个步骤。

1）设计局部 E-R 模型。局部 E-R 模型的设计内容包括确定局部 E-R 模型的范围、定义实体、联系以及它们的属性。

2）设计全局 E-R 模型。这一步是将所有局部 E-R 图集成为一个全局 E-R 图，即全局 E-R 模型。

3）优化全局 E-R 模型。

下面分别介绍这三个步骤的内容。

（1）设计局部 E-R 模型

概念结构是对现实世界的一种抽象。所谓抽象是对实际的人、物、事和概念进行人为处理，抽取所关心的共同特性，忽略非本质细节，并把这些特性用各种概念准确地加以描述。抽象方法一般包括如下三种。

1）分类（classification）。定义某一类概念作为现实世界中一组对象的类型，这些对象具有某些共同的特性和行为。它抽象的是对象值和型之间的"is a member of"（是……的成员）的语义。在 E-R 模型中，实体就是这种抽象（是对具有相同特征的实例的抽象）。例如，"张三"是学生（见图10-4），表示"张三"是"学生"（实体）中的一员（实例），即"张三是学生的一个成员"，这些学生具有系统的特性和行为。

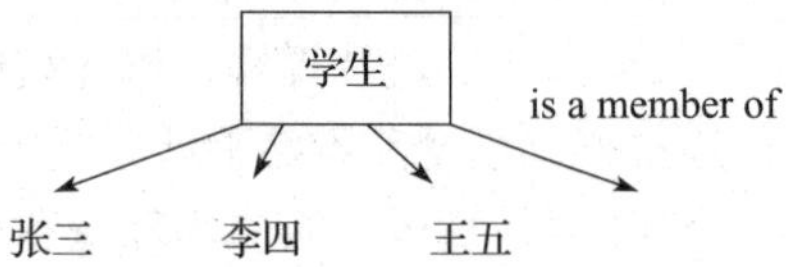

2）概括（generalization）。定义了实体之间的一种子集联系，它抽象了实体之间的"is a subset of"（是……的子集）的语义。例如，"学生"是一个实体，"本科生"、"研究生"也是实体。而"本科生"和"研究生"均为"学生"实体的子集。如果把"学生"

图 10-4　分类示例

称为超类，那么"本科生"和"研究生"就是"学生"的子类，如图 10-5 所示。

3）聚集（aggregation）。定义某一类型的组成成分，它抽象了对象内部类型和成分之间的"is a part of"（是……的一部分）语义。在 E-R 模型中，若干个属性的聚集就组成了一个实体。聚集的示例如图 10-6 所示。

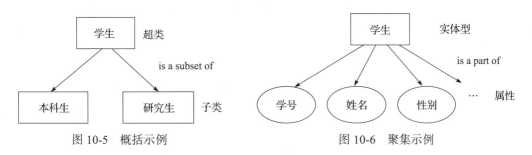

图 10-5　概括示例　　　　　　　　　　图 10-6　聚集示例

（2）设计全局 E-R 模型

把局部 E-R 模型集成为全局 E-R 模型时，可以采用一次将所有的 E-R 模型集成在一起的方式，也可以用逐步集成、进行累加的方式，即一次只集成少量几个 E-R 模型，这样实现起来比较容易。

当将局部 E-R 模型集成为全局 E-R 模型时，需要消除各分 E-R 模型合并时产生的冲突。解决冲突是合并 E-R 模型的主要工作和关键所在。

各分 E-R 模型之间的冲突主要有三类：属性冲突、命名冲突和结构冲突。

1）属性冲突。属性冲突包括属性域冲突和属性取值单位冲突两种情况。

①属性域冲突。即属性的类型、取值范围和取值集合不同。例如，部门编号有的定义为字符型，有的定义为数字型。又如，年龄有的定义为出生日期，有的定义为整数。

②属性取值单位冲突。例如，学生的身高，有的以"米"为单位，有的以"厘米"为单位。

2）命名冲突。命名冲突包括同名异义和异名同义，即不同意义的实体名、联系名或属性名在不同的局部应用中具有相同的名字，或者具有相同意义的实体名、联系名和属性名在不同的局部应用中具有不同的名字。如科研项目，在财务部门称为项目，在科研部门称为课题。

属性冲突和命名冲突通常可以通过讨论、协商等方法解决。

3）结构冲突。结构冲突有两种情况。

①同一对象在不同应用中具有不同的抽象。例如，"职工"可能在某一局部应用中作为实体，而在另一局部应用中却作为属性。解决这种冲突的方法通常是把属性转换为实体或者把实体转换为属性，使同样对象具有相同的抽象。但在转换时要进行认真的分析。

②同一实体在不同的局部 E-R 模型中所包含的属性个数和属性的排列次序不完全相同。这是很常见的一类冲突，原因是不同的局部 E-R 模型关心的实体的侧面不同。解决的方法是让该实体的属性为各局部 E-R 模型中的属性的并集，然后再适当调整属性的顺序。

（3）优化全局 E-R 模型

一个好的全局 E-R 模型除了能反映用户功能需求外，还应满足如下条件：

①实体个数尽可能少。

②实体所包含的属性尽可能少。

③实体间联系无冗余。

优化的目的就是使 E-R 模型满足上述三个条件。要使实体个数尽可能少，可以进行相关实体的合并，一般是把具有相同主码的实体进行合并，另外，还可以考虑将 1∶1 联系的两个实体合并为一个实体，同时消除冗余属性和冗余联系。但也应该根据具体情况，有时候适当的冗余可以提高数据查询效率。

图 10-7 所示是将两个局部 E-R 模型合并成一个全局 E-R 模型的示例。

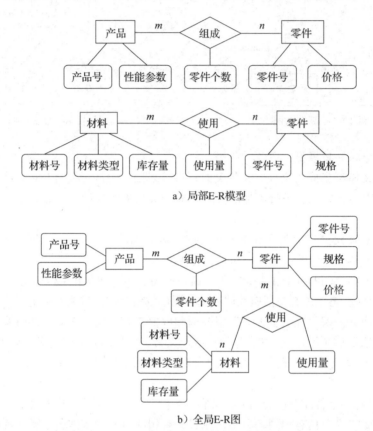

a）局部E-R模型

b）全局E-R图

图 10-7   将局部 E-R 模型合并为全局 E-R 模型

10.3.2   逻辑结构设计

逻辑结构设计的任务是把在概念结构设计中设计的基本 E-R 模型转换为具体的数据库管理系统支持的组织层数据模型，也就是导出特定的 DBMS 可以处理的数据库逻辑结构（数据库的模式和外模式）。这些模式在功能、性能、完整性和一致性约束方面满足应用要求。

特定 DBMS 可以支持的组织层数据模型包括层次模型、网状模型、关系模型和面向对象模型等。下面仅讨论从概念模型向关系模型的转换。

逻辑结构设计一般包含两个步骤：

1）将概念结构转换为某种组织层数据模型。

2）对组织层数据模型进行优化。

1.E-R 模型向关系模型的转换

E-R 模型向关系模型的转换要解决的问题，是如何将实体以及实体间的联系转换为关系模式，如何确定这些关系模式的属性和主键。

关系模型的逻辑结构是一组关系模式的集合。E-R模型由实体、实体的属性以及实体之间的联系三部分组成，因此将E-R模型转换为关系模型实际上就是将实体、实体的属性和实体间的联系转换为关系模式。转换的一般规则是：一个实体转换为一个关系模式。实体的属性就是关系的属性，实体的码就是关系的主键（主码）。

实体间的联系有以下不同的情况。

1）1:1联系可以与任意一端实体所对应的关系模式合并，合并时只需在被合并的关系模式的属性中加入另一个实体的码和联系本身的属性。

2）1:n联系可以与n端所对应的关系模式合并，合并时只需在n端的关系模式中加入1端实体的码以及联系本身的属性。

3）m:n联系应该转换为一个独立的关系模式。与该联系相连的各实体的码以及联系本身的属性均转换为联系所对应关系模式的属性，且该关系模式的主键包含各实体的码。

4）三个或三个以上实体间的一个多元联系应该转换为一个关系模式。与该多元联系相连的各实体的码以及联系本身的属性均转换为联系所对应的关系模式的属性，而此关系模式的主键包含各实体的码。

5）具有相同主键的关系模式可以合并。

例10-1 有1:1联系的E-R模型如图10-8所示，请将其转换为合适的关系模式。

根据转换规则，1:1联系可以与任意一端实体对应的关系模式合并，如果将"管理"合并到"部门"，则转换结果如下：

部门（部门号，部门名，经理号），其中"部门号"为主键，"经理号"为引用"经理"关系模式的外键。

经理（经理号，经理名，电话），其中"经理号"为主键。

或者也可以将"管理"合并到"经理"中：

部门（部门号，部门名），其中"部门号"为主键。

经理（经理号，部门号，经理名，电话），"经理号"为主键，"部门号"为引用"部门"关系模式的外键。

例10-2 有1:n联系的E-R模型如图10-9所示，请将其转换为合适的关系模式。

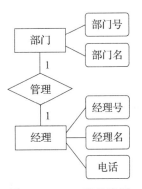

图10-8 1:1联系示例

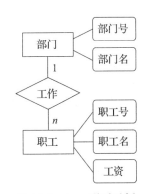

图10-9 1:n联系示例

1:n的联系应该与n端实体合并，转换的关系模式如下：

部门（部门号，部门名），其中"部门号"为主键。

职工（职工号，部门号，职工名，工资），其中"职工号"为主键，"部门号"为引用"部门"关系模式的"部门号"的外键。

例 10-3 有 $m:n$ 联系的 E-R 模型如图 10-10 所示，请将其转换为合适的关系模式。

对 $m:n$ 联系，应该将联系转换为一个独立的关系模式。转换后的关系模式如下：

教师（教师号，教师名，职称），"教师号"为主键。

课程（课程号，课程名，学分），"课程号"为主键。

授课（教师号，课程号，授课时数），（教师号，课程号）为主键，同时"教师号"为引用"教师"关系模式的教师号的外键，"课程号"为引用"课程关系模式的课程号的外键。

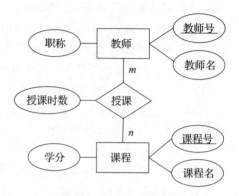

图 10-10 $m:n$ 联系示例

例 10-4 设有如图 10-11 所示的含多个实体间联系的 E-R 图，请将其转换为合适的关系模式。

关联多个实体的联系也是转换为一个独立的关系模式，因此转换后的关系模式为：

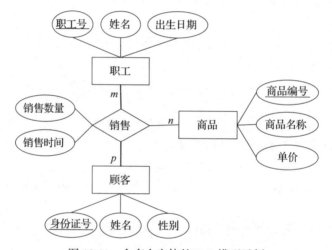

图 10-11 含多个实体的 E-R 模型示例

职工（职工号，姓名，出生日期），"职工号"为主键。

商品（商品编号，商品名称，单价），"商品编号"为主键。

顾客（身份证号，姓名，性别），"身份证号"为主键。

销售（职工号，商品编号，身份证号，销售数量，销售时间），（职工号，商品编号，身份证号，销售时间）为主键，"职工号"为引用"营业员"关系模式的外键，"商品编号"为引用"商品"关系模式的外键，"身份证号"为引用"顾客"关系模式的外键。

2. 数据模型的优化

逻辑结构设计的结果并不是唯一的，为了进一步提高数据库应用系统的性能，还应该根据应用的需要对逻辑数据模型进行适当的修改和调整，这就是数据模型的优化。关系数据模型的优化通常以关系规范化理论为指导，并考虑系统的性能。具体方法如下。

1）确定各属性间的函数依赖关系。根据需求分析阶段得出的语义，分别写出每个关系模式的各属性之间的函数依赖以及不同关系模式中各属性之间的数据依赖关系。

2）对各个关系模式之间的数据依赖进行极小化处理，消除冗余的联系。

3）判断每个关系模式的范式，根据实际需要确定最合适的范式。

4）根据需求分析阶段得到的处理要求，分析这些模式对于这样的应用环境是否合适，确定是否要对某些模式进行分解或合并。

注意，如果系统的查询操作比较多，而且对查询响应速度的要求也比较高，则可以适当地降低规范化的程度，即将几个表合并为一个表，以减少查询时的表的连接个数。甚至可以在表中适当增加冗余数据列，比如把一些经过计算得到的值作为表中的一个列也保存在表中。但这样做时要考虑可能引起的潜在的数据不一致的问题。

对于一个具体的应用来说，到底规范化到什么程度，需要权衡响应时间和潜在问题两者的利弊，作出最佳的决定。

5）对关系模式进行必要的分解，以提高数据的操作效率和存储空间的利用率。常用的分解方法是水平分解和垂直分解。

水平分解是以时间、空间、类型等范畴属性取值为条件，满足相同条件的数据行为一个子表。分解的依据一般以范畴属性取值范围划分数据行。这样在操作同表数据时，时空范围相对集中，便于管理。水平分解过程如图 10-12 所示，其中 $K^{\#}$ 代表关系模式的主键。

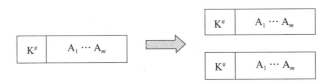

图 10-12　水平分解示意图

原表中的数据内容相当于分解后各表数据内容的并集。例如，对于管理学校学生情况的"学生"关系模式，可以将其分解为"历史学生"和"在册学生"两个关系模式。"历史学生"中存放已毕业学生的数据，"在册学生"存放目前在校学生的数据。因为经常需要了解当前在校学生的情况，而对已毕业学生的情况关心较少。因此将历年学生的信息存放在两个关系模式中，可以提高对在校学生的处理速度。当一届学生毕业时，就将这些学生从"在册学生"关系中删除，同时插入到"历史学生"关系中。

垂直分解是以非主属性所描述的数据特征为条件，描述一类相同特征的属性划分在一个子表中。这样操作同表数据时属性范围相对集中，便于管理。垂直分解过程如图 10-13 所示，其中 $K^{\#}$ 代表关系模式的主键。

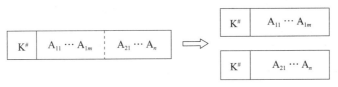

图 10-13　垂直分解示意图

垂直分解后原关系中的数据内容相当于分解后各关系数据内容的连接。例如，可以将"学生"关系模式垂直拆分为"学生基本信息"和"学生家庭信息"两个关系模式。

垂直分解方法还可以解决包含很多列的表或者列占用空间比较多的表的创建问题。一般在数据库管理系统中，表中一行数据的大小（即各列所占的空间总和）都是有限制的（一般受数据页大小的限制，数据页的概念我们在第 4 章有简单介绍），当表中一行数据的大小超过了数据页大小时，就可以使用垂直分解方法，将一个关系模式拆分为多个关系模式。

3. 设计外模式

将概念模型转换为逻辑数据模型之后，还应该根据局部应用需求，并结合具体的数据库管理系统的特点，设计用户的外模式。

外模式概念对应关系数据库的视图，设计外模式是为了更好地满足各个用户的需求。

定义数据库的模式主要是从系统的时间效率、空间效率、易维护等角度出发。由于外模式与模式是相互独立的，因此在定义用户外模式时可以从满足每类用户的需求出发，同时考虑数据的安全和用户的操作方便。在定义外模式时应考虑如下问题。

（1）使用更符合用户习惯的别名

在概念模型设计阶段，当合并各 E-R 图时，曾进行了消除命名冲突的工作，以使数据库中的同一个关系和属性具有唯一的名字。这在设计数据库的全局模式时是非常必要的。但在修改了某些属性或关系的名字之后，可能会不符合某些用户的习惯，因此在设计用户模式时，可以利用视图的功能，对某些属性重新命名。视图的名字也可以命名成符合用户习惯的名字，使用户的操作更方便。

（2）对不同级别的用户定义不同的视图，以保证数据的安全

假设有关系模式：职工（职工号，姓名，工作部门，学历，专业，职称，联系电话，基本工资，浮动工资）。在这个关系模式上建立了以下两个视图。

职工 1（职工号，姓名，工作部门，专业，联系电话）

职工 2（职工号，姓名，学历，职称，联系电话，基本工资，浮动工资）

职工 1 视图中只包含一般职工可以查看的基本信息，职工 2 视图中包含允许领导查看的信息。这样就可以防止用户非法访问不允许他们访问的数据，从而在一定程度上保证了数据的安全。

（3）简化用户对系统的使用

如果某些局部应用经常要使用某些很复杂的查询，为了方便用户，可以将这些复杂查询定义为一个视图，这样用户每次只对定义好的视图查询，而不必再编写复杂的查询语句，从而简化了用户的使用。

10.3.3　物理结构设计

数据库的物理结构设计是对已经确定的数据库逻辑结构，利用数据库管理系统提供的方法、技术，以较优的存储结构、数据存取路径、合理的数据存储位置以及存储分配，设计出一个高效的、可实现的物理数据库结构。

由于不同的数据库管理系统提供的硬件环境和存储结构、存取方法不同，提供给数据库设计者的系统参数以及变化范围不同，因此，物理结构设计一般没有通用的准则，它只能提供一个技术和方法供参考。

数据库的物理结构设计通常分为两步：

1）确定数据库的物理结构，在关系数据库中主要指存取方法和存储结构。

2）对物理结构进行评价，评价的重点是时间和空间效率。

如果评价结果满足原设计要求，则可以进入到数据库实施阶段；否则，需要重新设计或修改物理结构，有时甚至要返回到逻辑设计阶段修改数据模式。

1. 物理结构设计的内容和方法

物理数据库设计得好,可以使各事务的响应时间短、存储空间利用率高、事务吞吐量大。因此,在设计数据库时首先要对经常用到的查询和对数据进行更新的事务进行详细的分析,获得物理结构设计所需的各种参数。其次,要充分了解所使用的 DBMS 的内部特征,特别是系统提供的存取方法和存储结构。

对于数据查询,需要得到如下信息:

①查询所涉及的关系。

②查询条件所涉及的属性。

③连接条件所涉及的属性。

④查询列表中涉及的属性。

对于更新数据的事务,需要得到如下信息:

①更新所涉及的关系。

②每个关系上的更新条件所涉及的属性。

③更新操作所涉及的属性。

除此之外,还需要了解每个查询或事务在各关系上的运行频率和性能要求。例如,假设某个查询必须在 1 秒之内完成,则数据的存储方式和存取方式就非常重要。

需要注意的是,在数据库上运行的操作和事务是不断变化的,因此需要根据这些操作的变化不断调整数据库的物理结构,以获得最佳的数据库性能。

通常关系数据库的物理结构设计主要包括确定数据的存取方法和确定数据的存储结构两部分。

(1)确定存取方法

存取方法是快速存取数据库中数据的技术,数据库管理系统一般都提供多种存取方法。具体采取哪种存取方法由系统根据数据的存储方式决定,一般用户不能干预。

一般用户可以通过建立索引的方法来加快数据的查询效率,如果建立了索引,系统就可以利用索引查找数据。

索引方法实际上是根据应用要求确定在关系的哪个属性或哪些属性上建立索引,在哪些属性上建立复合索引以及哪些索引要设计为唯一索引,哪些索引要设计为聚集索引。聚集索引是将数据按索引列在物理上进行有序排列。

建立索引的一般原则为:

1)如果某个(或某些)属性经常作为查询条件,则考虑在这个(或这些)属性上建立索引。

2)如果某个(或某些)属性经常作为表的连接条件,则考虑在这个(或这些)属性上建立索引。

3)如果某个属性经常作为分组的依据列,则考虑在这个属性上建立索引。

4)对经常进行连接操作的表建立索引。

一个表可以建立多个非聚集索引,但只能建立一个聚集索引。

需要注意的是,索引一般可以提高数据查询性能,但会降低数据修改性能。因为在进行数据修改时,系统要同时对索引进行维护,使索引与数据保持一致。维护索引需要占用相当多的时间,而且存放索引信息也会占用空间资源。因此在决定是否建立索引时,要权衡数据库的操作。如果查询多,并且对查询的性能要求比较高,则可以考虑多建一些索引;如果数据更改多,并且对更改的效率要求比较高,则应该考虑少建一些索引。

（2）确定存储结构

物理结构设计中一个重要的考虑就是确定数据记录的存储方式。常用的存储方式有：

1）顺序存储。这种存储方式的平均查找次数为表中记录数的 1/2。

2）散列存储。这种存储方式的平均查找次数由散列算法决定。

3）聚集存储。为了提高某个属性（或属性组）的查询速度，可以把这个或这些属性（称为聚集码）上具有相同值的元组集中存放在连续的物理块上，这样的存储方式称为聚集存储。聚集存储可以极大提高对聚集码的查询效率。

一般用户可以通过建立索引的方法来改变数据的存储方式。但其他情况下，数据是采用顺序存储还是散列存储，或其他的存储方式是由数据库管理系统根据数据的具体情况决定的，一般它都会为数据选择一种最合适的存储方式，而用户并不能对此进行干预。

2. 物理结构设计的评价

物理结构设计过程中要对时间效率、空间效率、维护代价和各种用户要求进行权衡，其结果可以产生多种方案，数据库设计者必须对这些方案进行细致的评价，从中选择一个较优的方案作为数据库的物理结构。

评价物理结构设计的方法完全依赖于具体的 DBMS，主要考虑操作开销，即为使用户获得及时、准确的数据所需的开销和计算机资源的开销。具体可分为如下几类。

（1）查询和响应时间

响应时间是从查询开始到查询结果开始显示之间所经历的时间。一个好的应用程序设计可以减少 CUP 时间和 I/O 时间。

（2）更新事务的开销

主要是修改索引、重写物理块或文件以及写校验等方面的开销。

（3）生成报告的开销

主要包括索引、重组、排序和结果显示的开销。

（4）主存储空间的开销

包括程序和数据所占用的空间。对数据库设计者来说，一般可以对缓冲区作适当的控制，如缓冲区个数和大小。

（5）辅助存储空间的开销

辅助存储空间分为数据块和索引块两种，设计者可以控制索引块的大小、索引块的充满度等。

实际上，数据库设计者只能对 I/O 和辅助空间进行有效控制，其他方面都是有限的控制或者根本就不能控制。

10.4 数据库行为设计

到目前为止，我们详细讨论了数据库的结构设计问题，这是数据库设计中最重要的任务。前面已经说过，数据库设计的特点是结构设计和行为设计是分离的。行为设计与一般的传统程序设计区别不大，软件工程中的所有工具和手段几乎都可以用到数据库行为设计中，因此，一些数据库教科书都没有讨论数据库行为设计问题。考虑到数据库应用程序设计毕竟有它特殊的地方，而且不同的数据库应用程序设计也有许多共性，因此，这里介绍一下数据库的行为设计。

数据库行为设计一般分为如下几个步骤：

1）功能分析。

2）功能设计。

3）事务设计。

4）应用程序设计与实现。

我们主要讨论前三个步骤。

10.4.1 功能分析

在进行需求分析时，我们实际上进行了两项工作，一项是"数据流"的调查分析，另一项是"事务处理"过程的调查分析，也就是应用业务处理的调查分析。数据流的调查分析为数据库的信息结构提供了最原始的依据，而事务处理的调查分析则是行为设计的基础。

对于行为特性要进行如下分析。

1）标识所有的查询、报表、事务及动态特性，指出对数据库所要进行的各种处理。

2）指出对每个实体所进行的操作（增、删、改、查）。

3）给出每个操作的语义，包括结构约束和操作约束，通过下列条件，可定义下一步的操作：

①执行操作要求的前提。

②操作的内容。

③操作成功后的状态。

例如，教师退休行为的操作特征为：

①该教师没有未讲授完的课程。

②从当前在职教师表中删除此教师记录。

③将此教师信息插入到退休教师表中。

4）给出每个操作（针对某一对象）的频率。

5）给出每个操作（针对某一应用）的响应时间。

6）给出该系统的总目标。

功能需求分析是在需求分析之后功能设计之前的一个步骤。

10.4.2 功能设计

系统目标的实现是通过系统的各功能模块来达到的。由于每个系统功能又可以划分为若干个更具体的功能模块，因此，可以从目标开始一层一层分解下去，直到每个子功能模块只执行一个具体的任务。子功能模块是独立的，具有明显的输入信息和输出信息。当然，也可以没有明显的输入和输出信息，只是动作产生后的一个结果。通常我们将按功能关系画成的图称为功能结构图，如图 10-14 所示。

例如，"学籍管理"的功能结构图如图 10-15 所示。

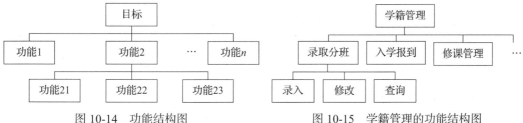

图 10-14 功能结构图   图 10-15 学籍管理的功能结构图

10.4.3 事务设计

事务处理是计算机模拟人处理事务的过程，它包括输入设计、输出设计等。

1. 输入设计

系统中的很多错误都是由于输入不当引起的，因此设计好输入是减少系统错误的一个重要方面。在进行输入设计时需要完成如下几方面工作。

1）原始单据的设计格式。对于原有的单据，表格要根据新系统的要求重新设计。其设计的原则是：简单明了，便于填写，尽量标准化，便于归档，简化输入工作。

2）制成输入一览表。将全部功能所用的数据整理成表。

3）制作输入数据描述文档。包括数据的输入频率、数据的有效范围和出错校验。

2. 输出设计

输出设计是系统设计中的重要一环。如果说用户看不出系统内部的设计是否科学、合理，那么输出报表是直接与用户见面的，而且输出格式的好坏会给用户留下深刻的印象，它甚至是衡量一个系统好坏的重要标志。在输出设计时要考虑如下因素。

1）用途。区分输出结果是给客户还是用于内部或报送上级领导。

2）输出设备的选择。是仅仅显示出来，还是要打印出来或需要永久保存。

3）输出量。

4）输出格式。

10.5 数据库实施

完成了数据库的结构设计和行为设计并编写了实现用户需求的应用程序之后，就可以利用 DBMS 提供的功能实现数据库逻辑结构设计和物理结构设计的结果。然后将一些数据加载到数据库中，运行已编写好的应用程序，以查看数据库设计以及应用程序是否存在问题。这就是数据库的实施阶段。

数据库实施阶段包括两项重要的工作：一项是加载数据；另一项是调试和运行应用程序。

1. 加载数据

在一般的数据库系统中，数据量都很大，而且数据来源于多个部门，数据的组织方式、结构和格式都与新设计的数据库系统可能有很大的差别，组织数据的录入就是将各类数据从各个局部应用中抽取出来，输入到计算机中，然后再分类转换，最后综合成符合新设计的数据库结构的形式，输入到数据库。这样的数据转换、组织入库的工作相当耗费人力、物力和财力，特别是原来用手工处理数据的系统，各类数据分散在各种不同的原始表单、凭证和单据之中，在向新的数据库系统中输入数据时，需要处理大量的纸质数据，工作量就更大。

由于各应用环境差异很大，很难有通用的数据转换器，DBMS 也很难提供一个通用的转换工具。因此，为提高数据输入工作的效率和质量，应该针对具体的应用环境设计一个数据录入子系统，专门用来解决数据转换和输入问题。

为了保证数据库中的数据正确、无误，必须十分重视数据的校验工作。在将数据输入系统进行数据转换的过程中，应该进行多次校验。对于重要数据的校验更应该反复进行，确认无误后再输入到数据库中。

如果新建数据库的数据来自于已有的文件或数据库，那么应该注意旧的数据模式结构与新的数据模式结构之间的对应关系，然后再将旧的数据导入新的数据库中。

目前，很多 DBMS 都提供了数据导入的功能，有些 DBMS 还提供了功能强大的数据转换功能，比如 SQL Server 就提供了功能强大、方便易用的数据导入和导出功能。

2. 调试和运行应用程序

一部分数据加载到数据库之后，就可以开始对数据库系统进行联合调试了，这个过程又称为数据库试运行。

这一阶段要实际运行数据库应用程序，执行对数据库的各种操作，测试应用程序的功能是否满足设计要求。如果不满足，则要对应用程序进行修改、调整，直到达到设计要求为止。

在数据库试运行阶段，还要对系统的性能指标进行测试，分析其是否达到设计目标。在对数据库进行物理结构设计时已经初步确定了系统的物理参数，但一般情况下，设计时的考虑在很多方面只是一个近似的估计，和实际系统的运行还有一定的差距，因此必须在试运行阶段实际测量和评价系统的性能指标。事实上，有些参数的最佳值往往是经过调试后找到的。如果测试的结果与设计目标不符，则要返回到物理结构设计阶段，重新调整物理结构，修改系统参数，某些情况下甚至要返回到逻辑结构设计阶段，对逻辑结构进行修改。

特别要强调的是，首先，由于组织数据入库的工作十分费力，如果试运行后要修改数据库的逻辑结构设计，则需要重新组织数据入库。因此在试运行时应该先输入小批量数据，试运行基本合格后，再大批量输入数据，以减少不必要的工作浪费。其次，在数据库试运行阶段，由于系统还不稳定，随时可能发生软硬件故障，而且系统的操作人员对系统也还不熟悉，误操作不可避免，因此应该首先调试运行 DBMS 的恢复功能，做好数据库的备份和恢复工作。一旦出现故障，可以尽快地恢复数据库，以减少对数据库的破坏。

10.6 数据库的运行和维护

数据库投入运行标志着开发工作的基本完成和维护工作的开始，数据库只要存在一天，就需要不断地对它进行评价、调整和维护。

在数据库运行阶段，对数据库的经常性维护工作主要由数据库系统管理员完成，其主要工作包括如下几个方面。

1) 数据库的备份和恢复。要对数据库进行定期的备份，一旦出现故障，要能及时地将数据库恢复到尽可能的正确状态，以减少数据库损失。

2) 数据库的安全性和完整性控制。随着数据库应用环境的变化，对数据库的安全性和完整性要求也会发生变化。比如，要收回某些用户的权限，或增加、修改某些用户的权限，增加、删除用户，或者某些数据的取值范围发生变化等，这都需要系统管理员对数据库进行适当的调整，以反映这些新的变化。

3) 监视、分析、调整数据库性能。监视数据库的运行情况，并对检测数据进行分析，找出能够提高性能的可行性，并适当地对数据库进行调整。目前有些 DBMS 产品提供了性能检测工具，数据库系统管理员可以利用这些工具很方便地监视数据库。

4) 数据库的重组。数据库经过一段时间的运行后，随着数据的不断添加、删除和修改，会使数据库的存取效率降低，这时数据库管理员可以改变数据库数据的组织方式，通过增加、删除或调整部分索引等方法，改善系统的性能。注意数据库的重组并不改变数据库的逻辑结构。

数据库的结构和应用程序设计的好坏只是相对的，它并不能保证数据库应用系统始终处于良好的性能状态。这是因为数据库中的数据随着数据库的使用而发生变化，随着这些变化的不断增加，系统的性能就有可能会日趋下降，所以即使在不出现故障的情况下，也要对数据库进行维护，以便数据库始终能够获得较好的性能。总之，数据库的维护工作与一台机器的维护工作类似，花的功夫越多，它服务得就越好。因此，数据库的设计工作并非一劳永逸，一个好的数据库应用系统同样需要精心的维护方能使其保持良好的性能。

小结

本章介绍了数据库设计的全部过程，数据库设计的特点是行为设计和结构设计相分离，而且在需求分析的基础上是先进行结构设计，再进行行为设计，其中结构设计是关键。结构设计又分为概念结构设计、逻辑结构设计、物理结构设计。概念结构设计是用概念结构来描述用户的业务需求，这里介绍的是 E-R 模型，它与具体的数据库管理系统无关；逻辑结构设计是将概念结构设计的结果转换成组织层数据模型，对于关系数据库来说，是转换为关系表。根据实体之间的不同的联系方式，转换的方式也有所不同。逻辑结构设计与具体的数据库管理系统有关。物理结构设计是设计数据的存储方式和存储结构，一般来说，数据的存储方式和存储结构对用户是透明的，用户只能通过建立索引来改变数据的存储方式。

数据库的行为设计是对系统的功能的设计，一般的设计思想是将大的功能模块划分为功能相对专一的小的功能模块，这样便于用户的使用和操作。

数据库设计完成后，就要进行数据库的实施和维护工作。数据库应用系统不同于一般的应用软件，它在投入运行后必须要有专人对其进行监视和调整，以保证应用系统能够保持持续的高效率。

数据库设计的成功与否与许多具体因素有关，但只要掌握了数据库设计的基本方法，就可以设计出可行的数据库系统。

习题

1. 试说明数据库设计的特点。
2. 简述数据库的设计过程。
3. 数据库结构设计包含哪几个过程？
4. 需求分析中发现事实的方法有哪些？
5. 概念结构应该具有哪些特点？
6. 概念结构设计的策略是什么？
7. 什么是数据库的逻辑结构设计？简述其设计步骤。
8. 把 E-R 模型转换为关系模式的转换规则有哪些？
9. 数据模型的优化包含哪些方法？
10. 将下列给定的 E-R 图转换为符合 3NF 的关系模式，并指出每个关系模式的主键和外键。
    （1）图 10-16 所示为描述图书、读者以及读者借阅图书的 E-R 图。
    （2）图 10-17 所示为描述商店从生产厂家订购商品的 E-R 图。
    （3）图 10-18 为描述学生参加学校社团的 E-R 图。
11. 根据下列描述，画出相应的 E-R 图，并将 E-R 图转换为满足 3NF 的关系模式，指明每个关系模式的主键和外键。现要实现一个顾客购物系统，需求描述如下：一个顾客可去多个商店购物，一个商店可有多名顾客购物；每个顾客一次可购买多种商品，但对同一种商品不能同时购买多次，但在不同时间可购买多次；每种商品可销售给不同的顾客。对顾客的每次购物都需要记录其购物的商店、购买商品的数量和购买日期。需要记录的"商店"信息包括商店编号、商店名、地址、联系电话。需要记录的顾客信息包括顾客号、姓名、住址、身份证号、性别。需要记录的商品信息包括商品号、商品名、进货价格、进货日期、销售价格。

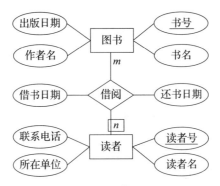

图 10-16　图书借阅 E-R 图

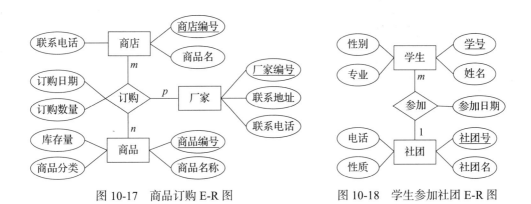

图 10-17　商品订购 E-R 图　　　　图 10-18　学生参加社团 E-R 图

第 11 章　存储过程和触发器

存储过程是 SQL 语句和控制流语句的预编译集合，它以一个名称存储并作为一个单元处理，应用程序可以通过调用的方法执行存储过程。存储过程使得对数据库的管理和操作更加容易。

触发器是可以由数据的增、删、改操作引发执行的一个代码段，其主要作用是维护复杂的数据完整性约束。在触发器中也可以包含 SQL 语句和流程控制语句等。

本章我们讨论存储过程和触发器的作用以及定义方法，在介绍这些内容之前，我们首先介绍 SQL Server 提供的变量定义功能以及一些流程控制语句的使用。

11.1　变量及流程控制语句

在存储过程、触发器等数据库对象中都可以根据实际需要声明变量，以实现一些复杂的操作。本节我们介绍 SQL Server 变量的定义、赋值方法以及一些流程控制语句的语法。

11.1.1　变量

1. 变量的种类

变量是被赋予一定的值的语言元素。在 SQL Server 中，变量分为全局变量和局部变量两种，全局变量是以 "@@" 开始的变量，局部变量是以 "@" 开始的变量。

全局变量是由系统提供且预先声明的变量，用户一般只能查看不能修改全局变量的值。

局部变量是用户声明的用以保存特定类型的单个数据值的对象，它局部于一个语句批。

2. 变量的声明与赋值

在 SQL Server 中，局部变量必须先声明，然后才能使用。声明局部变量的语句格式为：

```
DECLARE  @局部变量名 [AS] 数据类型 [, … n]
```

使用 DECLARE 语句声明完局部变量后，该变量的值将被初始化为 NULL。

变量的赋值语句格式为：

```
SET  @局部变量名 = 值 | 表达式
```

其中表达式可以是任何 SQL 表达式。

使用 SET 语句是对局部变量赋值的首选方法，除此之外，也可以使用 SELECT 语句对局部变量赋值，格式为：

```
SELECT  @局部变量名 = 值 | 表达式
```

变量只能出现在使用常数的位置上。在标准的 SQL 语句中，变量不能用在表、字段或其他数据库对象名的位置上，也不能用在关键字的位置上。

例 11-1　本示例声明了三个整型变量：@x、@y 和 @z，并给 @x、@y 变量分别赋予一个初值，然后将这两个变量的和值赋给 @z，并显示变量 @z 的结果。

```
DECLARE @x int, @y int, @z int
SET @x = 10
SET @y = 20
SET @z = @x + @y
Print @z
```

注意，Print 的作用是将用户定义的信息返回给客户端，其语法格式为：

```
PRINT  'ASCII 文本字符串' | @局部变量名 | 字符串表达式 | @@ 函数名
```

其中：

- @ 局部变量名：是任意有效的字符数据类型的变量，此变量必须是 char（或 nchar）或 varchar（或 nvarchar）型的变量，或者是能够隐式转换为这些数据类型的变量。
- @@ 函数名：是返回字符串结果的函数，或者是返回能够隐式转换为字符串类型的函数。
- 字符串表达式：是返回字符串的表达式。可包含串联（即字符串拼接，T-SQL 用 "+" 号实现）的字面值和变量。消息字符串最多可有 8000 个字符，超过 8000 字节的字符均被截断。

11.1.2　流程控制语句

在使用 SQL 语句编程时，经常需要按照指定的条件进行控制转移或重复执行某些操作，这个过程可以通过流程控制语句来实现。

流程控制语句用于控制程序的流程，一般分为三类：顺序、分支和循环。SQL Server 2012 也提供了对这三种流程控制的支持。表 11-1 列出了 T-SQL 提供的流程控制语句。

表 11-1　T-SQL 提供的主要流程控制语句

语　　句	描　　述
BEGIN … END	定义语句块
BREAK	退出最内层的 WHILE 循环
CONTINUE	重新开始 WHILE 循环
GOTO 标签	从标签所定义的标签之后的语句处继续进行处理
IF … ELSE	如果指定条件为真，执行一个分支，否则执行另一个分支
RETURN	无条件退出
WHILE	当指定条件为真时重复一些语句

这里只介绍 BEGIN … END、IF … ELSE 和 WHILE 语句。关于其他语句的用法，有兴趣者可参考联机丛书。

1. BEGIN … END 语句

BEGIN … END 语句的语法格式为：

```
BEGIN
  语句 1
  语句 2
  …
END
```

位于 BEGIN 和 END 之间的各个语句既可以是单个的 T-SQL 语句，也可以是使用 BEGIN 和 END 定义的语句块，即 BEGIN 和 END 语句块可以嵌套。

BEGIN … END 语句块通常是与流程控制语句 IF … ELSE 或 WHILE 一起使用的。如果不使用 BEGIN … END 语句块，则只有 IF、ELSE 或 WHILE 这些关键字后面的第一个 T-SQL 语句属于这些语句的执行体。

2. IF … ELSE 语句

IF … ELSE 语句的语法格式为：

```
IF 布尔表达式
  语句块 1
[ ELSE
  语句块 2 ]
```

其中"布尔表达式"表示一个测试条件，其取值为 True 或 False。如果布尔表达式中包含一个 SELECT 语句，则必须将 SELECT 语句用圆括号括起来。语句块 1 和语句块 2 可以是单个的 T-SQL 语句，也可以是用 BEGIN … END 定义的语句块。

IF … ELSE 的处理过程为：如果满足 IF 语句的布尔表达式（布尔表达式为 True），则执行 IF 语句后边的语句（语句块 1）；否则（布尔表达式为 False）执行 ELSE 中的语句（语句块 2，如果有 ELSE 的话）。

3. WHILE 语句

WHILE 语句用于设置重复执行的一个语句块。WHILE 语句的语法格式为：

```
WHILE 布尔表达式
  循环体语句块
```

当布尔表达式为真时，重复执行循环体语句块（重复执行的部分称为循环体）；当布尔表达式为假时退出循环，继续执行循环体后面的语句。

例 11-2 计算 1+2+3+…+100 的和。

```
DECLARE @i int, @sum int
SET @i = 1
SET @sum = 0
WHILE @i <= 100
BEGIN
  SET @sum = @sum + @i
  SET @i = @i + 1
END
PRINT @sum
```

11.2 存储过程

11.2.1 基本概念

在创建访问数据库的应用程序时，T-SQL 是应用程序和 SQL Server 数据库之间的主要编程接口。使用 T-SQL 编写代码时，可用两种方法存储和执行 SQL 代码。一种是访问数据库的 SQL 语句直接编写在客户端应用程序中，然后由应用程序将这些 SQL 语句发送给 SQL Server 数据库服务器，比如现在我们常用的在 C#、Java 等客户端编程语言中嵌入访问数据库的 SQL 语句；第二种是将访问数据库的 SQL 语句存储在服务器端（实际上是作为数据库中的一个对象存储在某数据库中），然后由客户端应用程序调用执行这些代码。这些存储在服务器端数据库中供客户端调用执行的 SQL 语句就是存储过程。

数据库中存储过程的概念与一般程序设计语言中的过程或函数类似，因为存储过程可以：

- 接受输入参数并以输出参数的形式将结果返回给调用过程。
- 包含执行数据库操作（包括调用其他过程）的编程语句。
- 向调用过程返回状态值，以表明成功或失败（以及失败原因）。

使用存储在服务器端的存储过程而不使用存储在客户端应用程序中的 T-SQL 语句的好处如下。

（1）允许模块化程序设计

只需创建一次存储过程并将其存储在数据库中，以后就可以在应用程序中多次调用该存储过程。存储过程可由在数据库编程方面有专长的人员创建，并可独立于程序源代码而单独修改。

（2）改善性能

如果某操作需要大量 T-SQL 代码或需要反复执行，则执行存储过程比执行 T-SQL 批代码要快。因为系统在创建存储过程时对其进行分析和优化，在第一次执行时进行语法检查和编译，并将编译好的可执行代码存储在内存的一个专门缓冲区中，以后再执行此存储过程时，只需执行内存中的代码即可。

（3）减少网络流量

一个需要数百行 T-SQL 代码完成的操作现在只需要一条执行存储过程的代码即可实现，因此，不再需要在网络中发送数百行代码。

（4）可作为安全机制使用

对于即使没有直接执行存储过程中的语句权限的用户，也可以授予他们执行该存储过程的权限。

存储过程实际是存储在数据库服务器上的、由 SQL 语句和流程控制语句组成的预编译集合。它以一个名字存储并作为一个单元处理，可由应用程序调用执行，允许包含控制流、逻辑以及对数据的查询等操作。存储过程可以接受输入参数和输出参数，还可以返回单个或多个结果集。

11.2.2 创建和执行存储过程

创建存储过程的 SQL 语句为 CREATE PROCEDURE，其语法格式为：

```
CREATE PROC[ EDURE ] 存储过程名
  [ { @参数名   数据类型 } [ = default ] [OUTPUT]
  ] [ , ... n ]
AS
    SQL 语句 [ ... n ]
```

其中：

- default：表示参数的默认值。如果定义了默认值，则在执行存储过程时，可以不必指定该参数的值。
- OUTPUT：表明参数是输出参数。使用 OUTPUT 参数可将信息返回给调用者。

执行存储过程的 SQL 语句是 EXECUTE，其语法格式为：

```
[ EXEC[UTE] ] 存储过程名 [ 实参 [, OUTPUT] [, … n ] ]
```

存储过程是局部于某个数据库的对象，因此在定义数据库时首先要选好存储过程所属的数据库。下面我们以在 students 数据库中定义存储过程为例，说明定义存储过程的方法。

例 11-3   含复杂 SELECT 语句的存储过程：查询计算机系学生的考试情况，列出学生的姓名、课程名和考试成绩。

```
CREATE   PROCEDURE   p_grade1
AS
  SELECT Sname, Cname, Grade
    FROM Student s INNER JOIN sc
    ON s.sno = sc.sno   INNER JOIN course c
    ON c.cno = sc.cno
    WHERE Sdept = '计算机系'
```

执行此存储过程：EXEC p_grade1

执行结果如图 11-1 所示。

例 11-4   含输入参数的存储过程：查询某个指定系学生的考试情况，列出学生的姓名、所在系、课程名和考试成绩。

```
CREATE   PROCEDURE   p_grade2
  @dept char(20)
AS
  SELECT Sname, Sdept, Cname, Grade
    FROM Student s INNER JOIN sc
    ON s.sno = sc.sno   INNER JOIN course c
    ON c.cno = sc.cno
    WHERE Sdept = @dept
```

当存储过程有输入参数并且没有为输入参数指定默认值时，在调用此存储过程时，必须为输入参数指定一个常量值。

执行例 11-4 定义的存储过程，查询信息系学生的修课情况：

```
EXEC p_grade2 '信息系'
```

执行结果如图 11-2 所示。

	Sname	Cname	Grade
1	李勇	计算机文化学	90
2	李勇	VB	86
3	李勇	数据结构	NULL
4	刘晨	VB	78
5	刘晨	数据库基础	66

图 11-1   调用例 11-3 存储过程的结果

	Sname	Sdept	Cname	Grade
1	吴宾	信息系	计算机文化学	82
2	吴宾	信息系	VB	75
3	张海	信息系	VB	68
4	吴宾	信息系	数据库基础	92
5	吴宾	信息系	高等数学	50
6	张海	信息系	数据结构	NULL

图 11-2   调用例 11-4 存储过程的结果

例 11-5   含多个输入参数并有默认值的存储过程：查询某个学生某门课程的考试成绩，若没有指定课程名，则默认课程为"数据库基础"。

```
CREATE PROCEDURE p_grade3
  @student_name char(10), @course_name char(20) = '数据库基础'
AS
  SELECT Sname, Cname, Grade
    FROM Student s INNER JOIN sc
    ON s.sno = sc.sno   INNER JOIN course c
```

```
    ON c.cno = sc.cno
 WHERE   sname = @student_name
     AND cname = @course_name
```

执行带多个参数的存储过程时，参数的传递方式有下面两种。

1）按参数位置传递值。这种参数传递方式是指在执行存储过程的 EXEC 语句中，实参的排列顺序必须与定义存储过程时定义的参数的顺序一致。

如使用这种参数传递方式执行例 11-5 定义的存储过程，查询刘晨 "VB" 课程的考试成绩，执行语句为：

```
EXEC p_grade3 '刘晨', 'VB'
```

2）按参数名传递值。这种参数传递方法是指在执行存储过程的 EXEC 语句中，要指明定义存储过程时指定的参数名以及参数的值，而不关心参数的定义顺序。

如同样是用调用例 11-5 定义的存储过程查询刘晨 "VB" 课程的考试成绩，如果使用按参数名传递值方式执行，则语句为：

```
EXEC p_grade3 @student_name = '刘晨',@course_name = 'VB'
```

两种调用方式返回的结果均如图 11-3 所示。

如果在定义存储过程时为参数指定了默认值，则在执行存储过程时可以不为有默认值的参数提供值。例如，执行例 11-5 的存储过程：

```
EXEC p_grade3 '吴宾'
```

则相当于执行：

```
EXEC p_grade3 '吴宾','数据库基础'
```

结果如图 11-4 所示。

图 11-3　调用例 11-5 存储过程的结果　　　图 11-4　调用例 11-5 存储过程的结果

例 11-6　含多个输入参数并均指定默认值的存储过程：查询指定系、指定性别的学生中年龄大于等于指定年龄的学生详细信息。系的默认值为 "计算机系"，性别默认值为 "男"，年龄默认值为 20。

```
CREATE PROCEDURE P_Student
  @dept char(20) = '计算机系', @sex char(2) = '男', @age int = 20
AS
  SELECT * FROM Student
    WHERE Sdept = @dept
      AND Ssex = @sex
      AND Sage >= @age
```

执行 1：不提供任何参数值。

```
EXEC P_Student
```

结果如图 11-5 所示。

执行 2：提供全部参数值。

```
EXEC P_Student '信息系', '女', 19
```

结果如图 11-6 所示。

	Sno	Sname	Ssex	Sage	Sdept
1	9512102	刘晨	男	20	计算机系

图 11-5　例 11-6 不提供参数的执行结果

	Sno	Sname	Ssex	Sage	Sdept
1	9521102	吴宾	女	21	信息系

图 11-6　例 11-6 提供全部参数的执行结果

执行 3：只为第二个参数提供值。

```
EXEC P_Student @sex = '女'
```

结果如图 11-7 所示。

执行 4：只为第一个和第三个参数提供值。

```
EXEC P_Student @sex = '女' , @age = 19
```

结果如图 11-8 所示。

	Sno	Sname	Ssex	Sage	Sdept
1	9512103	王敏	女	20	计算机系

图 11-7　例 11-6 提供一个参数的执行结果

	Sno	Sname	Ssex	Sage	Sdept
1	9512103	王敏	女	20	计算机系

图 11-8　例 11-6 提供两个参数的执行结果

注意：对于第 3 种和第 4 种执行方式，必须使用按参数名传递值的方式。

例 11-7　含输出参数的存储过程：计算两个数的乘积，将计算结果用输出参数返回给调用者。

```
CREATE PROCEDURE p_Sum
  @var1 int,  @var2  int,  @var3 int output
As
  Set  @var3 = @var1 * @var2
```

执行此存储过程的示例：

```
Declare @res int
EXECUTE p_Sum 5, 7, @res output
Print @res
```

执行结果为：35

注意：

1）在调用有输出参数的存储过程时，在调用语句中，在对应输出参数的变量名后边也要加上 output 修饰符。

2）在调用有输出参数的存储过程时，与输出参数对应的是一个变量，此变量用于保存输出参数返回的结果。

例 11-8　含输入参数和一个输出参数的存储过程：统计指定课程（课程名）的平均成绩，并将统计的结果用输出参数返回。

```
CREATE PROC p_AvgGrade
```

```
  @cn char(20),
  @avg_grade int output
AS
  SELECT @avg_grade = AVG(Grade) FROM SC
    JOIN Course C ON C.Cno = SC.Cno
  WHERE Cname = @cn
```

执行此存储过程，查询"VB"课程的考试平均成绩：

```
DECLARE @Avg_Grade int
EXEC p_AvgGrade 'VB', @Avg_Grade output
PRINT @Avg_Grade
```

执行结果为：76

例 11-9   含输入参数和多个输出参数的存储过程：统计指定课程的平均成绩和选课人数，将统计结果用输出参数返回。

```
CREATE PROC p_AvgCount
  @cn char(20),
  @avg_grade int output,
  @total int output
AS
  SELECT @avg_grade = AVG(Grade), @total = COUNT(*)
    FROM SC JOIN Course C ON C.Cno = SC.Cno
    WHERE Cname = @cn
```

执行此存储过程，查询"VB"课程的考试平均成绩和选课人数：

```
DECLARE @avg int, @count int
EXEC p_AvgCount 'VB', @avg output, @count output
SELECT @avg AS 平均成绩, @count AS 选课人数
```

执行结果如图 11-9 所示。

利用存储过程不但可以实现对数据的查询操作，而且可以实现对数据的插入、修改和删除操作。

	平均成绩	选课人数
1	76	4

图 11-9   调用例 11-9 存储过程的结果

例 11-10   将指定课程（课程号）的学分增加 2 分。

```
CREATE PROC p_UpdateCredit1
  @cno char(6)
AS
  UPDATE Course SET Credit = Credit + 2
    WHERE Cno = @cno
```

例 11-11   将指定课程（课程号）的学分改为指定值，要求指定值必须在 1 ~ 10 之间，否则不予修改。

```
CREATE PROC p_UpdateCredit2
  @cno char(6),@credit int
AS
  IF @credit BETWEEN 1 AND 20
    UPDATE Course SET Credit = @credit
      WHERE Cno = @cno
```

例 11-12   删除指定学生（学号）的成绩不及格的修课记录。

```
CREATE PROC p_DeleteSC
```

```
@sno char(7)
AS
    DELETE FROM SC WHERE Sno = @sno AND Grade < 60
```

11.2.3 查看和修改存储过程

1. 查看已定义的存储过程

定义好的存储过程可以在 SSMS 工具的对象资源管理器中看到，方法是展开要查看存储过程的数据库（假设这里是展开 students 数据库），然后顺序展开"可编程性"→"存储过程"，即可看到所定义的存储过程。

在某个存储过程上右击鼠标，在弹出的菜单中选择"编写存储过程脚本为"→"CREATE 到"→"新查询编辑器窗口"，系统将在新窗口中显示定义该存储过程的代码。

2. 修改存储过程

可以修改已定义好的存储过程。修改存储过程代码的 T-SQL 语句为 ALTER PROCEDURE，其语法格式为：

```
ALTER PROC [ EDURE ] 存储过程名
    [ { @参数名   数据类型 } [ = default ] [OUTPUT]
    ] [ , ... n ]
AS
    SQL 语句 [ ... n ]
```

修改存储过程的语句与定义存储过程的语句基本是一样的，只是将 CREATE PROC [EDURE] 改成了 ALTER PROC [EDURE]。

也可以在要修改的存储过程上右击鼠标，在弹出的菜单中选择"修改"，然后在系统给出的修改存储过程代码中直接进行修改。修改完成后，一定要按"执行"按钮使修改生效。

例 11-13 修改例 11-4 定义的存储过程，使其能查询指定系中考试成绩大于等于 80 分的学生姓名、所在系、课程名和考试成绩。

```
ALTER   PROCEDURE   p_grade2
    @dept char(20)
AS
    SELECT Sname, Sdept, Cname, Grade
      FROM Student s INNER JOIN SC
      ON s.Sno = SC.Sno   INNER JOIN Course c
      ON c.Cno = SC.Cno
      WHERE Sdept = @dept AND Grade >= 80
```

修改完成后一定要单击工具栏上的 执行(X) 按钮执行该代码才可使修改生效。

11.2.4 删除存储过程

删除存储过程可以使用 SSMS 工具图形化地实现，也可以使用 T-SQL 语句实现。

1. 用 SSMS 工具实现

用 SSMS 工具图形化地删除存储过程的方法为：在要删除的存储过程上右击鼠标，然后在弹出的菜单中选择"删除"命令，弹出如图 11-10 所示的"删除对象"窗口（假设这里是删除 p_grade3 存储过程），如果确实要删除该存储过程，则可单击"确定"按钮。

在删除存储过程之前，可以单击图 11-10 上的"显示依赖关系"按钮，查看依赖于此存储过程的其他对象，应该在没有其他对象依赖于被删除存储过程的情况下，再删除存储过程。

2. 用 T-SQL 语句实现

删除存储过程的 T-SQL 语句为 DROP PROCEDURE，其语法格式为：

```
DROP { PROC | PROCEDURE } { procedure } [ , ...n ]
```

例 11-14 删除 p_grade2 存储过程。

```
DROP PROC  p_grade2
```

例 11-15 同时删除 p_Student 和 p_Sum 两个存储过程。

```
DROP PROC  p_Student, p_Sum
```

图 11-10 删除存储过程窗口

11.3 触发器

触发器是一种特殊的存储过程，其特殊性在于它不需要由用户调用执行，而是在用户对表中的数据进行 UPDATE、INSERT 或 DELETE 操作时自动触发执行的。触发器通常用于保证业务规则和数据完整性，其主要优点是用户可以用编程的方法来实现复杂的处理逻辑和商业规则，增强了数据完整性约束的功能。

本节以工作表和职工表为例，说明在这两张表上定义触发器的方法。工作表和职工表的定义语句如下：

```
CREATE TABLE 工作表(
  工作号 CHAR(8) PRIMARY KEY,
  最低工资 SMALLINT,
  最高工资 SMALLINT )
```

```
CREATE TABLE 职工表 (
    职工号 CHAR(7)  PRIMARY KEY,
    职工名  CHAR(10) NOT NULL,
    工作号 CHAR(8) REFERENCES 工作表 (工作号),
    基本工资 SMALLINT,
    浮动工资 SMALLINT )
```

11.3.1 创建触发器

创建触发器时，要指定触发器的名称、触发器所作用的表、引发触发器的操作以及在触发器中要完成的功能。

创建触发器的 T-SQL 语句为 CREATE TRIGGER，其语法格式为：

```
CREATE TRIGGER 触发器名
ON { 表名 | 视图名 }
{ FOR | AFTER | INSTEAD OF }
{ [ INSERT ] [ , ] [ DELETE ] [ , ] [UPDATE ] }
AS
   SQL 语句
```

其中：

- 触发器名在数据库中必须是唯一的。
- ON 子句用于指定在其上执行触发器的表名或者是视图名。
- AFTER 指定触发器只有在引发触发器执行的 SQL 语句都已成功执行后，才执行此触发器。
- FOR 作用同 AFTER。
- INSTEAD OF 指定执行触发器而不是执行引发触发器执行的 SQL 语句，从而替代触发语句的操作。
- INSERT、DELETE 和 UPDATE 是引发触发器执行的操作，若同时指定多个操作，则各操作之间用逗号分隔。

创建触发器时，需要注意如下几点。

1）在一个表上可以建立多个名称不同、类型各异的触发器，每个触发器可由所有三个操作来引发。对于 AFTER 型的触发器，可以在同一种操作上建立多个触发器；对于 INSTEAD OF 型的触发器，在同一种操作上只能建立一个触发器。

2）大部分 SQL 语句都可用在触发器中，但也有一些限制。例如，所有的创建和更改数据库以及数据库对象的语句、所有的 DROP 语句都不允许在触发器中使用。

3）在触发器中可以使用两个特殊的临时表：INSERTED 表和 DELETED 表，这两个表的结构同建立触发器的表的结构完全相同，而且这两个临时表只能用在触发器代码中。

- INSERTED 表保存了 INSERT 操作中新插入的数据和 UPDATE 操作中更新后的数据。
- DELETED 保存了 DELETE 操作删除的数据和 UPDATE 操作中更新前的数据。

在触发器中对这两个临时表的使用方法同一般基本表一样，可以通过这两个临时表记录的数据来判断所进行的操作是否符合约束。

11.3.2 后触发型触发器

使用 FOR 或 AFTER 选项定义的触发器为后触发型触发器，即只有在引发触发器执行的语句中指定的操作都已成功执行，并且所有的约束检查也成功完成后，才执行触发器。

注意：不能在视图上定义 AFTER 触发器。

后触发型触发器的触发及执行过程如图 11-11 所示。

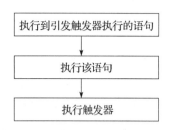

图 11-11 后触发型触发器执行过程

从图 11-11 可以看到，当后触发型触发器执行时，引发触发器执行的数据操作语句已经执行完成，因此，如果该数据操作不符合数据完整性约束，则在触发器中必须撤销该操作。

例 11-16 限制职工的基本工资必须在相应工作的最低工资和最高工资之间。

分析：该完整性约束中，"基本工资"列在职工表中，"最低工资"和"最高工资"列在工作表中，这种涉及多张表的列之间的取值约束不能用 CHECK 约束实现，CHECK 约束只能实现同一张表中不同列之间的约束，因此，这种约束只能用触发器实现。

```
CREATE Trigger tri_BasePay
  ON 职工表 AFTER INSERT, UPDATE
AS
  IF EXISTS(SELECT * FROM 职工表 a JOIN 工作表 b
            ON a.工作号 = b.工作号
            WHERE 基本工资 NOT BETWEEN 最低工资 AND 最高工资)
    ROLLBACK    -- 撤销已执行的操作
```

注意：触发器与引发触发器执行的操作共同构成了一个事务（事务的概念我们在第 9 章已做过介绍）。事务的开始是引发触发器执行的操作，事务的结束是触发器的结束。由于后触发型触发器在执行时，引发触发器执行的操作已经执行完了，因此，在触发器中应使用 ROLLBACK 撤销不正确的操作。这里的 ROLLBACK 实际是将数据库回滚到引发触发器执行的操作之前的状态，也就是撤销了违反完整性约束的操作。

例 11-17 限制职工表中"浮动工资"列的取值必须在"基本工资"的 0 ~ 30% 范围内。

```
CREATE Trigger tri_FloatPay
  ON 职工表 AFTER INSERT, UPDATE
AS
  IF EXISTS(SELECT * FROM INSERTED
            WHERE 浮动工资 NOT BETWEEN 0 AND 基本工资 * 0.3)
    ROLLBACK
```

例 11-18 对 students 数据库中的 SC 表，限制不能将不及格学生的成绩改为及格，如果违反约束，给出提示信息："不能将不及格成绩改为及格"。

这是典型的实现限制操作功能的触发器，用于满足用户的业务规则，这种类型的限制也只能通过触发器实现。

```
CREATE Trigger tri_Grade
  ON SC AFTER UPDATE
AS
  IF EXISTS(
    SELECT * FROM INSERTED a JOIN DELETED b
      ON a.Sno=b.Sno AND a.Cno=b.Cno      -- 限定到一个具体成绩
      WHERE b.Grade<60 AND a.Grade>=60) -- 更新前小于 60 且更新后大于等于 60
  BEGIN
    ROLLBACK
```

```
    PRINT '不能将不及格成绩改为及格'
  END
```

11.3.3 前触发型触发器

使用 INSTEAD OF 选项定义的触发器为前触发型触发器。在这种模式的触发器中，指定执行触发器而不是执行引发触发器执行的 SQL 语句，从而替代引发语句的操作。

前触发型触发器的执行过程如图 11-12 所示。

从图 11-12 可以看到，当前触发型触发器执行时，引发触发器执行的数据操作语句并没有执行，因此，如果该数据操作符合完整性约束，则在触发器中需要重复该操作。

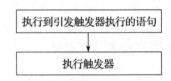

在表或视图上，每个 INSERT、UPDATE 或 DELETE 操作最多只可以定义一个 INSTEAD OF 触发器。

图 11-12　前触发型触发器执行过程

例 11-19　用前触发器实现例 11-16 限制职工"基本工资"必须在相应工作的"最低工资"和"最高工资"之间。

```
CREATE Trigger tri_Salary
  ON 职工表 INSTEAD OF INSERT
AS
  IF NOT EXISTS(SELECT * FROM 职工表 a JOIN 工作表 b
                 ON a.工作号 = b.工作号
                 WHERE 基本工资 NOT BETWEEN 最低工资 AND 最高工资)
    INSERT INTO 职工表 SELECT * FROM INSERTED   -- 重做操作
```

例 11-20　用前触发器实现：限制不能将"浮动工资"列的值改为超过该职工基本工资的 30%，如果违反约束给出提示信息："浮动工资不能高于基本工资的 30%"。

```
CREATE Trigger tri_FloatPay
  ON 职工表 INSTEAD OF UPDATE
AS
  IF NOT EXISTS(SELECT * FROM INSERTED WHERE 浮动工资 > 基本工资 * 0.3)
    UPDATE 职工表 SET 浮动工资 = (
      SELECT 浮动工资 FROM INSERTED i
        WHERE 职工表.职工号 = i.职工号)
  ELSE
    PRINT '浮动工资不能高于基本工资的30%'
```

11.3.4 查看和修改触发器

1. 查看已定义的触发器

在 SQL Server 中，定义在表上的触发器作为表内容的一部分，被存放在每个具体的表中。在对象资源管理器中，通过展开某个表下的"触发器"节点，可以看到定义在该表上的全部触发器。

如果要查看定义触发器的代码，可在此触发器上右击鼠标，然后在弹出的菜单中选择"编写触发器脚本为"→"CREATE 到"→"新查询编辑器窗口"，系统将在新窗口中显示定义该触发器的代码。

2. 修改触发器

可以使用 SQL 语句修改已定义的触发器，其语法格式同定义触发器的语法，只是将

"CREATE TRIGGER"换为"ALTER TRIGGER"即可。

也可以在要修改的触发器上右击鼠标，在弹出的菜单中选择"修改"，然后在系统给出的修改触发器代码中直接进行修改。修改完成后，一定要按"执行"按钮使修改生效。

11.3.5 删除触发器

当确认不再需要某个触发器时，可以将其删除。删除触发器可以在 SSMS 工具中实现，也可以使用 T-SQL 语句实现。

如果使用 SSMS 工具删除，只需在要删除的触发器上右击鼠标，然后在弹出的菜单中选择"删除"命令，并在弹出的"删除对象"窗口（与图 11-10 类似）中单击"确定"即可。

删除触发器的 T-SQL 语句是 DROP TRIGGER，其语法格式为：

```
DROP TRIGGER 触发器名 [ ,...n ]
```

例 11-21 删除 tri1 触发器。

```
DROP TRIGGER tri1
```

小结

本章主要介绍了存储过程和触发器两个概念。

存储过程是一段可被调用执行的共享代码块。编译后的存储过程代码被保存在内存中，后续对同一存储过程的调用可直接在内存中执行，省略了语法分析和生成可执行代码的过程。因此，使用存储过程可极大地提高后续存储过程的执行效率。存储过程支持输入和输出参数，因此，用户可根据自己的实际需求，按不同的条件调用相同的存储过程。同时，存储过程可将在存储过程中生成的数据通过输出参数返回给调用者，供调用者使用。

触发器是由数据的更改操作自动引发执行的代码段，主要用于增强数据的完整性约束，并可实现复杂的商业规则。触发器是实现复杂约束的一个补充方法，它用于实现用完整性约束实现不了的、复杂的数据约束条件。

引发触发器的操作可以是对数据的增、删、改操作，在进行这些操作时，系统自动在内存中生成结构与定义触发器表的结构相同的临时工作表，对插入操作，生成的临时工作表是 INSERTED，它存放的是用户新插入的数据；对删除操作，生成的临时工作表是 DELETED，它存放的是被删除的数据；对更新操作，生成两张临时工作表，一张是 INSERTED，存放更新后的新数据，另一张是 DELETED，存放更新前的旧数据。在触发器代码中可以像使用基本表一样使用这些临时工作表，而且这些临时工作表只能用在触发器中。临时工作表的维护由系统自动实现。

SQL Server 支持前触发和后触发两种类型的触发器。前触发是在实际执行引发触发器执行的数据修改操作前，先执行触发器；后触发是在执行完引发触发器执行的数据修改操作后再执行触发器。因此在编写前触发型触发器代码时，在触发器中应该判断要进行的修改操作是否符合约束要求，如果符合，则实际执行该操作。而在编写后触发型触发器代码时，在触发器中要判断已经完成的数据修改操作是否违反了约束，如果违反，则需要撤销已执行的操作。

习题

1.存储过程的作用是什么？为什么利用存储过程可以提高数据的操作效率？

2. 在定义存储过程的语句中是否可以包含数据的增、删、改语句？

3. 用户和存储过程之间如何传递数据？

4. 存储过程的参数有几种形式？

5. 触发器的作用是什么？前触发和后触发的主要区别是什么？

6. 插入操作产生的临时工作表叫什么？它存放的是什么数据？

7. 删除操作产生的临时工作表叫什么？它存放的是什么数据？

8. 更改操作产生的两个临时工作表叫什么？其结构分别是什么，它们分别存放的是什么数据？

上机练习

1. 利用第 4、5 章建立的 students 数据库以及 Student、Course、SC 表，创建满足下述要求的存储过程，并查看存储过程的执行结果。

(1) 查询每个学生的修课总学分，要求列出学生学号及总学分。

(2) 查询学生的学号、姓名、修的课程号、课程名、课程学分，将学生所在的系作为输入参数，执行此存储过程，并分别指定一些不同的输入参数值。

(3) 查询指定系的男生人数，其中系为输入参数，人数用输出参数返回。

(4) 查询考试平均成绩超过指定分值的学生学号和平均成绩。

(5) 查询指定系的学生中，选课门数最多的学生的选课门数和平均成绩，要求系为输入参数，选课门数和平均成绩用输出参数返回。

(6) 删除指定学生的指定课程的修课记录，其中学号和课程号为输入参数。

(7) 修改指定课程的开课学期。输入参数为：课程号和修改后的开课学期，开课学期的默认值为 2。如果指定的开课学期不在 1 ~ 8 范围内，则不进行修改。

2. 利用 SSMS 工具查看在 students 数据库中创建的全部存储过程。

3. 修改第 1 题（1）的存储过程，使之能够查询指定系中，每个学生选课总门数、总学分和考试平均成绩。

4. 利用第 4、5 章建立的 students 数据库以及 Student、Course、SC 表，创建满足如下要求的触发器，并检测触发器的功效。

(1) 限制考试成绩必须在 0 ~ 100 范围内。

(2) 限制学生所在系的取值必须在 {计算机系，信息系，物理系，数学系} 范围内。

(3) 限制学生的选课总门数不能超过 8 门。

(4) 限制不能删除考试成绩不及格学生的考试记录。

5. 利用 11.3 节创建的工作表和职工表，定义满足如下要求的触发器，并检测触发器的功效。

(1) 限制职工的基本工资和浮动工资之和必须大于或等于 2000。

(2) 限制工作表中最高工资不能低于最低工资的 1.5 倍。

(3) 限制不能删除基本工资低于 1500 的职工。

第 12 章 函数和游标

　　函数是由一个或多个 SQL 语句组成的子程序，可用于封装代码以提供代码共享功能。在数据库管理系统中，函数一般分为两种类型：一类是系统提供的内置函数，另一类是用户自己定义的函数。SQL Server 提供的内置函数可以为用户提供方便快捷的操作，这些函数通常用在查询语句中。用户在数据库中自定义的函数类似于普通程序设计语言中函数的概念，它可以有输入参数和返回值，函数的返回值可以是一个数据值，也可以是一个表。

　　关系数据库中的操作是基于集合的操作，由 SELECT 语句返回的是一个集合，我们不能对这个集合内部进行操作，即不能定位到某行、某列进行操作，如果在实际应用当中需要对查询结果的内部进行精确的定行、定位，就需要使用游标。游标是数据库管理系统为用户提供的一种可对查询结果进行定位操作的机制。

　　本章我们讨论函数和游标的概念及作用。

12.1　系统提供的内置函数

　　本节介绍一些常用的系统内置函数，包括日期和时间函数、字符串函数和类型转换函数。

12.1.1　日期和时间函数

　　日期和时间函数对日期时间型的数据执行操作，并返回一个字符串、数字值或日期和时间值。

1. GETDATE

　　作用：按 datetime 值的 SQL Server 标准内部格式返回当前的系统日期和时间。

　　返回类型：datetime。

　　说明：该函数可用在 SELECT 语句的选择列表或 WHERE 子句中。

　　例 12-1　查询系统当前的日期和时间。

```
SELECT GETDATE()
```

　　返回的结果形式为：2016-04-28 16:54:26.263

　　例 12-2　此示例创建 employees 表，并用从 GETDATE() 函数得到的系统当前时间作为职工签约日期的默认值。

```
CREATE TABLE employees(
  eid char(11) NOT NULL PRIMARY KEY,
  ename varchar(20) NOT NULL,
  hire_date smalldatetime DEFAULT GETDATE()
)
```

2. DATEADD

　　作用：将给定的日期加上一段时间，返回新的 datetime 值。

　　语法：DATEADD(datepart, number, date)

返回类型：返回 datetime 类型的日期，但如果 date 参数是 smalldatetime 类型，则返回 smalldatetime 类型的日期。

说明：

- datepart：指定应向日期的哪一部分增加新值。表 12-1 列出了 SQL Server 识别的日期部分和缩写形式。

表 12-1　SQL Server 识别的日期部分和缩写形式

日期部分	缩　　写	说　　明
year	yy, yyyy	年
quarter	qq, q	季度
month	mm, m	月份
dayofyear	dy, y	一年中的第几天
day	dd, d	日
week	wk, ww	星期
hour	hh	小时
minute	mi, n	分钟
second	ss, s	秒
millisecond	ms	毫秒

- number：用来增加日期部分的值。如果指定的值不是整数，则将忽略此值的小数部分。例如，如果 datepart 部分指定的是 day，number 部分指定的值是 1.75，则日期将增加 1 天。
- date：用于指定被增加的日期值。可以是 datetime、smalldatetime 值或日期格式的字符串表达式。

例 12-3　计算当前日期加上 100 天后的日期。

```
SELECT DATEADD(DAY, 100, GETDATE())
```

本节查询示例如无特别说明，均针对表 12-2 所示的图书表和数据进行。

表 12-2　图书表数据

书　　号	书　　名	单　　价	出版日期
T001	Java 程序设计	26.00	2015-6-1
T002	数据结构	32.00	2014-6-15
T003	操作系统基础	36.50	2015-7-1
T004	计算机体系结构	29.50	2016-6-1
T005	数据库原理	30.00	2015-7-1
T006	汇编语言	34.00	2013-8-15
T007	编译原理	38.00	2013-8-1
T008	计算机网络	35.00	2016-3-15
T009	高等数学	22.00	2013-3-1

例 12-4　查询每本书的书名、出版日期以及出版日期加上 21 天后的新日期。

```
SELECT 书名，出版日期，DATEADD(day, 21, 出版日期) AS 新日期
    FROM 图书表
```

查询结果如图 12-1 所示。

图 12-1　例 12-4 的查询结果

3. DATEDIFF

作用：返回两个指定日期之间相差的日期。

语法：DATEDIFF(datepart, start_date, end_date)

说明：datepart 部分的取值同 DATEADD 函数，如表 12-1 所示。

返回类型：int

说明：返回结果是用 end_date 减去 start_date。如果 start_date 比 end_date 晚，则返回负值。

例 12-5　计算 2016 年 1 月 1 日到 2016 年 6 月 15 日之间的天数。

```
SELECT DATEDIFF( DAY,'2016/1/1', '2016/6/15' )
```

执行结果为：165。

例 12-6　查询每本图书从出版日期到当前日期共有多少个月，列出书名、出版日期和出版的月数，只列出出版月数超过 20 个月的结果。

```
SELECT 书名,出版日期,DATEDIFF(month, 出版日期, getdate()) AS 出版月数
  FROM 图书表
  WHERE DATEDIFF(month, 出版日期, getdate()) > 20
```

查询结果如图 12-2 所示（说明：当前日期是 2016-11-3）。

例 12-7　查询截至当前日期出版年数超过 1 年的图书的详细信息。

```
SELECT * FROM 图书表
  WHERE DATEDIFF(year, 出版日期, getdate()) > 1
```

查询结果如图 12-3 所示（说明：当前日期是 2016-4-28）。

图 12-2　例 12-6 的查询结果

图 12-3　例 12-7 的查询结果

4. DATENAME

作用：返回代表指定日期中指定日期部分的字符串描述。

语法：DATENAME(datepart, date)

说明：datepart 的取值如表 12-1 所示，date 为指定日期。

返回类型：nvarchar

例 12-8 查询每本书的出版年份，列出书名和出版年份。

```
SELECT 书名，DATENAME(year，出版日期) AS 出版年份 FROM 图书表
```

查询结果如图 12-4 所示。

5. DATEPART

作用：返回代表指定日期中指定日期部分的整数。

语法：DATEPART(datepart, date)

说明：datepart 的取值如表 12-1 所示，date 为指定日期。

返回类型：int

例 12-9 查询 2016 年出版的全部图书，列出书名和出版日期。

	书名	出版年份
1	Java程序设计	2015
2	数据结构	2014
3	操作系统基础	2015
4	计算机体系结构	2016
5	数据库原理	2015
6	汇编语言	2013
7	编译原理	2013
8	计算机网络	2016
9	高等数学	2013

```
SELECT 书名，出版日期 FROM 图书表
   WHERE DATEPART(year，出版日期) = 2016
```

图 12-4 例 12-8 的查询结果

查询结果如图 12-5 所示。

6. DAY

作用：返回指定日期中日部分的整数。

语法：DAY(date)

返回类型：int

说明：该函数等价于 DATEPART(day, date)。

例 12-10 查询 2015 年每个月 10 日之前（包括 10 日）出版的图书，列出书名和出版日期。

```
SELECT 书名，出版日期 FROM 图书表
   WHERE DATEPART(year，出版日期) = 2015 AND DAY(出版日期) <= 10
```

查询结果如图 12-6 所示。

	书名	出版日期
1	计算机体系结构	2016-06-01
2	计算机网络	2016-03-15

图 12-5 例 12-9 的查询结果

	书名	出版日期
1	Java程序设计	2015-06-01
2	操作系统基础	2015-07-01
3	数据库原理	2015-07-01

图 12-6 例 12-10 的查询结果

7. MONTH

作用：返回指定日期中月份的整数。

语法：MONTH(date)

返回类型：int

说明：该函数等价于 DATEPART(month, date)。

例 12-11 查询 2015 年 7 月出版的全部图书，列出书名和出版日期。

```
SELECT 书名，出版日期 FROM 图书表
   WHERE DATEPART(year，出版日期) = 2015 AND MONTH(出版日期) = 7
```

查询结果如图 12-7 所示。

8. YEAR

作用：返回指定日期中年份的整数。

语法：YEAR(date)

返回类型：int

说明：该函数等价于 DATEPART(year, date)。

例 12-12 查询 2015 ~ 2016 年出版的单价大于等于 30 元的图书，列出书名、单价和出版日期。

```
SELECT 书名 , 单价 , 出版日期 FROM 图书表
  WHERE YEAR ( 出版日期 ) BETWEEN 2015 AND 2016
  AND 单价 >= 30
```

查询结果如图 12-8 所示。

	书名	出版日期
1	操作系统基础	2015-07-01
2	数据库原理	2015-07-01

图 12-7 例 12-11 的查询结果

	书名	单价	出版日期
1	操作系统基础	36.5	2015-07-01
2	数据库原理	30.0	2015-07-01
3	计算机网络	35.0	2016-03-15

图 12-8 例 12-12 的查询结果

12.1.2 字符串函数

字符串函数用于对字符串进行操作，返回字符串或数值。

本小节示例如无特别说明，均针对第 6 章给出的 Student 表的数据。

1. LEFT

作用：返回从字符串左边开始指定个数的字符串。

语法：LEFT(character_expression, integer_expression)

说明：

- character_expression：可以是常量、变量或列名；
- integer_expression：正整数值，若此值为负数，则返回一个错误。

返回类型：varchar 或 nvarchar

例 12-13 查询全体学生的不同姓氏。

```
SELECT DISTINCT LEFT(Sname,1) FROM Student
```

查询结果如图 12-9 所示。

	(无列名)
1	李
2	刘
3	钱
4	王
5	吴
6	张

图 12-9 例 12-13 的查询结果

2. RIGHT

作用：返回字符串中从右边开始指定个数的字符串。

语法：RIGHT(character_expression, integer_expression)

说明：其中参数含义同 LEFT 函数。

返回类型：varchar 或 nvarchar

例 12-14 查询学生姓名、学号的后 5 位和所在系。

```
SELECT Sname,RIGHT(Sno,5),Sdept FROM Student
```

查询结果如图 12-10 所示。

3. LEN

作用：返回给定字符串中字符（而不是字节）的个数，其中不包含尾随空格。

语法：LEN(string_expression)

说明：其中 string_expression 是要计算的字符串常量，也可以是字符类型的变量或列名。

返回类型：int

例 12-15　查询学生姓名和姓名的汉字个数。

```
SELECT Sname,LEN(Sname) AS 汉字数 FROM Student
```

查询结果如图 12-11 所示。

	Sname	（无列名）	Sdept
1	李勇	12101	计算机系
2	刘晨	12102	计算机系
3	王敏	12103	计算机系
4	张立	21101	信息系
5	吴宾	21102	信息系
6	张海	21103	信息系
7	钱小平	31101	数学系
8	王大力	31102	数学系

图 12-10　例 12-14 的查询结果

	Sname	汉字数
1	李勇	2
2	刘晨	2
3	钱小平	3
4	王大力	3
5	王敏	2
6	吴宾	2
7	张海	2
8	张立	2

图 12-11　例 12-15 的查询结果

例 12-16　查询姓王且名字是三个字的学生的详细信息。

```
SELECT * FROM Student
  WHERE LEFT(Sname,1) = '王' AND LEN(Sname) = 3
```

查询结果如图 12-12 所示。

	Sno	Sname	Ssex	Sage	Sdept
1	9531102	王大力	男	19	数学系

图 12-12　例 12-16 的查询结果

4. SUBSTRING

作用：返回字符串中指定的子串。

语法：SUBSTRING(expression, start, length)

返回类型：字符串

说明：

- expression：可以是字符串常量，也可以是列名；
- start：整数，指定字符串的开始位置；
- length：正整数，指定要返回的 expression 的字符数或字节数。

例 12-17　查询名字的第二个字是“小”或者“大”的学生姓名、性别和所在系。

```
SELECT Sname,Ssex,Sdept FROM Student
  WHERE SUBSTRING(Sname,2,1) IN ('小','大')
```

查询结果如图 12-13 所示。

5. LTRIM

作用：返回删除了字符串左边的起始空格后的字符串。

语法：LTRIM(character_expression)

返回类型：varchar 或 nvarchar

例 12-18 去掉学生姓名前的起始空格。

```
UPDATE Student SET Sname = LTRIM(Sname)
```

6. RTRIM

作用：返回截断字符串后边的所有尾随空格后的字符串。

语法：RTRIM(character_expression)

返回类型：varchar 或 nvarchar

例 12-19 查询名字的最后一个字是"海"或者是"平"的学生姓名、性别和所在系。

```
SELECT Sname,Ssex,Sdept FROM Student
  WHERE RIGHT(RTRIM(Sname),1) IN ('海','平')
```

查询结果如图 12-14 所示。

	Sname	Ssex	Sdept
1	钱小平	女	数学系
2	王大力	男	数学系

	Sname	Ssex	Sdept
1	张海	男	信息系
2	钱小平	女	数学系

图 12-13　例 12-17 的查询结果　　　　图 12-14　例 12-19 的查询结果

注意：该查询如果不使用 RTRIM 函数，则没有返回结果。因为 Student 表中 Sname 列定义的类型是 char(10)，对于未占满 10 个字节的数据，系统均自动在后边补空格。因此当使用 RIGHT(Sname,1) 函数获取最后一个字符时，得到的就是最后一个空格。

12.1.3　类型转换函数

类型转换函数是将某种数据类型的表达式显式地转换为另一种数据类型。SQL Server 提供了两个类型转换函数：CAST 和 CONVERT，这两个函数提供了相似的功能。

这两个函数的语法分别为：

```
CAST (expression AS data_type [ (length ) ])
CONVERT(data_type [ ( length ) ], expression [, style ])
```

说明：

- expression：任何有效的表达式。
- data_type：目标数据类型。
- length：nchar、nvarchar、char、varchar、binary 或 varbinary 数据类型的可选参数。对于 CONVERT 函数，如果未指定 length，则默认为 30 个字符。
- style：用于将 datetime 或 smalldatetime 数据转换为字符数据（nchar、nvarchar、char、varchar、nchar 或 nvarchar 数据类型）的日期格式的样式，或用于将 float、real 数据转换为字符数据的字符串格式的样式。如果 style 为 NULL，则返回的结果也为 NULL。

例 12-20 针对 12.1 节表 12-2 给出的图书表，统计每年出版的图书的平均单价。

```
SELECT YEAR（出版日期）AS 出版年份, AVG（单价）AS 平均单价
  FROM 图书表
  GROUP BY YEAR（出版日期）
```

查询结果如图 12-15 所示。

如果希望平均单价保留到小数点后两位，则可对上述查询进行改进，将计算后的平均单价强制转换为小数点后两位的定点小数，具体如下：

```
SELECT YEAR（出版日期）AS 出版年份,
       CAST(AVG（单价）AS numeric(4,2)) AS 平均单价
FROM 图书表
GROUP BY YEAR（出版日期）
```

改进后的查询结果如图 12-16 所示。

	出版年份	平均单价
1	2013	31.333333
2	2014	32.000000
3	2015	30.833333
4	2016	32.250000

图 12-15 例 12-20 的查询结果

	出版年份	平均单价
1	2013	31.33
2	2014	32.00
3	2015	30.83
4	2016	32.25

图 12-16 例 12-20 改进后的查询结果

12.2 用户自定义函数

12.2.1 基本概念

用户自定义函数可以扩展数据操作的功能，它在概念上类似于一般的程序设计语言中定义的函数。现在很多大型数据库管理系统都支持用户自定义函数功能，微软的 SQL Server 数据库管理系统从 SQL Server 2000 版本开始支持用户自定义函数。本节我们介绍在 SQL Server 2012 中创建和使用用户自定义函数的方法。

SQL Server 的用户自定义函数可以接受参数、执行操作（例如复杂计算），并可将操作结果以值的形式返回给调用者。函数返回值可以是单个标量值，也可以是一个结果集。用户自定义函数具有如下优点。

（1）模块化程序设计

只需创建一次函数并将其存储在数据库中，以后便可以在客户端程序中调用任意次。用户自定义函数可以独立于程序源代码进行修改。

（2）执行速度更快

与存储过程类似，用户自定义函数通过缓存计划并在重复执行时重用它来降低 SQL 代码的编译开销。这意味着每次使用用户自定义函数时均无需重新解析和重新优化，从而缩短了执行时间。

（3）减少网络流量

对于某些无法用单一标量表达式表示的复杂的数据筛选操作，可以将其表示为函数。然后，可以在 WHERE 子句中调用该函数，以减少发送至客户端的数字或行数。

SQL Server 2012 支持两类用户定义函数：标量函数和表值函数。标量函数只返回单个数

据值，表值函数返回一个表，表值函数又分为内联表值函数和多语句表值函数。

下面分别介绍这两类用户自定义函数。下述示例如无特别声明，均在 students 数据库中的 Student、Course 和 SC 表上进行。

12.2.2　标量函数

标量函数是返回单个数据值的函数。

1. 定义标量函数

定义标量函数的语法格式为：

```
CREATE FUNCTION [ schema_name. ] function_name
( [ { @parameter_name [ AS ][ type_schema_name. ] parameter_data_type
    [ = default ] }
    [ ,...n ]
  ]
)
RETURNS return_data_type
  [ AS ]
  BEGIN
    function_body
    RETURN scalar_expression
  END
[ ; ]
```

各参数说明如下。

1）schema_name：用户定义函数所属架构的名称。

2）function_name：用户定义函数的名称，该名称必须符合有关标识符的规则，并且在数据库中以及对其架构来说是唯一的。

3）@parameter_name：用户定义函数中的参数。可声明一个或多个参数。

一个函数最多可以有 2100 个参数。执行函数时，如果未定义参数的默认值，则用户必须为每个已声明参数提供值。

4）[type_schema_name.] parameter_data_type：参数的数据类型及其所属的架构，后者为可选项。对于 T-SQL 函数，允许使用除 timestamp 数据类型之外的所有数据类型。如果未指定 type_schema_name，则数据库引擎将按以下顺序查找 parameter_data_type：

- 包含 SQL Server 系统数据类型名称的架构。
- 当前数据库中当前用户的默认架构。
- 当前数据库中的 dbo 架构。

5）[= default]：参数的默认值。如果定义了 default 值，则在执行函数时可不指定此参数的值。如果函数的参数有默认值，则调用该函数以检索默认值时，必须指定关键字 DEFAULT。

6）return_data_type：用户定义函数的返回值。对于 T-SQL 函数，可以使用除 timestamp 数据类型之外的所有数据类型。

7）function_body：定义函数值的一系列 T-SQL 语句。

8）scalar_expression：指定标量函数返回的标量值。

例 12-21 创建统计指定学生（学号）的选课门数的标量函数。

```
CREATE FUNCTION dbo.f_Count(@sno char(7))
RETURNS int
AS
  BEGIN
    RETURN (SELECT  count(*) FROM SC WHERE SNO = @sno)
  END
```

例 12-22 创建查询指定课程（课程号）的考试平均成绩的标量函数，平均成绩保留到小数点后两位。

```
CREATE FUNCTION dbo.f_AvgGrade(@cno varchar(20))
RETURNS NUMERIC(4,2)
AS
BEGIN
  DECLARE @avg NUMERIC(4,2)
  SELECT @avg = CAST(AVG(CAST(Grade AS real)) AS NUMERIC(4,2))
    FROM SC WHERE Cno = @cno
  RETURN @avg
END
```

2. 调用标量函数

当调用标量函数时，必须提供至少由两部分组成的名称：函数所属架构名和函数名。可在任何允许出现表达式的 SQL 语句中调用标量函数，只要类型一致。

例 12-23 调用例 12-21 定义的函数，查询"计算机系"的学生姓名和该系学生的选课门数。

```
SELECT Sname AS 姓名 ,
       dbo.f_Count(Sno) AS 选课门数
  FROM Student
  WHERE Dept = '计算机系'
```

执行结果如图 12-17 所示。

例 12-24 调用例 12-22 定义的函数，查询第 2 ~ 4 学期开设的每门课程的课程名、开课学期和考试平均成绩，将查询结果按学期升序排序。

```
SELECT Cname AS 课程名 , Semester AS 开课学期 ,
  dbo.f_AvgGrade(Cno) AS 平均成绩
  FROM Course
  WHERE Semester BETWEEN 2 AND 4
  ORDER BY Semester ASC
```

执行结果如图 12-18 所示，其中"数据结构"、"操作系统"和"离散数学"的平均成绩为 NULL，表示这些课程还未考试。

	课程名	开课学期	平均成绩
1	高等数学	2	76.67
2	VB	3	76.75
3	数据结构	4	NULL
4	操作系统	4	NULL
5	离散数学	4	NULL

	姓名	选课门数
1	李勇	3
2	刘晨	2
3	王敏	0

图 12-17 例 12-23 的执行结果   图 12-18 例 12-24 的执行结果

12.2.3 内联表值函数

内联表值函数的返回值是一个表，该表的内容是一个查询语句的结果。

1. 创建内联表值函数

定义内联表值函数的语法为：

```
CREATE FUNCTION [ schema_name. ] function_name
( [ { @parameter_name [ AS ] [ type_schema_name. ] parameter_data_type
    [ = default ] }
    [ ,...n ]
  ]
)
RETURNS TABLE
  [ AS ]
    RETURN [ ( ] select_stmt [ ) ]
[ ; ]
```

其中 select_stmt 是定义内联表值函数返回值的单个 SELECT 语句。其他各参数含义同标量函数。

在内联表值函数中，通过单个 SELECT 语句定义 TABLE 返回值。内联表值函数没有相关联的返回变量，也没有函数体。

例 12-25 创建查询指定系的学生学号、姓名和考试平均成绩的内联表值函数。

```
CREATE FUNCTION dbo.f_SnoAvg(@dept char(20))
  RETURNS TABLE
AS
  RETURN (
    SELECT S.Sno, Sname, Avg(Grade) AS AvgGrade
      FROM Student S JOIN SC ON S.Sno = SC.Sno
      WHERE Sdept = @dept
      GROUP BY S.Sno, Sname )
```

例 12-26 创建查询选课门数高于指定门数的学生的姓名、所在系以及所选的课程名和开课学期的内联表值函数。

```
CREATE FUNCTION dbo.f_MoreCount(@c int)
  RETURNS TABLE
AS
  RETURN (
    SELECT Sname, Sdept, Cname, Semester
      FROM Student S JOIN SC ON S.Sno = SC.Sno
      JOIN Course C ON C.Cno = SC.Cno
      WHERE S.Sno IN (
        SELECT Sno FROM SC
          GROUP BY Sno
          HAVING COUNT(*) > @c ))
```

2. 调用内联表值函数

内联表值函数的使用与视图非常类似，需要放置在查询语句的 FROM 子句部分，它的作用很像是带参数的视图。

例 12-27 调用例 12-25 定义的内联表值函数，查询计算机系学生的学号、姓名和考试平均成绩。

```
SELECT * FROM dbo.f_SnoAvg('计算机系')
```

执行结果如图 12-19 所示。

例 12-28　调用例 12-26 定义的内联表值函数，查询选课门数超过 2 门的学生姓名、所在系、选的课程名和课程开课学期。

	Sno	Sname	AvgGrade
1	9512101	李勇	88
2	9512102	刘晨	72

```
SELECT * FROM dbo.f_MoreCount(2)
```

图 12-19　例 12-27 的执行结果

执行结果如图 12-20 所示。

	Sname	Sdept	Cname	Semester
1	李勇	计算机系	计算机文化学	1
2	李勇	计算机系	VB	3
3	李勇	计算机系	数据结构	4
4	吴宾	信息系	计算机文化学	1
5	吴宾	信息系	VB	3
6	吴宾	信息系	数据库基础	6
7	吴宾	信息系	高等数学	2

图 12-20　例 12-28 的执行结果

12.2.4　多语句表值函数

多语句表值函数的功能是视图和存储过程的组合。可以利用多语句表值函数返回一个表，表中的内容可由复杂的逻辑和多条 SQL 语句构建（类似于存储过程）。可以在 SELECT 语句的 FROM 子句中使用多语句表值函数（同视图）。

1. 创建多语句表值函数

定义多语句表值函数的语法为：

```
CREATE FUNCTION [ schema_name. ] function_name
( [ { @parameter_name [ AS ] [ type_schema_name. ] parameter_data_type
    [ = default ] }
    [ ,...n ]
  ]
)
RETURNS @return_variable TABLE <table_type_definition>
  [ AS ]
    BEGIN
        function_body
        RETURN
    END
[ ; ]
<table_type_definition>:: =
( { <column_definition> <column_constraint>
  | <computed_column_definition> }
      [ <table_constraint> ] [ ,...n ]
)
```

各参数说明如下：

1）function_body：是一系列 T-SQL 语句，这些语句用于填充 TABLE 返回变量。

2）table_type_definition：定义返回的表的结构，该表结构的定义同创建表的定义。在表结构定义中，可以包含列定义、列约束定义、计算列以及表约束定义。

例 12-29　定义查询指定系的学生姓名、性别和年龄类型的多语句表值函数，其中年龄类型列的值为：如果该学生的年龄超过该系学生平均年龄 2 岁，则为"偏大年龄"；如果该学生年龄在平均年龄的 -1 和 +2 范围内，则为"正常年龄"；如果该学生年龄小于平均年龄 -1，则为"偏小年龄"。

```
CREATE FUNCTION f_SType(@dept varchar(20))
  RETURNS @retSType table(
    Sname char(10),
    Ssex char(2),
    SType char(8))
AS
BEGIN
  DECLARE @AvgAge int
  SET @AvgAge = (SELECT AVG(Sage) FROM Student WHERE Sdept = @dept)
  INSERT INTO @retSType
    SELECT Sname, Ssex,
      CASE
        WHEN Sage > @AvgAge+2 THEN '偏大年龄'
        WHEN Sage BETWEEN @AvgAge-1 AND  @AvgAge+2 THEN '正常年龄'
        ELSE '偏小年龄'
      END
    FROM Student WHERE Sdept = @dept
  RETURN
END
```

2. 调用多语句表值函数

多语句表值函数的返回值也是一个表，因此对多语句表值函数的使用也是放在 SELECT 语句的 FROM 子句部分。

例 12-30　调用例 12-29 定义的函数，查询信息系学生的姓名和年龄类型。

```
SELECT Sname, SType FROM f_SType('信息系')
```

执行结果如图 12-21 所示。

12.2.5　查看和修改用户自定义函数

创建好用户自定义函数后，可以通过 SSMS 工具和 T-SQL 语句查看和更改已创建的用户自定义函数。

图 12-21　例 12-30 的执行结果

1. 查看用户自定义函数

定义好的用户自定义函数可以在 SSMS 工具的对象资源管理器中看到查看方法是展开要查看用户自定义函数的数据库，然后顺序展开"可编程性"→"函数"，在"函数"下分为表值函数、标量值函数、聚合函数和系统函数四类，展开表值函数和标量值函数节点，可以看到用户定义的全部函数。

在某个函数上右击鼠标，在弹出的快捷菜单中选择"编写函数脚本为"→"CREATE 到"→"新查询编辑器窗口"命令，系统将显示出定义该函数的代码。

2. 修改用户自定义函数

修改函数的定义的语句是 ALTER FUNCTION，其语法格式为：

```
ALTER FUNCTION 函数名
  <新函数定义语句>
```

我们看到，修改函数定义的语句与定义函数的语句基本是一样的，只是将 CREATE FUNCTION 改成了 ALTER FUNCTION。

也可以在要修改的函数上右击鼠标，在弹出的菜单中选择"修改"，然后在系统给出的修改定义函数的代码中直接进行修改。修改完成后，一定要单击 ▶ 执行(X) 按钮使修改生效。

例 12-31　修改例 12-25 定义的函数为查询指定系的学生学号、姓名、选课门数和考试平均成绩的内联表值函数。

```
ALTER FUNCTION dbo.f_SnoAvg(@dept char(20))
  RETURNS TABLE
AS
  RETURN (
    SELECT S.Sno, Sname, COUNT(*) AS TotalCno,
           Avg(Grade) AS AvgGrade
      FROM Student S JOIN SC ON S.Sno = SC.Sno
      WHERE Sdept = @dept
      GROUP BY S.Sno, Sname )
```

12.2.6　删除用户自定义函数

当不再需要某个用户定义的函数时，可以将其删除。删除函数可以使用 SSMS 工具图形化地实现，也可以使用 T-SQL 语句实现。

1. 用 SSMS 工具实现

用 SSMS 工具图形化地删除用户自定义函数的方法为：在要删除的用户自定义函数上右击鼠标，然后在弹出的菜单中选择"删除"命令，弹出如图 12-22 所示的"删除对象"窗口（假设这里是删除 f_Count 函数），如果确实要删除该函数，则单击"确定"按钮。

图 12-22　"删除对象"窗口

在实际删除函数之前，可以单击图 12-22 上的"显示依赖关系"按钮，查看依赖于此函数的其他对象，在没有其他对象依赖于被删除函数的情况下再删除函数。

2. 用 T-SQL 语句实现

删除函数也可以使用 DROP FUNCTION 语句实现，该语句的语法为：

```
DROP FUNCTION { [ 拥有者名 .] 函数名 } [ ,...n ]
```

例 12-32　删除例 12-21 定义的 f_Count 函数。

```
DROP FUNCTION dbo.f_Count
```

12.3　游标

关系数据库中的操作是基于集合的操作，即对整个行集产生影响，由 SELECT 语句返回的行集包括所有满足 WHERE 子句条件的行，这一完整的行集被称为结果集。一般在使用 SELECT 语句进行查询时，就可以得到这个结果集，但有时用户需要对结果集中的每一行或部分行进行单独的处理，这在 SELECT 的结果集中是无法实现的。游标就是提供这种机制的结果集扩展，它使我们可以逐行处理结果集。

12.3.1　基本概念

游标（cursor）是查询语句产生的结果，它包括两部分内容。

1）游标结果集：由定义游标的 SELECT 语句返回的结果集。

2）游标当前行指针：指向该结果集中某一行的指针。

游标示意图如图 12-23 所示。

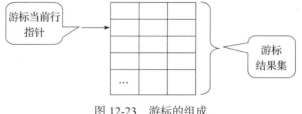

图 12-23　游标的组成

通过游标机制，可以使用 SQL 语句逐行处理结果集中的数据。游标具有如下特点：

- 允许定位结果集中的特定行。
- 允许从结果集的当前位置检索一行或多行。
- 支持对结果集中当前行的数据进行修改。
- 为由其他用户对显示在结果集中的数据所做的更改提供不同级别的可见性支持。

12.3.2　使用游标

使用游标的典型过程如下：

1）声明用于存放游标返回的数据的变量，需要为游标结果集中的每个列声明一个变量。

2）使用 DECLARE CURSOR 语句定义游标的结果集内容。

3）使用 OPEN 语句打开游标，真正产生游标的结果集。

4）使用 FETCH INTO 语句得到游标结果集当前行指针所指行的数据。

5）使用 CLOSE 语句关闭游标。

6）使用 DEALLOCATE 语句释放游标所占的资源。

游标的处理过程如图 12-24 所示。

1. 声明游标

声明游标实际是定义服务器端游标的特性，例如游标的滚动行为和用于生成游标结果集的查询语句。声明游标使用 DECLARE CURSOR 语句。该语句有两种格式，一种是基于 SQL-92 标准的语法，另一种是使用 T-SQL 扩展的语法。这里只介绍使用 T-SQL 声明游标的方法。

T-SQL 声明游标的简化语法格式如下：

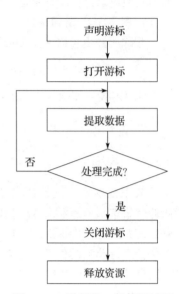

图 12-24　游标的一般使用过程

```
DECLARE cursor_name CURSOR
[ FORWARD_ONLY | SCROLL ]
[ STATIC | KEYSET | DYNAMIC | FAST_FORWARD ]
[ READ_ONLY | SCROLL_LOCKS | OPTIMISTIC ]
FOR select_statement
[ FOR UPDATE [ OF column_name [,...n ] ] ]
```

其中各参数含义如下。

1）cursor_name：所定义的服务器游标名称。cursor_name 必须遵从标识符规则。

2）FORWARD_ONLY：指定游标只能从第一行滚动到最后一行。这种方式的游标只支持 FETCH NEXT 提取选项。如果在指定 FORWARD_ONLY 时没有指定 STATIC、KEYSET 和 DYNAMIC 关键字，则游标作为 DYNAMIC 游标进行操作。如果 FORWARD_ONLY 和 SCROLL 均未指定，则除非指定了 STATIC、KEYSET 或 DYNAMIC 关键字，否则默认为 FORWARD_ONLY。STATIC、KEYSET 和 DYNAMIC 游标默认为 SCROLL。

3）STATIC：静态游标。游标的结果集在打开时建立在 tempdb 数据库中。因此，在对该游标进行提取操作时返回的数据并不反映游标打开后用户对基本表所做的修改，并且该类型游标不允许对数据进行修改。

4）KEYSET：键集游标。指定当游标打开时，游标中行的成员和顺序已经固定。任何用户对基本表中的非主键列所做的更改在用户滚动游标时是可见的，对基本表数据进行的插入是不可见的（不能通过服务器游标进行插入操作）。如果某行已被删除，则对该行进行提取操作时，返回 @@FETCH_STATUS = –2。@@FETCH_STATUS 的含义在后边的"提取数据"中介绍。

5）DYNAMIC：动态游标。该类游标反映在结果集中做的所有更改。结果集中的行数据值、顺序和成员在每次提取数据时都会更改。所有用户做的 UPDATE、DELETE 和 INSERT 语句通过游标均可见。动态游标不支持 ABSOLUTE 提取选项。

6）FAST_FORWARD：只向前的游标。只支持对游标数据的从头到尾的顺序提取。FAST_FORWARD 和 FORWARD_ONLY 是互斥的，只能指定其中的一个。

7）READ_ONLY：禁止通过游标进行数据更新。

8）SCROLL_LOCKS：指定确保通过游标完成的定位更新或定位删除可以成功。当将行读入游标以确保它们可用于以后的修改时，SQL Server 会锁定这些行。如果指定了 FAST_FORWARD，则不能指定 SCROLL_LOCKS。

9）OPTIMISTIC：如果在生成了游标结果集之后，在基本表中对游标的结果集所包含的数据进行了更改，则通过游标进行这些数据的定位更新或定位删除操作将失败，因为对通过这种方式定义的游标，SQL Server 并不锁定游标行数据。如果指定了 FAST_FORWARD，则不能指定 OPTIMISTIC。

10）select_statement：定义游标结果集的 SELECT 语句。

11）FOR UPDATE [OF column_name [, ...n]]：定义游标内可更新的列。如果提供了 OF column_name [, ...n]，则只允许修改列出的列。如果未指定该部分，则所有列均可更新。

2. 打开游标

打开游标的语句是 OPEN，其语法格式为：

```
OPEN cursor_name
```

其中 cursor_name 为游标名。

注意，只能打开已声明但还没有打开的游标。

3. 提取数据

游标被声明和打开之后，游标的当前行指针就位于结果集中的第一行位置，可以使用 FETCH 语句从游标结果集中按行提取数据。其语法格式如下：

```
FETCH  [ [ NEXT | PRIOR | FIRST | LAST
          | ABSOLUTE { n | @nvar }
          | RELATIVE { n | @nvar } ]
        FROM
        ]
    cursor_name [ INTO @variable_name [,...n ] ]
```

各参数含义如下。

1）NEXT：返回紧跟在当前行之后的数据行，并且当前行递增为结果行。如果 FETCH NEXT 是对游标的第一次提取操作，则返回结果集中的第一行。NEXT 为默认的游标提取选项。

2）PRIOR：返回紧临当前行前面的数据行，并且当前行递减为结果行。如果 FETCH PRIOR 为对游标的第一次提取操作，则没有行返回并且将游标当前行置于第一行之前。

3）FIRST：返回游标中的第一行并将其作为当前行。

4）LAST：返回游标中的最后一行并将其作为当前行。

5）ABSOLUTE {n | @nvar}：如果 n 或 @nvar 为正数，返回从游标第一行开始的第 n 行并将返回的行变成新的当前行。如果 n 或 @nvar 为负数，则返回从游标最后一行开始之前的第 n 行并将返回的行变成新的当前行。如果 n 或 @nvar 为 0，则没有行返回。n 必须为整型常量且 @nvar 必须为 smallint、tinyint 或 int 类型。

6）RELATIVE {n | @nvar}：如果 n 或 @nvar 为正数，则返回当前行之后的第 n 行并将返回的行成为新的当前行；如果 n 或 @nvar 为负数，则返回当前行之前的第 n 行并将返回的行成为新的当前行；如果 n 或 @nvar 为 0，则返回当前行；如果对游标的第一次提取操作时将 FETCH RELATIVE 的 n 或 @nvar 指定为负数或 0，则没有行返回。n 必须为整型常量且 @nvar 必须为 smallint、tinyint 或 int 类型。

7）cursor_name：要从中进行提取数据的游标名称。

8）INTO @variable_name [, ...n]：将提取的列数据存放到局部变量中。列表中的各个变量从左到右与游标结果集中的相应列对应。各变量的数据类型必须与相应的结果列的数据类型匹配或是结果列数据类型所支持的隐性转换。变量的数目必须与游标选择列表中的列数目一致。

在对游标数据进行提取的过程中,可以使用 @@FETCH_STATUS 全局变量判断数据提取的状态。@@FETCH_STATUS 返回 FETCH 语句执行后的游标最终状态。@@FETCH_STATUS 的取值和含义如表 12-3 所示。

表 12-3   @@FETCH_STATUS 函数的取值和含义

返回值	含　义
0	FETCH 语句成功
−1	FETCH 语句失败或此行不在结果集中
−2	被提取的行不存在

@@FETCH_STATUS 返回的数据类型是 int。

由于 @@FETCH_STATUS 对于一个连接上的所有游标是全局性的,因此不管是对哪个游标,只要执行一次 FETCH 语句,系统都会对 @@FETCH_STATUS 全局变量赋一次值,以表明该 FETCH 语句的执行情况。因此,在每次执行完一条 FETCH 语句后都应该测试一下 @@FETCH_STATUS 全局变量的值,以观测当前提取游标数据语句的执行情况。

注意,在对游标进行提取操作前,@@FETCH_STATUS 的值没有定义。

4. 关闭游标

关闭游标使用 CLOSE 语句,其语法格式为:

```
CLOSE cursor_name
```

在使用 CLOSE 语句关闭游标后,系统并没有完全释放游标的资源,并且也没有改变游标的定义,当再次使用 OPEN 语句时可以重新打开此游标。

5. 释放游标

释放游标是释放分配给游标的所有资源。释放游标使用 DEALLOCATE 语句,其语法格式为:

```
DEALLOCATE  cursor_name
```

释放游标就释放了与该游标有关的一切资源,包括游标的声明,以后就不能再使用 OPEN 语句打开此游标了。

12.3.3 游标示例

本节示例均在 students 数据库的 Student、Course 和 SC 表上进行。

例 12-33 定义一个查询全体姓"王"的学生姓名和所在系的游标,并输出游标结果。

```
DECLARE @sn CHAR(10), @dept VARCHAR(20)   -- 声明存放结果集各列数据的变量
DECLARE Sname_cursor CURSOR FOR               -- 声明游标
  SELECT Sname, Sdept FROM Student
    WHERE Sname LIKE '王%'
OPEN Sname_cursor                                      -- 打开游标
FETCH NEXT FROM Sname_cursor INTO @sn, @dept  -- 首先提取第一行数据
-- 通过检查 @@FETCH_STATUS 的值判断是否还有可提取的数据
WHILE @@FETCH_STATUS = 0
BEGIN
```

```
  PRINT @sn + @dept
  FETCH NEXT FROM Sname_cursor INTO @sn, @dept
END
CLOSE Sname_cursor
DEALLOCATE Sname_cursor
```

此游标的执行结果如图 12-25 所示。

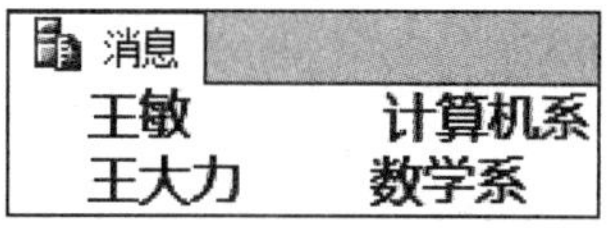

王敏	计算机系
王大力	数学系

图 12-25　例 12-33 游标的执行结果

例 12-34　声明带 SCROLL 选项的游标，并通过绝对定位功能实现游标当前行的任意方向的滚动。声明查询计算机系学生姓名、选的课程名和成绩的游标，并将游标内容按成绩降序排序。

```
DECLARE CS_cursor SCROLL CURSOR FOR
  SELECT Sname, Cname, Grade FROM Student S
  JOIN SC ON S.Sno = SC.Sno
  JOIN Course C ON C.Cno = SC.Cno
  WHERE Sdept = '计算机系'
  ORDER BY Grade DESC
OPEN CS_cursor
FETCH LAST FROM CS_cursor          -- 提取游标中的最后一行数据
FETCH ABSOLUTE 4 FROM CS_cursor  -- 提取游标中的第四行数据
FETCH RELATIVE 3 FROM CS_cursor  -- 提取当前行后边的第三行数据
FETCH RELATIVE -2 FROM CS_cursor -- 提取当前行前边的第二行数据
CLOSE CS_cursor
DEALLOCATE CS_cursor
```

该游标的结果集内容如图 12-26 所示，游标的执行结果如图 12-27 所示。

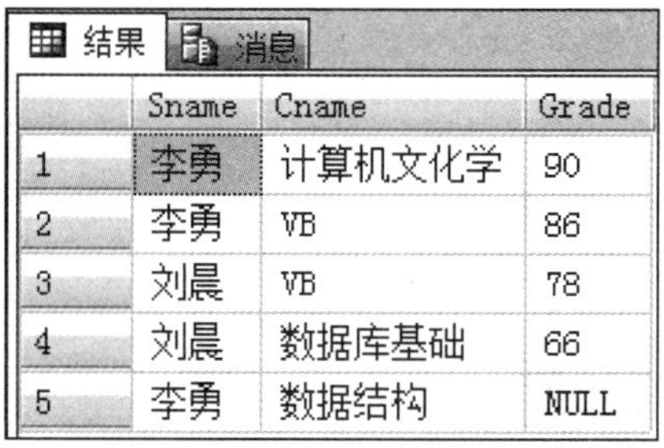

	Sname	Cname	Grade
1	李勇	计算机文化学	90
2	李勇	VB	86
3	刘晨	VB	78
4	刘晨	数据库基础	66
5	李勇	数据结构	NULL

图 12-26　例 12-34 游标的结果集数据

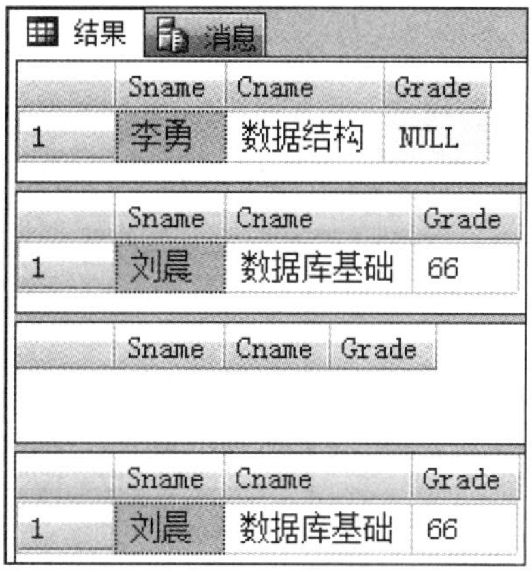

	Sname	Cname	Grade
1	李勇	数据结构	NULL

	Sname	Cname	Grade
1	刘晨	数据库基础	66

	Sname	Cname	Grade

	Sname	Cname	Grade
1	刘晨	数据库基础	66

图 12-27　例 12-34 游标的执行结果

例 12-35　建立生成报表的游标。生成显示如下报表形式的游标：报表首先列出一门课程的课程号和课程名（只针对有人选的课程），然后在此课程下列出选了此门课程且成绩大于等于 80 的学生姓名、所在系和此门课程的考试成绩；然后再列出下一门课程的课程号和课程名，然后在此课程下列出选了此门课程且成绩大于等于 80 的学生姓名、所在系和此门课程的考试成绩；以此类推，直到列出全部课程。

```
DECLARE @cno char(10), @cname varchar(20)
DECLARE @sname char(10), @dept char(20),@grade tinyint
-- 声明查询全部有人选的课程的游标
```

```
DECLARE cur_course cursor for
  select cno,cname from course
    where cno in (select cno from sc )
    order by cno asc
OPEN cur_course
FETCH NEXT FROM cur_course into @cno, @cname
WHILE @@FETCH_STATUS = 0
BEGIN
  -- 显示当前的课程号及课程名
  PRINT @cno + @cname
  -- 声明查询选了此课程且成绩大于等于的学生姓名等信息的游标
  DECLARE cur_student cursor for
    select sname,sdept,grade from student s
      join sc on s.sno = sc.sno
      where cno = @cno and grade >= 80
  OPEN cur_student
  FETCH NEXT FROM cur_student into @sname, @dept, @grade
  WHILE @@FETCH_STATUS = 0
  BEGIN
    PRINT @sname + @dept + cast(@grade as char(4))
    FETCH NEXT FROM cur_student into @sname, @dept, @grade
  END
  PRINT '==================================='
  -- 关闭并释放内层游标
  CLOSE cur_student
  DEALLOCATE cur_student
  FETCH NEXT FROM cur_course into @cno, @cname
END
-- 关闭并释放外层游标
CLOSE cur_course
DEALLOCATE cur_course
```

该游标的执行结果如图 12-28 所示。

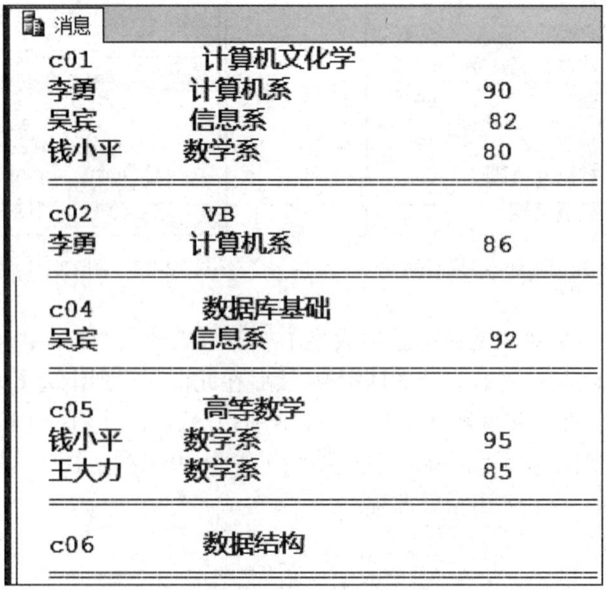

图 12-28　例 12-35 游标的执行结果

小结

本章介绍了函数的概念及定义和使用方法。函数分为两类，一类是系统提供的函数，称为内置系统函数；另一类是用户自己定义的函数。在系统提供的函数中，我们介绍了比较常用的日期和时间函数、字符串函数和类型转换函数。提供系统函数的目的是为方便用户对数据库数据进行操作。

用户自定义函数是一个可共享的代码段，它支持输入参数，并能返回执行的结果。SQL Server 2012 支持两种类型的用户自定义函数：标量函数和表值函数，其中表值函数又分为内联表值函数和多语句表值函数。标量函数类似于普通编程语言中的函数，它返回的是单个数据值；内联表值函数的使用与视图类似，其功能如同带参数的视图；多语句表值函数的函数体类似于存储过程，其使用方法类似于视图，它可以返回根据用户输入参数不同而内容不同的表。

游标是一个查询语句产生的结果，这个结果被保存在内存中，并允许用户对这个结果进行定位访问，利用游标可以实现对查询结果集内部的操作。但游标提供的定位操作是有代价的，它严重降低了数据访问效率，因此当不需要深入到结果集内部操作数据时，应尽可能避免使用游标机制。

习题

1. SQL Server 2012 提供的日期和时间函数有哪些？

2. SQL Server 2012 提供的类型转换函数有哪些？其语法格式分别是什么？

3. SQL Server 2012 支持的用户自定义函数有几种？每一种函数的函数体是什么？返回值是什么？

4. 利用系统提供的函数，完成下列操作：

（1）查询从 2000 年 1 月 1 日到当前日期的天数、月份数及年数。

（2）分别计算系统当前日期加上 40 天和减去 40 天后的新日期。

（3）得到 "You are a student" 字符串中从 11 开始，长度为 7 的子串。

（4）分别计算 "You are a student" 和 "我们是学生" 字符串中字符的个数。

（5）分别得到字符串 "I am a teacher and you are students" 中左边 14 个和右边 16 个字符组成的字符串。

5. 游标的作用是什么？其包含的内容是什么？

6. 如何判断游标当前行指针指到了游标结果集之外？

7. 使用游标需要几个步骤？分别是什么？其中哪个步骤真正产生了游标结果集？

8. 关闭游标和释放游标在功能上的差别是什么？

上机练习

以下各题均利用第 4、第 5 章建立的 students 数据库以及 Student、Course、SC 表和数据。

1. 创建满足下述要求的用户自定义标量函数。

（1）查询指定学生已经得到的修课总学分（考试及格的课程才能拿到学分），学号为输入参数，总学分为函数返回结果。并写出利用此函数查询 9512101 学生的姓名、所修的课程名、课程学分、考试成绩以及拿到的总学分的 SQL 语句。

（2）查询指定系在指定课程（课程号）的考试平均成绩。

（3）查询指定系的男生中选课门数超过指定门数的学生人数。

2. 创建满足下述要求的用户自定义内联表值函数。

（1）查询选课门数在指定范围内的学生的姓名、所在系和所选的课程。

（2）查询指定系的学生考试成绩大于或等于 90 的学生的姓名、所在系、课程名和考试成绩。并写出利用此函数查询计算机系学生考试情况的 SQL 语句，只列出学生姓名、课程名和考试成绩。

3. 创建满足下述要求的用户自定义多语句表值函数。

（1）查询指定系年龄最大的前两名学生的姓名和年龄，包括并列的情况。

（2）查询指定学生（姓名）的考试情况，列出姓名、所在系、修的课程名和考试情况，其中考试情况列的取值为：如果成绩大于或等于 90，则为"优"；如果成绩在 80 ~ 89，则为"良好"；如果成绩在 70 ~ 79，则为"一般"；如果成绩在 60 ~ 69，则为"不太好"；如果成绩小于 60，则为"很糟糕"。并写出利用此函数查询李勇的考试情况的 SQL 语句。

4. 创建满足下述要求的游标。

（1）查询"VB"课程的考试情况，并按如下形式显示结果数据。

选了 VB 课程的学生情况：

```
姓名            所在系              成绩
李勇            计算机系            86
刘晨            计算机系            78
吴宾            信息系              75
张海            信息系              68
```

（2）统计每个系的男生人数和女生人数，并按如下形式显示结果数据。

```
系名          性别      人数
===================
计算机系        男        2
计算机系        女        1
数学系          男        1
数学系          女        1
信息系          男        2
信息系          女        1
```

（3）列出每个系的学生信息。要求首先列出一个系的系名，然后在该系名下列出本系学生的姓名和性别；再列出下一个系名，然后在此系名下再列出该系的学生姓名和性别。以此类推，直至列出全部系。要求按如下形式显示结果数据。

```
计算机系学生：
李勇            男
刘晨            男
王敏            女
===================
数学系学生：
钱小平          男
王大力          男
===================
信息系学生：
张立            男
吴宾            女
张海            男
===================
```

第13章 安全管理

安全性对于任何一个数据库管理系统来说都是至关重要的。数据库通常存储了大量的数据，这些数据可能是个人信息、客户清单或其他机密资料。如果有人未经授权非法侵入了数据库，并窃取了查看和修改数据的权限，将会造成极大的危害，银行、金融等系统中更是如此。SQL Server通过使用身份验证、数据库用户权限确认等措施来保护数据库中的信息资源，以防止这些资源被破坏。本章首先介绍数据库安全控制模型，然后讨论如何在 SQL Server 2012 中实现安全控制，包括用户身份的确认和用户操作权限的授予等。

13.1 安全控制概述

安全性问题并非数据库管理系统所独有，实际上在许多系统都存在同样的问题。数据库的安全控制是指：在数据库应用系统的不同层次提供对有意和无意损害行为的安全防范。

在数据库中，对有意的非法活动可采用加密存、取数据的方法控制；对有意的非法操作可使用用户身份验证、限制操作权来控制；对无意的损坏可采用提高系统的可靠性和数据备份等方法来控制。

在介绍数据库管理系统如何实现对数据的安全控制之前，有必要先了解一下数据库的安全控制模型和安全控制过程。

13.1.1 安全控制模型

在一般的计算机系统中，安全措施是一级一级层层设置的。图 13-1 显示了计算机系统中从用户使用数据库应用程序开始一直到访问后台数据库数据，需要经过的所有安全认证过程。

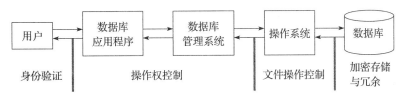

图 13-1 计算机系统的安全模型

当用户要访问数据库数据时，首先应该进入数据库系统。用户进入数据库系统通常是通过数据库应用程序实现的，这时用户要向数据库应用程序提供其身份，然后数据库应用程序将用户的身份递交给 DBMS 进行验证，只有合法的用户才能进入下一步的操作。对合法的用户，当其要进行数据操作时，DBMS 还要验证此用户是否具有这种操作权限。如果有操作权限，才进行操作，否则拒绝执行用户的操作。在操作系统一级也有自己的保护措施。比如，设置文件的访问权限等。对于存储在磁盘上的文件，还可以加密存储，这样即使数据被人窃取，对方也很难读懂数据。另外，还可以将数据库文件保存多份，当出现意外情况时（如磁盘破损），可以不至于丢失数据。

这里只讨论与数据库有关的用户身份验证和用户权限管理等技术。

13.1.2 SQL Server 安全控制过程

在大型数据库管理系统的自主存取控制模式中，用户访问数据库数据都要经过三个安全认证过程：第一个过程，确认用户是否是数据库服务器的合法账户（验证连接权）；第二个过程，确认用户是否是要访问的数据库的合法用户（验证数据库访问权）；第三个过程，确认用户是否具有合适的操作权限（验证操作权限）。这个过程的示意图如图 13-2 所示。

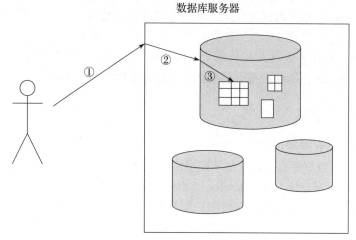

图 13-2　安全认证的三个过程

用户在登录到数据库服务器后，不能访问任何用户数据库，因此必须要经过第二步认证，让用户成为某个数据库的合法用户。用户成为数据库合法用户之后，对数据库中的用户数据还是没有任何操作权限，因此需要第三步认证，授予用户合适的操作权限。下面介绍在 SQL Server 2012 中如何实现这三个认证过程。

13.2　登录名

SQL Server 2012 的安全权限是基于标识用户身份的登录标识符（Login ID，登录 ID）的，登录 ID 就是控制访问 SQL Server 数据库服务器的登录名。如果未指定有效的登录 ID，则用户不能连接到 SQL Server 数据库服务器。

13.2.1　身份验证模式

SQL Server 支持两类登录名。一类是由 SQL Server 自身负责身份验证的登录名；另一类是登录到 SQL Server 的 Windows 网络账户，可以是组账户或单个用户账户。根据不同的登录名类型，SQL Server 相应地提供了两种身份验证模式："Windows 身份验证模式"和"SQL Server 和 Windows 身份验证模式"。

1. Windows 身份验证模式

由于 SQL Server 和 Windows 操作系统都是微软公司的产品，因此，微软公司将 SQL Server 与 Windows 操作系统的用户身份验证进行了绑定，提供了以 Windows 操作系统用户身份登录到 SQL Server 的方式，也就是 SQL Server 将用户的身份验证交给了 Windows 操作系统来完成。在这种身份验证模式下，SQL Server 将通过 Windows 操作系统来获得用户信息，并对登录名和密码进行重新验证。

当使用"Windows 身份验证模式"时，用户必须首先登录到 Windows 操作系统，然后再登录到 SQL Server。而且用户登录到 SQL Server 时，只需选择 Windows 身份验证模式，而无需再提供登录名和密码，SQL Server 会从用户登录到 Windows 操作系统时提供的用户名和密码中查找当前用户的登录信息，以判断其是否是 SQL Server 的合法用户。

使用 Windows 登录名进行的连接，被称为信任连接（trusted connection）。

2. SQL Server 和 Windows 身份验证模式

"SQL Server 和 Windows 身份验证模式"也称为混合身份验证模式，表示 SQL Server 允许 Windows 授权用户和 SQL 授权用户登录到 SQL Server 数据库服务器。如果希望允许非 Windows 操作系统的用户也能登录到 SQL Server 数据库服务器上，则应该选择混合身份验证模式。如果在混合身份验证模式下，选择使用 SQL 授权用户登录 SQL Server 数据库服务器，则用户必须提供登录名和密码，因为 SQL Server 必须要用这两部分内容来验证用户的合法身份。

SQL Server 身份验证的登录信息（用户名和密码）都保存在 SQL Server 实例上，而 Windows 身份验证的登录信息是由 Windows 和 SQL Server 实例共同保存的。

可以在安装过程中设置身份验证模式，也可以在安装完成之后在 SSMS 工具中设置。具体方法是：在要设置身份验证模式的 SQL Server 实例上右击鼠标，从弹出的菜单中选择"属性"命令弹出"服务器属性"窗口，在该窗口左边的"选择页"上，单击"安全性"选项，然后在显示窗口（如图 13-3 所示）的"服务器身份验证"部分设置身份验证模式。

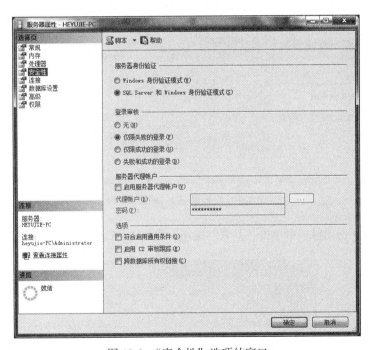

图 13-3 "安全性"选项的窗口

13.2.2 建立登录名

建立登录名是由系数据库管理员实现的。SQL Server 数据库服务器支持两种类型的登录名：一类是 Windows 用户；另一类是 SQL Server 用户（非 Windows 用户）。而且建立登录名也有两种方法：一种是通过 SQL Server 的 SSMS 工具实现；另一种是通过 T-SQL 语句实现。下面分别介绍这两种实现方法。

1. 用 SSMS 工具建立 Windows 身份验证的登录名

在使用 SSMS 工具建立 Windows 身份验证的登录名之前，应先在操作系统中建立一个 Windows 用户。假设我们这里已经在操作系统中建立好了两个 Windows 用户，用户名为"Win_User1"。

在 SSMS 工具中，建立 Windows 身份验证的登录名的步骤如下：

1）在 SSMS 的对象资源管理器中，依次展开"安全性"→"登录名"节点。在"登录名"节点上右击鼠标，在弹出的菜单中选择"新建登录名"命令，弹出图 13-4 所示的"登录名 – 新建"窗口。

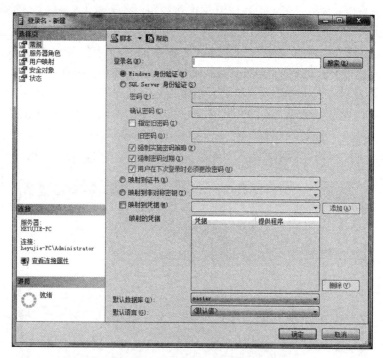

图 13-4　"登录名 – 新建"窗口

2）在图 13-4 所示窗口中单击"搜索"按钮，弹出图 13-5 所示的"选择用户或组"窗口。

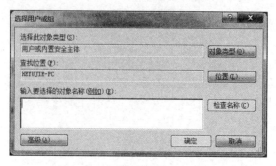

图 13-5　"选择用户或组"窗口

3）在图13-5所示的窗口中单击"高级"按钮，弹出图13-6所示的"选择用户或组"窗口。

4）在图13-6所示的窗口上单击"立即查找"按钮，在下面的"名称"列表框中将列出查找的结果，如图13-7所示。

图13-6 "选择用户或组"的高级选项窗口　　　　　图13-7 查询结果窗口

5）在图13-7所示的窗口中列出了全部可用的Windows用户和组。在这里可以选择组，也可以选择用户。如果选择一个组，则表示该Windows组中的所有用户都可以登录到SQL Server，而且都对应到SQL Server的一个登录名上。这里选中"Win_User1"，然后单击"确定"按钮，回到"选择用户或组"窗口，此时窗口的形式如图13-8所示的样式。

6）在图13-8所示的窗口上单击"确定"按钮，回到图13-4所示的新建登录窗口，此时在此窗口的"登录名"框中会出现：HYJ\Win_User1。在此窗口上单击"确定"按钮，完成对登录名的创建。

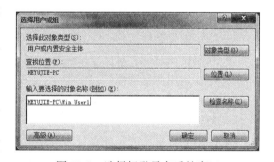

图13-8 选择好登录名后的窗口

这时如果用户用Win_User1登录操作系统，并连接到SQL Server，则此时连接界面中的登录名应该是HYJ\Win_User1。

2. 用SSMS工具建立SQL Server身份验证的登录名

在建立SQL Server身份验证的登录名之前，必须确保SQL Server实例支持的身份验证模式是混合模式的。通过SSMS工具建立SQL Server身份验证的登录名的步骤如下。

1）在SSMS的对象资源管理器中，依次展开"安全性"→"登录名"节点。在"登录名"节点上右击鼠标，在弹出的菜单中选择"新建登录名"命令，弹出新建登录窗口（参见图13-4）。

2）在图13-4窗口的"常规"选择页上，在"登录名"文本框中输入SQL_User1，在身份验证模式部分选中"SQL Server身份验证"选项，表示新建立一个SQL Server身份验证模式的登录名。选中该选项后，其中的"密码""确认密码"等选项均成为可用状态，如图 13-9 所示。

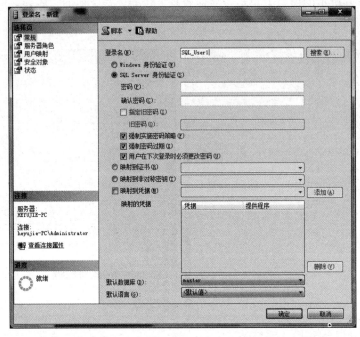

图 13-9　输入登录名并选中"SQL Server 身份验证"

3）在"密码"和"确认密码"文本框中输入该登录名的密码。中间几个复选框的说明如下。

- 强制实施密码策略：表示对该登录名强制实施密码策略，这样可强制用户的密码具有一定的复杂性。
- 强制密码过期：对该登录名强制实施密码过期策略。必须先选中"强制实施密码策略"才能启用此复选框。
- 用户在下次登录时必须更改密码：首次使用新登录名时，SQL Server 将提示用户输入新密码。Windows XP 操作系统不支持此选项。
- 映射到证书：表示此登录名与某个证书相关联。
- 映射到非对称密钥：表示此登录名与某个非对称密钥相关联。
- 默认数据库：指定该登录名初始登录到 SSMS 时进入的数据库。
- 默认语言：指定该登录名登录到 SQL Server 时使用的默认语言。一般情况下，都使用"默认值"，使该登录名使用的语言与所登录的 SQL Serer 实例所使用的语言一致。

我们这里去掉"强制实施密码策略"复选框，然后单击"确定"按钮，完成对登录名的建立。

3. 用 T-SQL 语句建立登录名

创建新的登录名的 T-SQL 语句是 CREATE LOGIN，其简化语法格式为：

```
CREATE LOGIN login_name { WITH <option_list1> | FROM <sources> }
<sources> ::=
  WINDOWS [ WITH <windows_options> [ ,... ] ]
```

```
<option_list1> ::=
  PASSWORD = 'password' [ , <option_list2> [ ,... ] ]
<option_list2> ::=
  SID = sid
  | DEFAULT_DATABASE = database
  | DEFAULT_LANGUAGE = language
<windows_options> ::=
  DEFAULT_DATABASE = database
  | DEFAULT_LANGUAGE = language
```

其中各参数含义如下。

- login_name：指定创建的登录名。如果是从 Windows 域用户映射 login_name，则 login_name 必须用方括号（[ ]）括起来。
- WINDOWS：指定将登录名映射到 Windows 用户名。
- PASSWORD = 'password'：仅适用于 SQL Server 身份验证的登录名。指定正在创建的登录名的密码。
- SID = sid：仅适用于 SQL Server 身份验证的登录名。指定新 SQL Server 登录名的 GUID（全球唯一标识符）。如果未选择此选项，则 SQL Server 将自动指派 GUID。
- DEFAULT_DATABASE = database：指定新建登录名的默认数据库。如果未包括此选项，则默认数据库为 master。
- DEFAULT_LANGUAGE = language：指定新建登录名的默认语言。如果未包括此选项，则默认语言将设置为服务器的当前默认语言。

例 13-1　创建 SQL Server 身份验证的登录名。登录名为 SQL_User2，密码为 a1b2c3XY。

```
CREATE LOGIN SQL_User2 WITH PASSWORD = 'a1b2c3XY';
```

例 13-2　创建 Windows 身份验证的登录名。从 Windows 域用户创建［HYJ\Win_User2］登录名。

```
CREATE LOGIN [HYJ\Win_User2] FROM WINDOWS;
```

例 13-3　创建 SQL Server 身份验证的登录名。登录名为：SQL_User3，密码为：AD4h9fcdhx32MOP。要求该登录名在首次连接服务器时必须更改密码。

```
CREATE LOGIN SQL_User3 WITH PASSWORD = 'AD4h9fcdhx32MOP' MUST_CHANGE;
```

13.2.3　删除登录名

由于一个 SQL Server 登录名可以是多个数据库中的合法用户，因此在删除登录名时，应先删除该登录名在各个数据库中映射的数据库用户，然后再删除登录名。否则会产生没有对应的登录名的孤立数据库用户。

删除登录名可以在 SSMS 工具中实现，也可以使用 T-SQL 语句实现。

1. 用 SSMS 工具实现

我们以删除 NewUser 登录名为例（假设系统中已有此登录名），说明删除登录名的步骤。

1）在 SSMS 的对象资源管理器中，依次展开"安全性"→"登录名"节点。

2）在要删除的登录名（假设为：SQL_User1）上右击鼠标，从弹出的菜单中选择"删除"命令。弹出如图 13-10 所示的删除登录名属性窗口。

图 13-10　删除登录名的窗口

3）在图 13-10 所示窗口中，若确定要删除此登录名，则单击"确定"按钮，否则单击"取消"按钮。我们这里单击"确定"按钮，系统会弹出一个提示窗口，该窗口提示用户，删除登录账号并不会删除对应的数据库用户。

2. 用 T-SQL 语句实现

删除登录名的 T-SQL 语句为 DROP LOGIN，其语法格式为：

```
DROP LOGIN login_name
```

其中 login_name 为要删除的登录名的名字。

注意：不能删除正在使用的登录名，也不能删除拥有任何数据库对象、服务器级别对象的登录名。

例 13-4　删除 SQL_User2 登录名。

```
DROP LOGIN SQL_User2;
```

13.3　数据库用户

数据库用户是数据库级别上的主体。用户在拥有了登录名之后，只能连接到 SQL Server 数据库服务器，并不具有访问任何用户数据库的权限，只有成为数据库的合法用户后才能访问该数据库。本节介绍如何对数据库用户进行管理。

数据库用户一般都来自于服务器上已有的登录名，让登录名成为数据库用户的操作称为"映射"。一个登录名可以映射为多个数据库中的用户。这种映射关系为同一服务器上不同数据库的权限管理带来了很大的方便。管理数据库用户的过程实际上就是建立登录名与数据库用户之间的映射关系的过程。默认情况下，新建立的数据库只有一个用户 dbo，它是数据库的拥有者。

13.3.1 建立数据库用户

建立数据库用户也需要数据库管理员实现。建立数据库用户可以用 SSMS 工具实现，也可以使用 T-SQL 语句实现。

1. 用 SSMS 工具实现

在 SSMS 工具中建立数据库用户的步骤如下。

1）在 SSMS 工具的对象资源管理器中，展开要建立数据库用户的数据库（假设这里我们展开 students 数据库）。

2）展开"安全性"节点，在"用户"节点上右击鼠标，在弹出的菜单上选择"新建用户"命令，弹出图 13-11 所示的窗口。

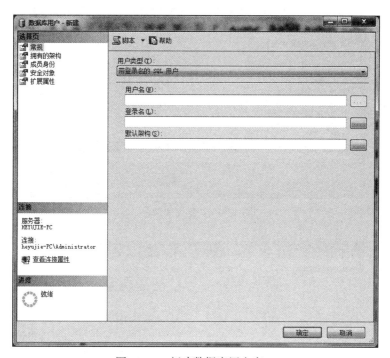

图 13-11　新建数据库用户窗口

3）在图 13-11 所示窗口中，在"用户名"文本框中可以输入一个与登录名对应的数据库用户名；在"登录名"部分指定将要成为此数据库用户的登录名。可单击"登录名"文本框右边的■按钮，查找一个登录名。

这里我们在"用户名"文本框中输入：SQL_User1，然后单击"登录名"文本框右边的■按钮，弹出图 13-12 所示的"选择登录名"窗口。

4）在图 13-12 所示窗口中，单击"浏览"按钮，弹出图 13-13 所示的"查找对象"窗口。

5）在图 13-13 所示窗口中，勾选"[SQL_User1]"前的复选框，表示让该登录名成为students 数据库用户。单击"确定"按钮关闭"查找对象"窗口，回到"选择登录名"窗口，这时该窗口的形式如图 13-14 所示。

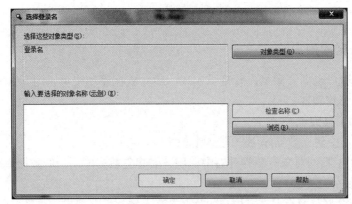

图 13-12 "选择登录名"窗口

图 13-13 查找登录名

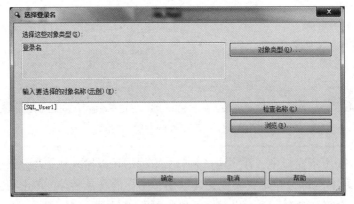

图 13-14 指定好登录名后的情形

6）在图 13-14 所示的窗口上单击"确定"按钮，关闭该窗口，回到新建数据库用户窗口。在此窗口上再次单击"确定"按钮关闭该窗口，完成数据库用户的建立。

这时展开 students 数据库下的"安全性"节点及该节点下的"用户"节点，可以看到 SQL_User1 已经在该数据库的用户列表中。

2. 用 T-SQL 语句实现

建立数据库用户的 T-SQL 语句是 CREATE USER，该语句简化的语法格式如下：

```
CREATE USER user_name [ { { FOR | FROM }
    {
      LOGIN login_name
    }
  ]
```

各参数说明如下。

● user_name：指定在此数据库中用于识别该用户的名称。

● LOGIN login_name：指定要映射为数据库用户的有效登录名。

注意：如果省略 FOR LOGIN，则新的数据库用户将被映射到同名的 SQL Server 登录名。

例 13-5 让 SQL_User2 登录名成为 students 数据库中的用户，并且用户名同登录名。

```
CREATE USER SQL_User2;
```

例 13-6 本示例首先创建名为 SQL_JWC 的 SQL Server 身份验证的登录名，该登录名的密码为：jKJl3$nN09jsK84，然后在 students 数据库中创建与此登录名对应的数据库用户 JWC。

```
CREATE LOGIN SQL_JWC
  WITH PASSWORD = 'jKJl3$nN09jsK84';
GO
USE students;
GO
CREATE USER JWC FOR LOGIN SQL_JWC;
```

注意：一定要清楚服务器登录名与数据库用户是两个完全不同的概念。具有登录名的用户可以登录到 SQL Server 实例上，而且只局限在实例上进行操作。而数据库用户则是登录名以什么样的身份在该数据库中进行操作，是登录名在具体数据库中的映射，这个映射名（数据库用户名）可以和登录名一样，也可以不一样。一般为了便于理解和管理，都采用相同的名字。

13.3.2 删除数据库用户

从当前数据库中删除一个用户，实际就是解除了登录名和数据库用户之间的映射关系，但并不影响登录名的存在。删除数据库用户可以用 SSMS 工具实现，也可以使用 T-SQL 语句实现。

1. 用 SSMS 工具实现

我们以删除 students 数据库中的 SQL_User1 用户为例，说明使用 SSMS 工具删除数据库用户的步骤。

1）在 SSMS 工具的对象资源管理器中，依次展开"数据库"→"students"→"安全性"→"用户"节点。

2）在要删除的"SQL_User1"用户名上右击鼠标，在弹出的菜单上选择"删除"命令，弹出如图 13-15 所示的"删除对象"窗口。

3）在"删除对象"窗口中，如果确实要删除，则单击"确定"按钮，否则单击"取消"按钮。

这里单击"取消"按钮，不删除 SQL_User1。

图 13-15　删除数据库用户窗口

2. 用 T-SQL 语句实现

删除数据库用户的 T-SQL 语句是 DROP USER，其语法格式为：

```
DROP USER user_name
```

其中 user_name 为要在此数据库中删除的用户名。

例 13-7　删除 SQL_User2 用户。

```
DROP USER SQL_User2
```

13.4　权限的种类和管理

在现实生活中，每个单位的职工都有一定的工作职能以及相应的配套权限。在数据库中也是一样，为了让数据库中的用户能够进行合适的操作，SQL Server 提供了一套完整的权限管理机制。

当登录名成为数据库中的合法用户之后，除了具有一些系统视图的查询权限之外，并不对数据库中的用户数据和对象具有任何操作权限，因此，下一步就需要为数据库中的用户授予数据库数据及对象的操作权限。

13.4.1　权限种类及用户分类

1. 权限的种类

通常情况下，数据库中的权限可划分为两类。一类是对数据库系统进行维护的权限，另一类是对数据库中的对象和数据进行操作的权限。对数据库对象的操作权包括创建、删除和修改数据库对象，我们将这类权限称为**语句权限**；对数据库数据的操作权限包括对表、视图数据的增、删、改、查权限，我们将这类权限称为**对象权限**。

（1）对象权限

对象权限是用户在已经创建好的对象上行使的权限，主要包括：对表和视图数据进行 SELECT、INSERT、UPDATE 和 DELETE 的权限，其中 UPDATE 和 SELECT 可以对表或视图的单个列进行授权；对存储过程和用户自定义函数的执行权限等。

（2）语句权限

SQL Server 除了提供对象的操作权限外，还提供了创建对象的权限，即语句权限。SQL Server 提供的语句权限如下。

- CRAETE TABLE：具有在数据库中创建表的权限。
- CREATE VIEW：具有在数据库中创建视图的权限。
- CREATE PROCEDURE：具有在数据库中创建存储过程的权限。
- CREATE FUNCTION：具有在数据库中创建函数的权限。

（3）隐含权限

隐含权限是指数据库拥有者和数据库对象拥有者本身所具有的权限，隐含权限相当于内置权限，不需要再明确地授予这些权限。例如，数据库拥有者自动地具有对数据库进行一切操作的权限。

2. 数据库用户的分类

数据库中的用户按其操作权限的不同可分为三类。

（1）系统管理员

系统管理员在数据库服务器上具有全部的权限，当用户以系统管理员身份进行操作时，系统不对其权限进行检验。每个数据库管理系统在安装好之后都有自己默认的系统管理员，SQL Server 2012 的默认系统管理员是"sa"。在安装好之后可以授予其他用户具有系统管理员的权限。

（2）数据库对象拥有者

创建数据库对象的用户即为数据库对象拥有者。数据库对象拥有者对其所拥有的对象具有全部权限。

（3）普通用户

普通用户只具有对数据库数据的增、删、改、查权限。

13.4.2　权限管理

在上一节介绍的三种权限中，隐含权限是由系统预先定义好的，这类权限不需要也不能进行设置。因此，权限管理实际上是指对对象权限和语句权限的设置。权限管理包含如下内容。

- 授予权限：授予用户或角色具有某种操作权。
- 收回权限：收回（或称为撤销）曾经授予给用户或角色的权限。
- 拒绝权限：拒绝某用户或角色具有某种操作权限。

1. 对象权限的管理

对象权限的管理可以通过 SSMS 工具实现，也可以通过 T-SQL 语句实现。

（1）用 SSMS 工具实现

我们以在 students 数据库中，授予 SQL_User1 用户具有 Student 表的 SELECT 和 INSERT 权、Course 表的 SELECT 权为例，说明在 SSMS 工具中授予用户对象权限的过程。

在授予 SQL_User1 用户权限之前，我们先做个实验。首先用 SQL_User1 用户建立一个新的数据库引擎查询，在查询编辑器中，输入代码：

```
SELECT * FROM Student
```

执行该代码后，SSMS 的界面如图 13-16 所示。

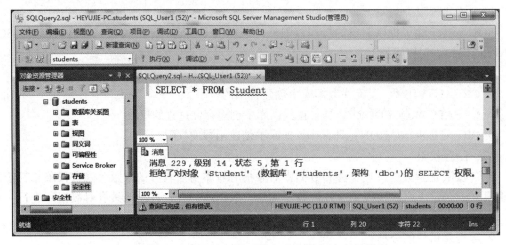

图 13-16　没有查询权限时执行查询语句出现的错误

这个实验表明，数据库用户在数据库中对用户数据没有任何操作权限。

下面说明在 SSMS 工具中对数据库用户授权的方法。

1）在 SSMS 工具的对象资源管理器中，依次展开"数据库"→"students"→"安全性"→"用户"，在"SQL_User1"用户上右击鼠标，在弹出的菜单中选择"属性"命令，弹出图 13-17 所示的数据库用户属性窗口。该窗口中，默认是选中了左边"选择页"中的"安全对象"选项。

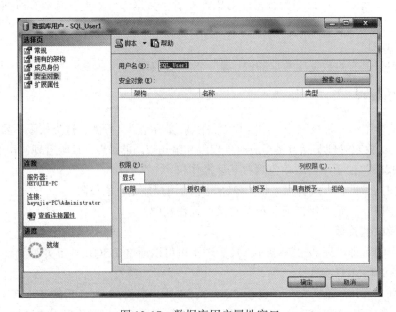

图 13-17　数据库用户属性窗口

2）在图 13-17 所示窗口中单击"搜索"按钮，弹出图 13-18 所示的"添加对象"窗口，在这个窗口中可以选择要添加的对象类型。默认是添加"特定对象"类。

图 13-18 "添加对象"窗口

3）在"添加对象"窗口中，我们不进行任何修改，单击"确定"按钮，弹出图 13-19 所示的"选择对象"窗口。在这个窗口中可以通过选择对象类型来对对象进行筛选。

图 13-19 "选择对象"窗口

4）在"选择对象"窗口中，单击"对象类型"按钮，弹出图 13-20 所示的"选择对象类型"窗口。在这个窗口中可以选择要授予权限的对象类型。

图 13-20 "选择对象类型"窗口

5）由于是要授予 SQL_User1 用户对 Student 和 Course 表的权限，因此在"添加对象类型"窗口中,选中"表"前边的复选框(如图 13-20 所示)。单击"确定"按钮,回到"选择对象"窗口。这时在该窗口的"选择这些对象类型"列表框中会列出所选的"表"对象类型,如图 13-21 所示。

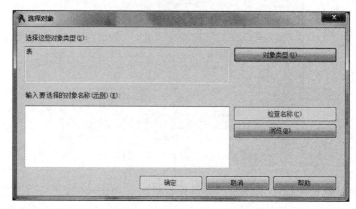

图 13-21　指定好对象类型后的"选择对象"窗口

6)在图 13-21 所示的窗口中单击"浏览"按钮,弹出图 13-22 所示的"查找对象"窗口。在该窗口中列出了当前可以被授权的全部表。这里我们选中"Student"和"Course"表前的复选框。

图 13-22　选择要授权的表

7)在"查找对象"窗口中指定好要授权的表之后,单击"确定"按钮,回到"选择对象"窗口,此时该窗口的形式如图 13-23 所示。

8)在图 13-23 所示的窗口中单击"确定"按钮,回到数据库用户属性中的"安全对象"窗口,此时该窗口形式如图 13-24 所示。现在可以在这个窗口上对选择的对象授予相关的权限。

9)在图 13-24 所示的窗口中:

- 选中"授予"对应的复选框表示授予该项权限。
- 选中"具有授予权"表示在授权的同时授予了该权限的转授权,即该用户还可以将其获得的权限授予其他人。
- 选中"拒绝"对应的复选框表示拒绝该用户获得该权限。
- 不做任何选择表示用户没有此项权限。

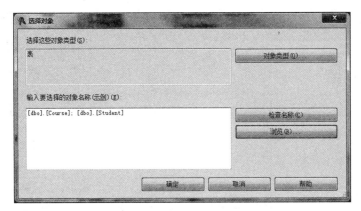

图 13-23 指定要授权的表之后的"选择对象"窗口

图 13-24 指定好授权对象之后的"数据库用户"的"安全对象"窗口

我们这里首先在"安全对象"列表框中选中"Course",然后在下面的权限部分选中 SELECT 对应的"授予"复选框,表示授予对 Course 表的 SELECT(选择)权。然后再在 "安全对象"列表框中选中"Student",并在下面的权限部分分别选中 SELECT(选择)和 INSERT(插入)对应的"授予"复选框,结果如图 13-25 所示。(说明:打上勾表示授予权限, 去掉勾表示收回权限)

10)在图 13-25 所示的窗口上,如果单击"列权限"按钮,可以授予用户对表中某些列 的操作权限。这里我们不对列进行授权。单击"确定"按钮,完成授权操作,关闭该窗口。

至此,完成了对数据库用户的授权。

此时,以 SQL_User1 身份再次执行代码:SELECT * FROM Student
代码执行成功,并返回所需要的结果。

图 13-25　授予对 Student 表的 SELECT 和 INSERT 权限

（2）用 T-SQL 语句实现

在 T-SQL 语句中，用于管理权限的语句有三个。

- GRANT：用于授予权限。
- REVOKE：用于收回或撤销权限。
- DENY：用于拒绝权限。

1）授权语句。授权语句的简化语法格式为：

```
GRANT 对象权限名 [, …] ON { 表名 | 视图名 }
   TO { 数据库用户名 | 用户角色名 } [, … ]
```

2）收权语句。收权语句的简化语法格式为：

```
REVOKE 对象权限名 [, …]  ON { 表名 | 视图名 }
   FROM { 数据库用户名 | 用户角色名 } [, … ]
```

3）拒绝权限。拒绝权限语句的简化语法格式为：

```
DENY 对象权限名 [, …] ON { 表名 | 视图名 }
   TO { 数据库用户名 | 用户角色名 } [ , … ]
```

其中"对象权限名"可以是 INSERT、DELETE、UPDATE 和 SELECT 权限。

例 13-8　为用户 user1 授予 Student 表的查询权。

```
GRANT SELECT ON Student TO user1
```

例 13-9　为用户 user1 授予 SC 表的查询权和插入权。

```
GRANT SELECT,INSERT ON SC TO user1
```

例 13-10 收回用户 user1 对 Student 表的查询权。

```
REVOKE SELECT ON Student FROM user1
```

例 13-11 拒绝用户 user1 具有 SC 表的更改权。

```
DENY UPDATE ON SC TO user1
```

2. 语句权限的管理

同对象权限管理一样，对语句权限的管理也可以通过 SSMS 工具和 T-SQL 语句实现。

（1）用 SSMS 工具实现

我们以在 students 数据库中授予 SQL_User1 用户具有创建表的权限为例，说明在 SSMS 工具中授予用户语句权限的过程。

在授予 SQL_User1 用户权限之前，我们先用该用户建立一个新的数据库引擎查询，在查询编辑器中输入如下代码：

```
CREATE Table Teachers(        -- 创建教师表
  Tid char(6),                -- 教师号
  Tname varchar(10) )         -- 教师名
```

执行该代码后，SSMS 的界面如图 13-26 所示，说明用户初始时并不具有创建表的权限。

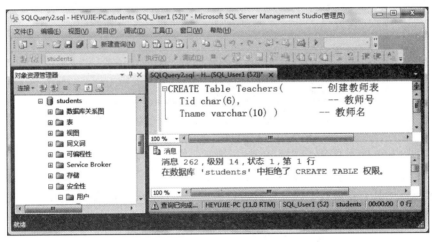

图 13-26   执行建表语句时出现的错误

使用 SSMS 工具授予用户语句权限的步骤为：

1）在 SSMS 工具的对象资源管理器中，依次展开"数据库"→"students"→"安全性"→"用户"，在"SQL_User1"用户上右击鼠标，在弹出的菜单中选择"属性"命令，弹出用户属性窗口（参见图 13-17）。在此窗口中单击左边"选择页"中的"安全对象"选项，在"安全对象"选项的窗口（参见图 13-18）中单击"添加"按钮。在弹出的"添加对象"窗口（参见图 13-19）中选中"特定对象"选项，单击"确定"按钮，在弹出的"选择对象"窗口（参见图 13-20）中单击"对象类型"按钮，弹出"选择对象类型"窗口。

2）在"选择对象类型"窗口中，选中"数据库"前的复选框，如图 13-27 所示。单击"确定"按钮，回到"选择对象"窗口。此时在窗口的"选择这些对象类型"列表框中已经列出了"数据库"，如图 13-28 所示。

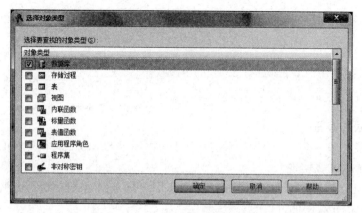

图 13-27 选中"数据库"复选框

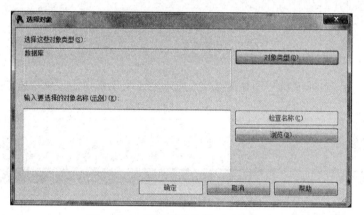

图 13-28 选择好对象类型后的窗口

3）在图 13-28 所示的窗口中，单击"浏览"按钮，弹出图 13-29 所示的"查找对象"窗口，在此窗口中可以选择要赋予的权限所在的数据库。由于是要为 SQL_User1 授予在 students 数据库中具有建表权，因此在此窗口中选中"[students]"前的复选框。单击"确定"按钮，回到"选择对象"窗口，此时在该窗口的"输入要选择的对象名称"列表框中已经列出了"[students]"数据库，如图 13-30 所示。

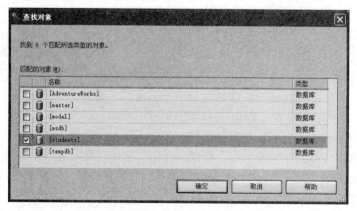

图 13-29 查找对象窗口（选中"[students]"前的复选框）

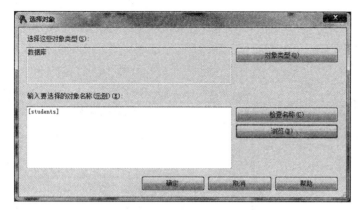

图 13-30　指定好授权对象后的窗口

4）在"选择对象"窗口上单击"确定"按钮，回到数据库用户属性窗口，在此窗口中可以选择合适的语句权限授予相关用户。

5）在此窗口下边的权限列表框中选中"创建表"对应的"授予"复选框，如图 13-31 所示。

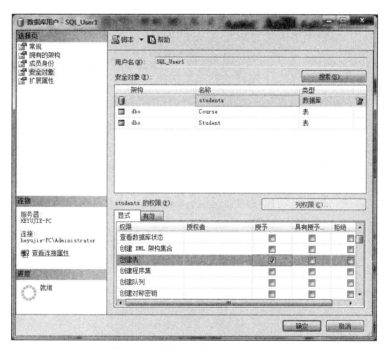

图 13-31　指定好授权对象后的窗口

6）单击"确定"按钮，完成授权操作，关闭此窗口。

注意，如果此时用 SQL_User1 身份打开一个新的查询编辑器窗口，并再次执行上述建表语句，则系统会出现如图 13-32 所示的错误信息。

出现这个错误的原因是 SQL_User1 用户没有在 dbo 架构中创建对象的权限，而且也没有为 SQL_User1 用户指定默认架构（架构（schema）是数据库下的一个逻辑命名空间，可以存放表、视图等数据库对象，它是一个数据库对象的容器。如果将数据库比喻为一个操作系统，那么架构就相当于操作系统中的目录，而架构中的对象就相当于这个目录下的文件），因此 create dbo.Teachers 失败了。

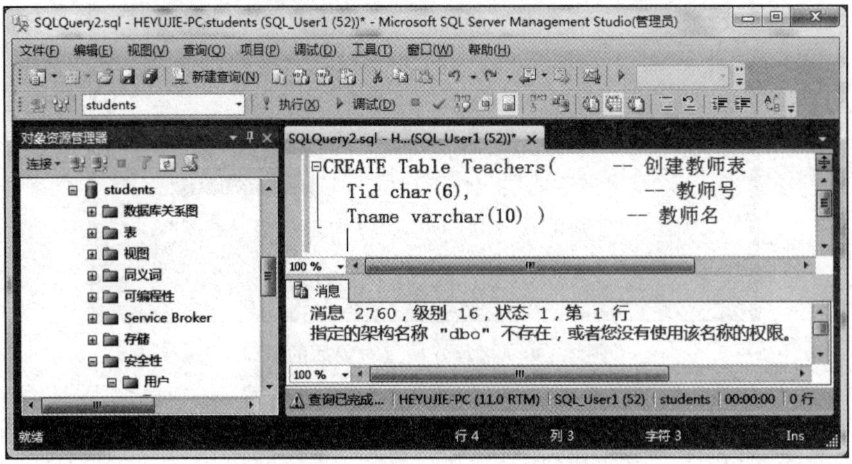

图 13-32　执行创建表语句再次出现的错误

解决此问题的一个办法是让数据库系统管理员定义一个架构，将该架构的所有权赋给 SQL_User1 用户，并将新建架构设为 SQL_User1 用户的默认架构。

示例：首先创建一个名为 TestSchema 的架构，将该架构的所有权赋给 SQL_User1 用户，然后将该架构设为 SQL_User1 用户的默认架构。

```
CREATE SCHEMA TestSchema AUTHORIZATION SQL_User1
GO
ALTER USER SQL_User1 WITH DEFAULT_SCHEMA = TestSchema
```

然后再让 SQL_User1 用户执行创建表的语句，这时就不会出现上述错误了。

（2）用 T-SQL 语句实现

同对象权限管理一样，语句权限的管理也有 GRANT、REVOKE 和 DENY 三个语句。

1）授权语句。授权语句的格式如下：

```
GRANT 语句权限名 [ , … ] TO { 数据库用户名 | 用户角色名 } [ , … ]
```

2）收权语句。收权语句的格式如下：

```
REVOKE 语句权限名 [ , … ] FROM { 数据库用户名 | 用户角色名 } [ , … ]
```

3）拒绝权限。拒绝权限语句的格式如下：

```
DENY 语句权限名 [ , … ] TO { 数据库用户名 | 用户角色名 } [ , … ]
```

其中语句权限包括 CREATE TABLE、CREATE VIEW 等。

例 13-12 授予 user1 具有创建数据表的权限。

```
GRANT CREATE TABLE TO user1
```

例 13-13 授予 user1 和 user2 具有创建数据表和视图的权限。

```
GRANT CREATE TABLE, CREATE VIEW TO user1, user2
```

例 13-14 收回授予 user1 创建数据表的权限。

```
REVOKE CREATE TABLE FROM user1
```

例 13-15　拒绝 user1 具有创建存储过程的权限。

```
DENY CREATE PROCEDURE TO user1
```

13.5　角色

在数据库中，为便于对用户及权限进行管理，可以将一组具有相同权限的用户组织在一起，这一组具有相同权限的用户就称为**角色**（Role）。角色类似于 Windows 操作系统安全体系中的组的概念。在实际工作中，一般一个部门的职工（用户）其权限基本都是一样的，如果让数据库管理员对每个用户分别授权，则是一件非常麻烦的事情。但如果把具有相同权限的用户集中在角色中进行管理，则会方便很多。

为一个角色进行授权就相当于对该角色中的所有成员进行操作。可以为有相同权限的一类用户建立一个角色，然后再为角色授予合适的权限。针对角色进行权限的另一个好处是便于进行权限维护，例如，当有人新加入到工作中时，只需将他添加到该工作的角色中，当有人离开时，只需从该角色中删除该用户即可，而不需要在每个工作人员参加或离开工作时都反复地进行权限设置。

使用角色使得系统管理员只需对权限的种类进行划分，然后将不同的权限授予不同的角色，而不必关心有哪些具体的用户。而且当角色中的成员发生变化时，比如添加成员或删除成员，系统管理员都无需进行任何关于权限的操作。

在 SQL Server 2012 中，角色分为系统预定义的固定角色和用户定义的角色两类，我们这里只介绍用户定义的角色。

13.5.1　建立用户定义的角色

建立用户角色可以在 SSMS 工具中实现，也可以用 T-SQL 语句实现。下面我们以在 students 数据库中建立一个 Software 角色为例，说明其实现过程。

说明：用户定义的角色是局部于一个具体数据库的，因此，在创建用户角色之前应首先进入到该角色所属的数据库中。

1. 用 SSMS 工具实现

使用 SSMS 工具建立用户角色的步骤为：

1）以数据库管理员身份连接到 SSMS，在 SSMS 的对象资源管理器中，依次展开"数据库" → "students" → "安全性" → "角色" → "数据库角色"，在"数据库角色"上右击鼠标，在弹出的菜单中选择"新建数据库角色"命令，弹出新建数据库角色窗口，如图 13-33 所示。

2）在"名称"文本框中输入角色的名字，我们这里输入的是：Software，参见图 13-33。

3）单击"确定"按钮，关闭新建角色窗口，完成用户自定义角色的创建。

这时在对象资源管理器的"数据库" → "students" → "安全性" → "角色" → "数据库角色"下可以看到新建的 Software 角色。

2. 用 T-SQL 语句实现

创建用户自定义角色的 T-SQL 语句是 CREATE ROLE，其语法格式为：

```
CREATE ROLE role_name [ AUTHORIZATION owner_name ]
```

图 13-33　新建数据库角色窗口

其中各参数如下。

- `role_name`：待创建角色的名称。
- `AUTHORIZATION owner_name`：将拥有新角色的数据库用户或角色。如果未指定用户，则执行 `CREATE ROLE` 的用户将拥有该角色。

例 13-16　创建用户自定义角色：CompDept，其拥有者为创建该角色的用户。

```
CREATE ROLE CompDept
```

例 13-17　创建用户自定义角色：InfoDept，其拥有者为 SQL_User1。

```
CREATE ROLE InfoDept AUTHORIZATION SQL_User1
```

13.5.2　为用户定义的角色授权

为用户定义的角色授权可以在 SSMS 工具中完成，也可以使用 SQL 语句实现，其实现的操作过程和 SQL 语句与为数据库用户授权的方法完全一样，读者可参考 13.4 节的介绍。

例 13-18　为 Software 角色授予 Student 表的查询权。

```
GRANT SELECT ON Student TO Software
```

例 13-19　为 Admin 角色授予 Student 表的增、删、改、查权。

```
GRANT SELECT,INSERT,DELETE,UPDATE ON Student TO Admin
```

13.5.3　为用户定义的角色添加成员

角色中的成员自动具有角色的全部权限，因此在为角色授权之后，就需要为角色添加成员了。为角色添加成员可以用 SSMS 工具实现，也可以同 T-SQL 语句实现。

1. 用 SSMS 工具实现

我们以在 students 数据库中将 `SQL_User1` 用户添加到 `Software` 角色中为例，介绍使用 SSMS 工具添加角色成员的方法。

1）以数据库管理员身份连接到 SSMS，在 SSMS 的对象资源管理器中，依次展开"数据库"→"students"→"安全性"→"角色"→"数据库角色"节点，在要添加成员的角色（这里是 Software）上右击鼠标，在弹出的菜单中选择"属性"命令，弹出图 13-34 所示的数据库角色属性窗口。

图 13-34　数据库角色属性窗口

2）在图 13-34 所示窗口中单击"添加"按钮，弹出如图 13-35 所示的"选择数据库用户或角色"窗口。

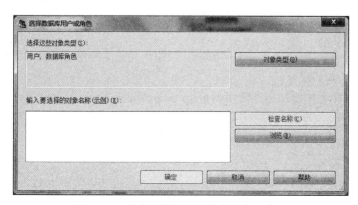

图 13-35　"选择数据库用户或角色"窗口

3）在图 13-35 所示的窗口中单击"浏览"按钮，弹出图 13-36 所示的"查找对象"窗口。

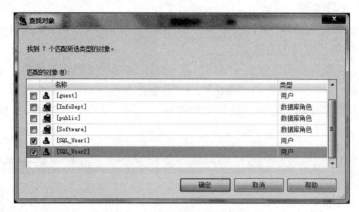

图 13-36 "查找对象"窗口

4）在图 13-36 所示的窗口中选择要添加到角色中的用户，我们这里勾选"SQL_User1"和"SQL_User2"。在这里可以选择多个用户，表示将这些用户均添加到角色中。单击"确定"按钮，回到图 13-35 所示的窗口，此时在该窗口的"输入要选择的对象名称"列表框中将列出已选的用户，如图 13-37 所示。

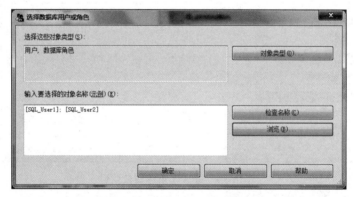

图 13-37 选择好角色成员后的"选择数据库用户和角色"窗口

5）在图 13-37 所示的窗口上单击"确定"按钮，关闭此窗口，回到图 13-34 所示的"数据库角色属性"窗口，此时在该窗口的"角色成员"列表框中将列出已添加到该角色中的成员名，如图 13-38 所示。

6）在图 13-38 所示的窗口上单击"确定"按钮，完成添加角色成员的工作。

2. 用 T-SQL 语句实现

在用户自定义角色中添加成员使用的是 sp_addrolemember 系统存储过程（由系统提供的，用户可以调用执行），该存储过程的语法格式如下：

```
sp_addrolemember [ @rolename = ] 'role',
  [ @membername = ] 'security_account'
```

其中各参数如下。

● [@rolename =] 'role'：当前数据库中的数据库角色名。

- [@membername =] 'security_account'：要添加到角色中的数据库用户名，可以是数据库用户、数据库角色、Windows 登录名或 Windows 组。如果新成员是没有相应数据库用户的 Windows 登录名，则将为其创建一个对应的数据库用户。

图 13-38　定义好角色成员后的"数据库角色属性"窗口

该存储过程的返回值为 0（成功）或 1（失败）。

例 13-20　将 Windows 登录名 HYJ\Win_User1 添加到 Software 角色中。

```
EXEC sp_addrolemember 'Software', 'HYJ\Win_User1'
```

例 13-21　将 SQL_User2 添加到 Admin 角色中（假设该角色已存在）。

```
EXEC sp_addrolemember 'Admin', 'SQL_User2'
```

13.5.4　删除用户定义角色中的成员

当不希望某用户是某角色中的成员时，可将用户从角色中删除。从角色中删除成员可以通过 SSMS 工具实现，也可以通过 T-SQL 语句实现。

1. 用 SSMS 工具实现

我们以在 students 数据库中，从 Software 角色中删除 SQL_User1 成员为例，介绍使用 SSMS 工具删除角色成员的方法。

1）以数据库管理员身份连接到 SSMS，在 SSMS 的对象资源管理器中，依次展开"数据库"→"students"→"安全性"→"角色"→"数据库角色"节点，在要删除成员的角色（这里是 Software）上右击鼠标，在弹出的菜单中选择"属性"命令，弹出如图 13-38 所示的数据库角色属性窗口。

2）在图 13-38 窗口中，选中要删除的成员名（这里是 SQL_User1），单击"删除"按钮。

2. 用 T-SQL 语句实现

从用户定义的角色中删除成员使用的是 `sp_droprolemember` 系统存储过程，该存储过程的语法格式如下：

```
sp_droprolemember [ @rolename = ] 'role' ,
        [ @membername = ] 'security_account'
```

其中各参数如下。

- `[ @rolename = ] 'role'`：将从中删除成员的数据库角色名。
- `[ @membername = ] 'security_account'`：被从数据库角色中删除的用户名。

该存储过程的返回值为：0（成功）或 1（失败）。

例 13-22 删除 Admin 角色中的 SQL_User2 成员。

```
EXEC sp_droprolemember 'Admin', 'SQL_User2'
```

小结

数据库的安全管理是数据库系统中非常重要的部分，安全管理设置的好坏直接影响数据库数据的安全。因此，作为一个数据库系统管理员一定要仔细研究数据的安全性问题，并进行合适的设置。

本章介绍了数据库安全控制模型、SQL Server 2012 的安全验证过程以及权限的管理。大型数据库管理系统一般将权限的验证过程分为三步：第一步，验证用户是否具有合法的服务器登录名；第二步，验证用户是否是要访问的数据库的合法用户；第三步，验证用户是否具有适当的操作权限。可以为用户授予的权限有两种，一种是对数据进行操作的对象权限，即对数据的增、删、改、查权限；另一种是创建对象的语句权限，如创建表和创建视图等对象的权限。利用 SQL Server 提供的 SSMS 工具和 T-SQL 语句，可以很方便地实现数据库的安全管理。

除了可以为每个数据库用户授权之外，为了简化权限管理，数据库管理系统还提供了角色的概念，角色用于对一组具有相同权限的用户进行管理，同一个角色中的成员具有相同的权限。因此数据库管理员只需为角色授权，就相当于给角色中的所有成员进行了授权。

习题

1. 在通常情况下，数据库中的权限划分为哪几类？
2. 数据库中的用户按其操作权限可分为哪几类，每一类的权限是什么？
3. SQL Server 的登录账户的来源有几种？分别是什么？
4. 权限的管理包含哪些内容？
5. 什么是用户定义的角色，其作用是什么？
6. 在 SQL Server 中，用户定义的角色中可以包含哪些类型的成员？
7. 写出实现下述功能的 T-SQL 语句。

（1）建立一个 Windows 身份验证的登录名，Windows 域名为 CS，登录名为 Win_Jone。

（2）建立一个 SQL Server 身份验证的登录名，登录名为 SQL_Stu，密码为 3Wcd5sTap43K。

（3）删除 Windows 身份验证的登录名，Windows 域名为 IS，登录名为 U1。

（4）删除 SQL Server 身份验证的登录名，登录名为 U2。

（5）建立一个数据库用户，用户名为 SQL_Stu，对应的登录名为 SQL Server 身份验证的 SQL_Stu。

（6）建立一个数据库用户，用户名为 Jone，对应的登录名为 Windows 身份验证的 Win_Jone，Windows

域名为 CS。

（7）授予用户 u1 具有对 Course 表的插入和删除权。

（8）授予用户 u1 对 Course 表的删除权。

（9）收回 u1 对 Course 表的删除权。

（10）拒绝用户 u1 获得对 Course 表的更改权。

（11）授予用户 u1 具有创建表和视图的权限。

（12）收回用户 u1 创建表的权限。

（13）建立一个新的用户定义的角色，角色名为 New_Role。

（14）为 New_Role 角色授予 SC 表的查询和更改权。

（15）将 SQL Server 身份验证的 u1 用户和 Windows 身份验证的 Win_Jone 用户添加到 New_Role 角色中。

上机练习

利用第 4、5 章建立的 students 数据库以及 Student、Course、SC 表，完成下列操作。

1. 用 SSMS 工具建立 SQL Server 身份验证的登录名：log1、log2 和 log3。

2. 将 log1、log2 和 log3 映射为 Students 数据库中的用户，用户名同登录名。

3. 用 log1 建立一个新的数据库引擎查询，并在 Students 数据库中执行下述语句，能否成功？为什么？

```
SELECT * FROM Course
```

4. 授予 log1 具有对 Course 表的查询权限，授予 log2 具有对 Course 表的插入权限。

5. 在 SSMS 中，用 log2 建立一个新的数据库引擎查询，执行下述语句，能否成功？为什么？

```
INSERT INTO Course VALUES('C101', ' 数据库基础 ', 4, 5)
```

再执行下述语句，能否成功？为什么？

```
SELECT * FROM Course
```

6. 在 SSMS 中，在 log1 建立的数据库引擎查询中再次执行下述语句：

```
SELECT * FROM Course
```

这次能否成功？但如果执行下述语句：

```
INSERT INTO Course VALUES('C103', ' 软件工程 ', 4, 5)
```

能否成功？为什么？

7. 授予 log3 在 students 数据库中具有建表权限。

8. 在 students 数据库中建立用户定义的角色：SelectRole，并授予该角色对 Student、Course 和 SC 表具有查询权。

9. 新建立一个 SQL Server 身份验证的登录名：pub_user，并让该登录名成为 students 数据库的用户。

10. 在 SSMS 中，用 pub_user 建立一个新的数据库引擎查询，执行下述语句，能否成功？为什么？

```
SELECT * FROM Course
```

11. 将 pub_user 用户添加到 SelectRole 角色中。

12. 在 pub_user 建立的数据库引擎查询中，再次执行下述语句，能否成功？为什么？

```
SELECT * FROM Course
```

第 14 章　备份和恢复数据库

数据库中的数据是有价值的信息资源，是不允许丢失或损坏的。因此，在维护数据库时，一项重要的任务就是如何保证数据库中的数据不损坏和不丢失，即使是在存放数据库的物理介质损坏的情况下也应该能够保证这点。本章介绍的数据库备份和恢复（SQL Server 2012 将"恢复"称为"还原"）技术就是保证数据库不损坏和数据不丢失的一种技术。本章主要介绍在 SQL Server 2012 环境中如何实现数据库的备份和恢复。

14.1　备份数据库

备份数据库就是将数据库中的数据以及保证数据库系统正常运行的有关信息保存起来，以备恢复数据库时使用。

备份是数据的副本。备份数据库的主要目的是为了防止数据丢失。我们可以设想一下，如果银行等大型部门中的数据由于某种原因被破坏或丢失了，会产生什么样的结果？在现实生活中，数据的安全、可靠问题是无处不在的。因此，要使数据库能够正常工作，就必须要做好数据库的备份工作。

备份数据库的另一个作用是进行数据转移，可以先对一台服务器上的数据库进行备份，然后在另一台服务器上进行恢复，从而使这两台服务器上具有相同的数据库。

14.1.1　备份内容及备份时间

1. 备份内容

在一个正常运行的数据库系统中，除了用户数据库之外，还有维护系统正常运行的系统数据库。因此，在备份数据库时，不但要备份用户数据库，同时还要备份系统数据库，以保证在系统出现故障时，能够完全地恢复数据库。

2. 备份时间

不同类型的数据库对备份的要求是不同的，对于系统数据库（不包括 tempdb）来说，一般是在进行了修改之后立即做备份比较合适（注意对 master 和 msdb 数据库来说，用户并不是显式地到这些数据库中进行修改，而是由用户创建自己的数据库、建立登录名等操作隐式地引起系统对系统数据库进行修改）。

对用户数据库应采取周期性的备份方法，因为系统数据库中的数据是不经常变化的，而用户数据库中的数据是经常变化的，特别是对于联机事务处理型的应用系统，比如处理银行业务的数据库。至于多长时间备份一次，与数据的更改频率和用户能够允许的数据丢失多少有关。如果数据修改比较少，或者用户可以忍受的数据丢失时间比较长，则可以让备份的时间间隔长一些，否则就应该让备份的时间间隔短一些。

SQL Server 数据库管理系统在备份过程中是允许用户操作数据库（不同的数据库管理系统在这方面的处理方式是不同的），因此对用户数据库的备份一般都选在数据操作相对比较少的时间进行，比如在夜间进行，这样可以尽可能减少对备份和数据库操作性能的影响。

14.1.2　备份设备

SQL Server 将备份数据库的场所称为备份设备，备份场所可以是磁带，也可以是磁盘。备份设备在操作系统一级实际上就是物理存在的磁带或磁盘上的文件。SQL Server 支持两种备份方式，一种是先建立备份设备，然后再将数据库备份到备份设备上，这样的备份设备称为**永久备份设备**；另一种是直接将数据库备份到物理文件上，这样的备份设备称为**临时备份设备**。

创建备份设备时，需要指定备份设备（逻辑备份设备）对应的操作系统文件名和文件的存放位置（物理备份文件）。创建备份设备可以通过 SQL Server Management Studio 工具实现，也可以使用 T-SQL 语句实现。

1. 用 SSMS 工具实现

在 SSMS 工具中创建备份设备的步骤如下。

1）以系统管理员身份连接到 SSMS，在 SSMS 工具的对象资源管理器中，展开"服务器对象"。在"备份设备"上右击鼠标，在弹出的菜单中单击"新建备份设备"命令，打开"备份设备"窗口，如图 14-1 所示。

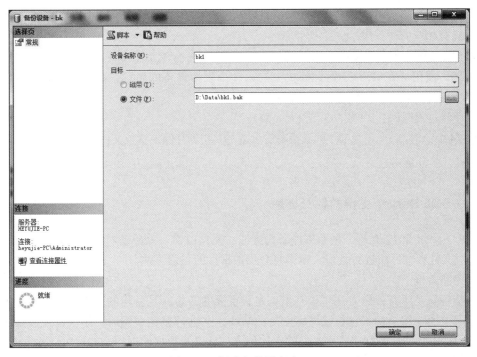

图 14-1　新建备份设备窗口

2）在图 14-1 所示的窗口的"设备名称"文本框中输入备份设备的名称（我们这里输入的是：bk1），在"文件"选项右边的框中可以指定备份设备存在的物理位置和文件名，也可以单击■按钮，然后在弹出的"定位数据库文件"窗口上指定备份文件的存储位置和文件名。备份设备的默认文件扩展名为：bak。

3）指定好备份设备的存放位置和对应的物理文件名后，单击图 14-1 所示的窗口上的"确定"按钮，关闭此窗口并创建备份设备。

定义好备份设备后，在对象资源管理器中，依次展开"服务器对象"→"备份设备"节点，可以看到新建立的备份设备。

2. 用 T-SQL 语句实现

创建备份设备的 T-SQL 语句是 sp_addumpdevice 系统存储过程，其语法格式如下：

```
sp_addumpdevice [ @devtype = ] 'device_type'
        , [ @logicalname = ] 'logical_name'
        , [ @physicalname = ] 'physical_name'
```

其中各参数含义如下。

1）[@devtype =] 'device_type'：备份设备的类型，可以是下列值之一。

① Disk：备份文件建立在磁盘上。

② Type：备份文件建立在 Windows 支持的任何磁带设备上。

2）[@logicalname =] 'logical_name'：备份设备的逻辑名。

3）[@physicalname =] 'physical_name'：备份设备的物理文件名。物理文件名必须遵从操作系统文件名规则或网络设备的通用命名约定，并且必须包含完整路径。

注意：

- 在远程网络位置上创建备份设备时，要确保启动数据库引擎时所用的名称在远程计算机有相应的写权限。
- 如果要添加磁带设备，则该参数必须是 Windows 分配给本地磁带设备的物理名称，例如，使用 \\.\TAPE0 作为计算机上的第一个磁带设备的名称。磁带设备必须连接到服务器计算机上，不能远程使用。

该存储过程返回：0（成功）或 1（失败）。

例 14-1 建立一个名为 bk2 的磁盘备份设备，其物理存储位置及文件名为 D:\dump\bk2.bak。

```
EXEC sp_addumpdevice 'disk', 'bk2', 'D:\dump\bk2.bak';
```

14.1.3 SQL Server 支持的备份类型

SQL Server 2012 支持三种数据库备份方法：完整备份、差异备份和事务日志备份，同时还支持对文件和文件组进行备份。本书只介绍数据库的备份方法。

1. 完整备份

完整备份是所有备份方法中最基本也是最重要的备份，是备份的基础。完整备份方法备份数据库中的全部信息，它是数据库恢复的基线，在进行完整备份时，不仅备份数据库的数据文件、日志文件，而且还备份文件的存储位置信息以及数据库中的全部对象。

数据库的备份需要消耗时间和资源。SQL Server 2012 支持在备份数据库的过程中，用户可以对数据库进行操作，而且在备份数据库时是将在备份过程中所发生的修改操作也全部备份下来。例如，假设在上午 10:00 开始对数据库进行备份，到 11:00 备份结束，则用户在 10:00 ～ 11:00 之间所进行的全部操作均被备份下来。

2. 差异备份

差异备份是备份从最近的完整备份之后数据库的全部变化内容。它以完整备份为基准点，备份完整备份之后变化了的数据文件、日志文件以及数据库中其他被修改了的内容。差异备份也备份在差异备份过程中用户对数据库进行的修改操作。差异备份比完整备份需要的时间短，占用的存储空间也少于完整备份。差异备份的示意图如图 14-2 所示。

图 14-2　差异备份示意图

注意，在图 14-2 所示的差异备份示意图中，差异备份 1 备份的是从完整备份 1 到差异备份 1 这段时间数据库发生变化的部分，差异备份 2 备份的是从最近的完整备份 1 到差异备份 2 这段时间数据库发生变化的部分。因此，在系统出现故障时，只需恢复完整备份 1 和差异备份 2 的备份即可。

3. 事务日志备份

事务日志备份是备份从上次备份（可以是完整备份、差异备份和日志备份）之后到当前备份时间所记录的日志内容，而且在默认情况下，事务日志备份完成后会截断日志。

事务日志记录了用户对数据进行的修改，随着时间的推移，日志中记录的内容会越来越多，这样势必会占满整个磁盘空间。因此，为避免这种情况的发生，可以定期地将日志记录中不需要的记录清除掉。清除掉不需要的或者称为不活动的日志记录（不活动的日志记录指其所记录的操作已经物理地保存在了数据库中）的操作就称为截断日志。备份日志就是截断日志的一种方法。

事务日志备份示意图如图 14-3 所示。

图 14-3　事务日志备份示意图

注意，在图 14-3 所示的事务日志备份示意图中，日志备份 1 备份的是从最近的备份操作之后到日志备份 1 这段时间记录的日志内容，日志备份 2 备份的是从日志备份 1 到日志备份 2 这段时间记录的日志内容。

如果要进行事务日志备份，则必须将数据库的"恢复模式"设置为"完整"或"大容量日志"方式。设置数据库"恢复模式"的方法为：在 SSMS 工具中，在要设置恢复模式的数据库名上右击鼠标（假设我们这里是在 students 数据库上右击鼠标），在弹出的菜单中选择"属性"命令，然后在弹出的属性窗口中，单击左边"选择页"中的"选项"，窗口形式如图 14-4 所示。

在"恢复模式"下拉列表框中列出了三种恢复模式选项（参见图 14-4）。

- "完整"模式。这种恢复模式可以在最大范围内防止出现故障时丢失数据。它包括数据库备份和事务日志备份，并提供全面保护，使数据库免受媒体故障影响。在 SQL Server 中，如果在故障发生之后备份了日志的尾部（即从上次备份到数据损坏时刻记录的日志内容），则完整恢复模式能使数据库恢复到故障时间点。
- "大容量日志"模式。此模式对大容量操作（如创建索引和批量加载数据）只进行最小记录，但会完整地记录其他事务。该恢复模式可以保护大容量操作不受媒体故障的危害，提供最佳性能并占用最小的日志空间。但这种恢复模式增加了大容量复制操作丢失数据的风险，因为最小日志记录大容量操作不会重新捕获每个事务的更改。如果日志备份包含大容量操作，则数据库就只能恢复到日志备份的结尾，而不能恢复到某个时间点或日志备份中某个标记的事务。

- "简单"模式。这种模式不支持事务日志备份。因为，当数据被物理存储后，事务日志都将被自动截断，即删除不活动的日志。由于经常会发生日志截断操作，因此没有可以备份的事务日志。这个模式简化了备份和还原。但由于没有事务日志备份，因此不能恢复到失败的时间点。

图14-4　设置数据库的恢复模式

14.1.4　备份策略

尽管 SQL Server 提供了多种备份方式，但要使数据库的备份方式符合实际的应用需要，还需要制定合适的备份策略。不同的备份策略适用于不同的应用，选择或制定一种最合适的备份策略，可以最大程度地减少数据的丢失，并可加快恢复过程。

通常情况下，有如下三种备份策略可供选择。

1.完整备份

完整备份策略适合数据库数据不是很大，而且数据更改不是很频繁的情况。完整备份一般可以几天或几周进行一次。

当对数据库数据的修改不是很频繁，而且允许一定量的数据丢失时，可以选择只用完整备份的策略。完整备份包括对数据和日志的备份。图14-5所示为在每天0:00进行一次完整备份的策略。

假设在周二晚上11:00系统出现故障，则只能将数据库恢复到周一晚0:00时的状态（假设两次备份之间没有进行过日志备份）。

2.完整备份加日志备份

如果用户不允许丢失太多的数据，而且又不希望经常进行完整备份（因为进行完整备份需要的时间比较长），则可在完整备份中间增加若干次日志备份。例如，可以每天 0:00 进行一次完整备份，然后每隔几小时进行一次日志备份。

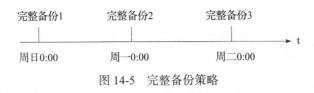

图 14-5　完整备份策略

假设制定了一个每天 0:00 进行一次完整备份，然后在上班时间每隔 3 小时进行一次事务日志备份的策略，如图 14-6 所示。

图 14-6　完整备份加日志备份策略

如果在周二上午 11:00 系统出现故障，则可以将数据库恢复到周二上午 10:00 的状态（假设两次备份之间没有进行过日志备份）。

3. 完整备份加差异备份再加日志备份

如果进行一次完整备份的时间比较长，用户可能希望将进行完整备份的时间间隔再加大一些，比如每周的周日进行一次。如果还采用完整备份加日志备份的方法，那么恢复起来比较耗费时间。因为，在利用日志备份进行恢复时，系统是将日志记录的操作重做一遍。

这时可以采取第三种备份策略，即完整备份加差异备份和日志备份的策略。在完整备份中间加一些差异备份，比如每周周日 0:00 进行一次完整备份，然后每天 0:00 进行一次差异备份，然后再在两次差异备份之间增加一些日志备份。这种策略的优点是备份和恢复的速度都比较快，而且当系统出现故障时，丢失的数据也较少。

完整备份加差异备份再加日志备份策略的示意图如图 14-7 所示。

图 14-7　完整备份加差异备份再加日志备份策略

14.1.5　实现备份

可以用 SSMS 工具实现备份，也可以使用 T-SQL 语句进行备份。

1. 用 SSMS 工具实现

下面我们以将 students 数据库完整备份到 bk1 设备上为例，说明实现备份的过程。

1）以系统管理员身份连接到 SSMS，在 SSMS 的对象资源管理器中展开"数据库"节点。

2）在 students 数据库上右击鼠标，在弹出的菜单中选择"任务"→"备份"命令（如图 14-8 所示）。或在要备份数据库的备份设备（bk1）上右击鼠标，在弹出的菜单中选择"备份数据库"命令（如图 14-9 所示），均可打开类似的备份数据库窗口，如图 14-10 所示。

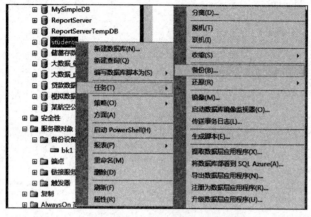

图 14-8   选择"备份"命令

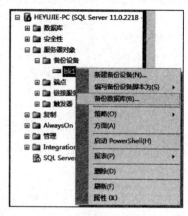

图 14-9   选择"备份数据库"命令

图 14-10   "备份数据库"窗口

3）在图 14-10 所示的窗口中：

①在"源"部分可进行如下设置：

• 在"数据库"对应的下拉列表框中指定要备份的数据库（我们这里是"students"）。

• 在"备份类型"对应的下拉列表框中指定要进行的备份类型，可以是"完整""差异"和"事务日志"三种，我们这里选择"完整"。

②在"备份组件"部分选中"数据库"单选按钮，表示要对数据库进行备份。

③在"备份集"部分可以指定备份的"名称"、备份的说明信息以及备份设备的过期情况。我们这里不进行任何设置。

④在"备份到"列表框中，默认已经有一项内容，这是系统的默认备份位置（如图 14-10 中是 C:\Program Files\Microsoft SQL Server\MSSQL.1\MSSQL\Backup 文件夹）和默认的备份文件名（如 students.bak），如果在这里直接指定一个具体的备份文件，表示将数据库直接备份到该备份文件（即临时备份设备）上。如果要将数据库备份到其他位置（包括其他临时备份设备和其他永久备份设备），则可先单击"删除"按钮，删除列表框中的临时备份文件，然后单击"添加"按钮，从弹出的"选择备份目标"窗口（如图 14-11 所示）中指定备份数据库的备份设备。

图 14-11 "选择备份目标"窗口

4）在图 14-11 所示的窗口中，如果选中"文件名"单选按钮，并在下面的文本框中输入文件的存放位置和文件名，则表示要将数据库直接备份到此文件上（临时备份设备）。如果选中"备份设备"单选按钮，则表示要将数据库备份到已建好的备份设备上。这时可从下拉列表框中选择一个已经创建好的备份设备名（这里选择的是 bk1）。

5）选择好备份设备后，单击"确定"按钮，回到"备份数据库"，这时该窗口的形式如图 14-12 所示。

图 14-12 选择好备份设备后的窗口

6）在图 14-12 所示的窗口上，单击左边"选择页"部分的"选项"，窗口形式如图 14-13
所示。

图 14-13　设置对备份设备的使用

7）在图 14-13 所示窗口的"备份到现有备份集"单选按钮下，可以设置对备份媒体的使
用方式。

- "追加到现有备份集"：表示保留备份设备上已有的备份内容，将新的备份内容追加到
  备份设备上。
- "覆盖所有现有备份集"：表示本次备份将覆盖掉该备份设备上之前的备份内容，重新
  开始备份。
- 如果是进行"事务日志"备份，则下面的"事务日志"组中的内容将成为可用状态。
- "截断事务日志"：表示在备份完成后要截断日志。
- "备份日志尾部，并使数据库处于还原状态"：表示创建尾部日志备份，用于备份尚未
  备份的日志（活动日志）。当数据库发生故障时，为尽可能减少数据丢失，可对日志的
  尾部（即从上次备份之后到数据库毁坏之间）进行一次备份，这种情况下就可以选中
  该选项。如果选中该选项，则在数据库完全还原之前，用户无法使用数据库。

我们在图 14-13 所示的窗口采用默认选项，单击"确定"按钮，开始备份数据库。备份
成功完成后，系统会弹出备份完成的提示窗口。

8）在提示窗口上，单击"确定"按钮，关闭提示窗口，完成数据库的备份。

进行差异备份和事务日志备份的过程与此类似，按同样的方法对 students 数据库进行一
次差异备份，同样也备份到 bk1 备份设备上。当用某个备份设备进行了多次备份后，可以通
过 SSMS 查看备份设备上已进行的备份内容，具体方法如下。

在 SSMS 工具的对象资源管理器中，依次展开"服务器对象"→"备份设备"节点，在

要查看备份内容的设备上右击鼠标（假设我们这里在 bk1 设备上右击鼠标），在弹出的菜单中选择"属性"命令，在弹出的"备份设备"属性窗口中，在左边的"选择页"部分选中"媒体内容"选项，窗口形式如图 14-14 所示。在图 14-14 所示的"备份集"列表框中，列出了在该设备上进行的全部备份。

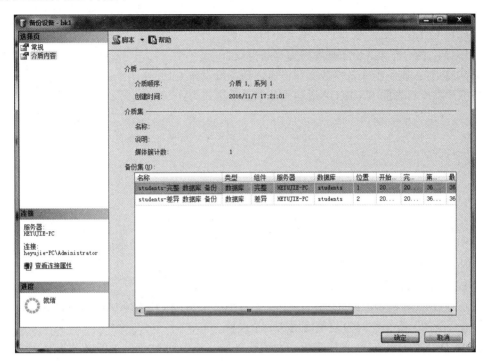

图 14-14　查看备份设备内容

说明：

- 可以在一个备份设备上对同一个数据库进行多次备份，也可以用一个备份设备对不同的数据库进行多次备份。
- 可以将一个数据库的不同备份放置在多个不同的备份设备上。
- 可以同时用多个备份设备共同完成一个数据库的一次备份。这种情况适合于数据库比较大的情况。可以在不同的磁盘驱动器上建立不同的备份设备，然后用这些设备共同完成数据库的备份，使数据库的备份内容均匀地分布在这些备份设备上。将这样的一组备份设备称为一个备份媒体集。

2. 用 T-SQL 语句实现

备份数据库使用的是 BACKUP 语句，该语句分为备份数据库和备份日志两种语法格式。备份数据库的基本语法格式为：

```
BACKUP DATABASE 数据库名
  TO { < 备份设备名 > } | { DISK | TAPE } = { '物理备份文件名' }
  [ WITH
    [ DIFFERENTIAL ]
    [ [ , ] { INIT | NOINIT } ]
  ]
```

各参数含义如下。

- < 备份设备名 >：表示将数据库备份到已创建好的备份设备名上。
- DISK|TAPE：表示将数据库备份到磁盘或磁带；如果是备份到磁盘，则应该输入一个完整的路径和文件名，例如：DISK='D:\Data\MyData.bak'。如果输入一个相对路径名，则备份文件将存储到默认的备份目录：C:\Program Files\Microsoft SQL Server\MSSQL\BACKUP\ 中。
- DIFFERENTIAL：表示进行差异备份。
- INIT：表示本次备份数据库将重写备份设备。
- NOINIT：表示本次备份数据库将追加到备份设备上。

备份数据库日志的 BACKUP 语句的基本语法格式为：

```
BACKUP LOG 数据库名
  TO { < 备份设备名 > } | { DISK | TAPE } = { '物理备份文件名' }
[ WITH
  [ { INIT | NOINIT } ]
  [ { [ , ] NO_LOG | TRUNCATE_ONLY | NO_TRUNCATE } ]
]
```

各参数含义如下。

- NO_LOG 和 TRUNCATE_ONLY：表示备份完日志后要截断不活动的日志。
- NO_TRUNCATE：表示备份完日志后不截断不活动日志。
- 其他选项同备份数据库语句的选项。

注意：在 SQL Server 的未来版本中将删除 NO_LOG 和 TRUNCATE_ONLY 选项，因此我们在进行新的开发工作时应避免使用这两个选项。

例 14-2　对 students 数据库进行一次完整备份，备份到 MyBK_1 备份设备上（假设此备份设备已创建好），并覆盖掉该备份设备上已有的内容。

```
BACKUP DATABASE students TO MyBK_1 WITH INIT
```

例 14-3　对 students 数据库进行一次差异备份，也备份到 MyBK_1 备份设备上，并保留该备份设备上已有的内容。

```
BACKUP DATABASE students TO MyBK_1 WITH DIFFERENTIAL, NOINIT
```

例 14-4　对 students 数据库进行一次事务日志备份，直接备份到 D:\LogData 文件夹下（假设此文件夹已存在）下的 Students_log.bak 文件上。

```
BACKUP LOG students TO DISK = 'D:\LogData\Students_log.bak'
```

14.2　恢复数据库

14.2.1　恢复的顺序

在恢复数据库之前，如果数据库的日志文件没有损坏，为尽可能减少数据丢失，可在恢复之前对数据库进行一次日志备份（称为日志尾部备份）。

备份数据库是按一定的顺序进行的，在恢复数据库时也有一定的顺序关系。恢复数据库的顺序为：

1）恢复最近的完整备份。

2）恢复完整备份之后最后一次差异备份（如果有的话）。

3）按事务日志备份的先后顺序恢复自完整备份或差异备份之后的所有日志备份。

14.2.2 实现恢复

恢复数据库可以用 SSMS 工具实现，也可以用 T-SQL 语句实现。

1. 用 SSMS 工具实现

恢复数据库有两种情况，一种情况是数据库还存在，但其中的数据或其他内容出现了损坏，即在服务器上还存在该数据库；另一种情况是数据库已经完全被损坏或者被删除，即在服务器中已经不存在该数据库了。

下面我们以利用 students 数据库的备份进行恢复为例，说明利用 SSMS 工具实现这两种情况下恢复数据库的过程。

（1）数据库在服务器中存在

在这种情况下，由于数据库基本上没有损坏，因此在进行实际恢复前，应首先对 students 数据库进行一次日志尾部备份，以减少数据丢失。我们假设将 students 数据库的日志尾部备份到 bk2 设备上，执行下述语句实现此功能：

```
BACKUP LOG students TO bk2
```

然后再用 SSMS 工具恢复 students 数据库，步骤如下：

1）以系统管理员身份连接到 SSMS，在对象资源管理器中，在"数据库"（或某个具体数据库名上）右击鼠标，在弹出的菜单中选择"还原数据库"命令，弹出图 14-15 所示的还原数据库窗口。

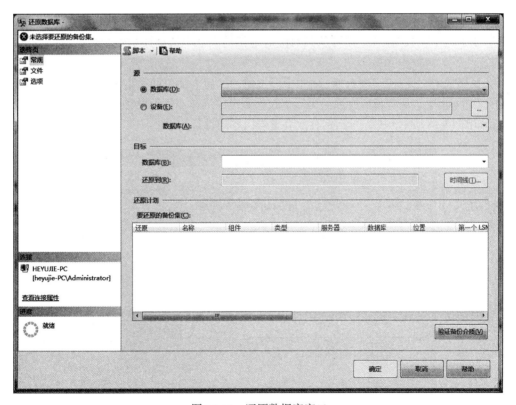

图 14-15　还原数据库窗口

在图 14-15 所示的窗口中，在"目标"部分有两个选项。

①在"数据库"下拉列表框中指定要还原的数据库名。可从下拉列表框中选择要还原的数据库，也可以在这个框中直接输入要还原的数据库名。我们这里选择"students"数据库。

②在"时间线"部分，默认的设置是"最近状态"，表示将数据库还原到损失最小的状态。也可以指定将数据库还原到某个指定的时间点，方法是单击右边的"时间线"按钮，在弹出的"备份时间线"窗口上（如图 14-16 所示），可以指定要还原到的具体日期和时间点。

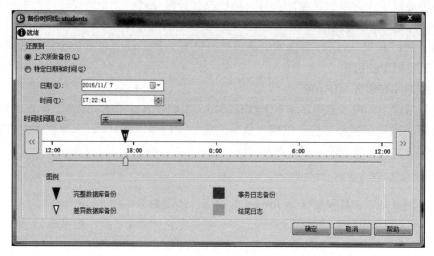

图 14-16   将数据库还原到指定时间点窗口

在图 14-15 所示窗口的"源"部分也有两个选项。

①如果选中"数据库"，则可从其对应的下拉列表框中选择要从哪个数据库的备份进行恢复。

②如果选中"设备"，则可通过单击▢▢按钮，然后在弹出的"指定备份设备"窗口（如图 14-17 所示）中，从"备份介质类型"下拉列表框中选择"备份设备"，在"选择备份设备"窗口（如图 14-18 所示）中，可指定存放有备份内容的设备。

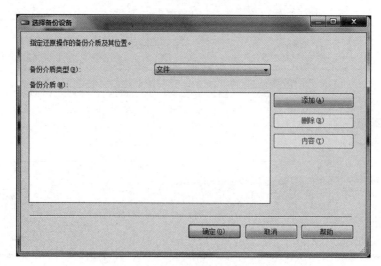

图 14-17   指定还原数据库的备份设备类型

图 14-18 指定还原数据库的备份设备

2）在图 14-15 所示的窗口中，在"源"部分选中"数据库"，并从下拉列表框中选中
"students"。选择好"students"后窗口形式如图 14-19 所示。在窗口下面的"选择用于还原
的备份集"列表框中会列出该数据库的全部备份，利用这些备份可以还原数据库。

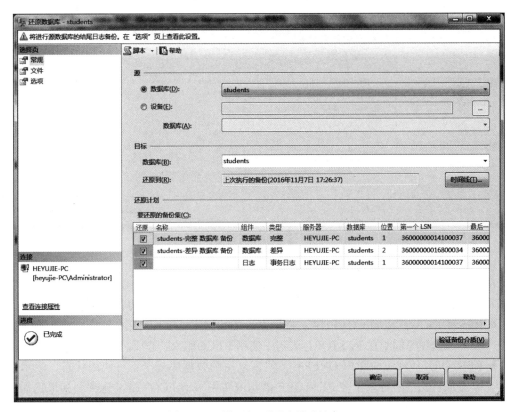

图 14-19 设置好还原选项后的窗口

3）单击图 14-19 所示的窗口中"选择页"部分的"选项"选项，窗口形式如图 14-20 所示。

4）在图 14-20 所示的窗口中，"还原选项"部分各选项的含义如下。

- 覆盖现有数据库：如果服务器中有与被恢复的数据库同名的数据库，则选中该选项将
  覆盖掉服务器中现有的同名数据库。如果服务器中存在与被恢复数据库同名的数据
  库，并且也没有对被恢复的数据库进行日志尾部备份，则在该恢复数据库时，必须选
  中该选项，否则会出现还原错误。
- 保留复制设置：用于复制数据库。将已发布的数据库还原到创建该数据库的服务器之
  外的服务器时，保留复制设置。仅在选择"回滚未提交的事务，使数据库处于可以使

用的状态"选项（将在后面说明）时，此选项才可用。

- 限制访问还原的数据库：使正在还原的数据库仅供具有管理权限的用户使用。

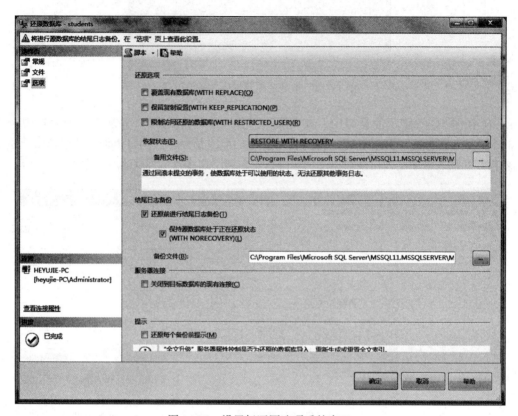

图 14-20　设置好还原选项后的窗口

在"恢复状态"下拉列表框中，有三个选项：RESTORE WITH RECOVERY、RESTORE WITH NORECOVERY 和 RESTORE WITH STANDBY，这三个选项的含义如下。

- RESTORE WITH RECOVERY：使恢复后的数据库处于可使用的状态，表示恢复已完成。此选项等同于在 RESTORE 语句中使用 RECOVERY 选项。
- RESTORE WITH NORECOVERY：使恢复后的数据库处于不可使用状态，表示恢复未完成。此选项等效于在 RESTORE 语句中使用 NORECOVERY 选项。如果选择此选项，"保留复制设置"选项将不可用。
- RESTORE WITH STANDBY：使恢复后的数据库处于备用状态。此选项等效于在 RESTORE 语句中使用 STANDBY 选项。选择此选项需要指定一个备用文件。

我们在此页不进行任何选择。单击"确定"按钮完成还原数据库的操作。

注意：不能对正在使用的数据库进行还原操作，否则会出现错误，错误信息如图 14-21 所示。

如果数据库还原成功，则会弹出一个提示备份已成功完成的窗口，单击"确定"按钮可关闭此窗口。此时数据库还原结束。

（2）数据库在服务器中不存在

为进行这个实验，我们首先执行下述语句删除 students 数据库：

图 14-21　还原正在使用的数据库出现的错误窗口

```
DROP DATABASE students
```

然后利用 students 数据库的备份将其恢复出来。

1）以系统管理员身份连接到 SSMS，在对象资源管理器中，在"数据库"（或某个具体数据库名上）右击鼠标，在弹出的菜单中选择"还原数据库"命令，弹出图 14-15 所示的还原数据库窗口。

2）在图 14-15 所示的窗口中，选中"源"部分的"设备"选项，然后单击"设备"后边对应的 ▣ 按钮，在弹出的"指定设备"窗口中，在"备份媒体"下拉列表框中选择"备份设备"，如图 14-17 所示。然后单击"添加"按钮，在弹出"选择备份设备"窗口（如图 14-18 所示）中，在"备份设备"下拉列表框中指定包含备份内容的备份设备，我们这里指定"bk1"。单击"确定"按钮，关闭"选择备份设备"窗口，回到"指定设备"窗口中，此时该窗口的"备份位置"列表框中会列出指定的备份设备（bk1）。

3）在"指定设备"窗口上再次单击"确定"按钮，回到"还原数据库"窗口，此时该窗口的"选择适用于用户的备份集"列表框中列出了该指定设备上进行的所有备份，我们选中完整备份和差异备份前的"还原"复选框，如图 14-22 所示。

4）单击"确定"按钮，开始还原数据库。还原成功后，在弹出的提示窗口中单击"确定"按钮关闭提示窗口。

此时在 SSMS 的对象资源管理器中就可以看到已还原好的 students 数据库了。通过查看 students 数据库中的内容，可以看到还原操作恢复了 students 数据库中的全部内容。

2. 用 T-SQL 语句实现

恢复数据库和事务日志的 T-SQL 语句分别是 RESTORE DATABASE 和 RESTORE LOG。

RESTORE DATABASE 语句的简化语法格式为：

```
RESTORE DATABASE 数据库名
FROM   备份设备名
[ WITH FILE = 文件号
[ , ] NORECOVERY
[ , ] RECOVERY
]
```

各参数含义如下。

- FILE = 文件号：标识要还原的备份，1 表示备份设备上的第一个备份，2 表示第二个备份。
- NORECOVERY：表明对数据库的恢复操作还没有完成。使用此选项恢复的数据库是不可用的，但可以继续恢复后续的备份。如果没有指明该恢复选项，则默认的选项是RECOVERY。

- RECOVERY：表明对数据库的恢复操作已经完成，使用此选项恢复的数据库是可用的。一般是在恢复数据库的最后一个备份时使用此选项。

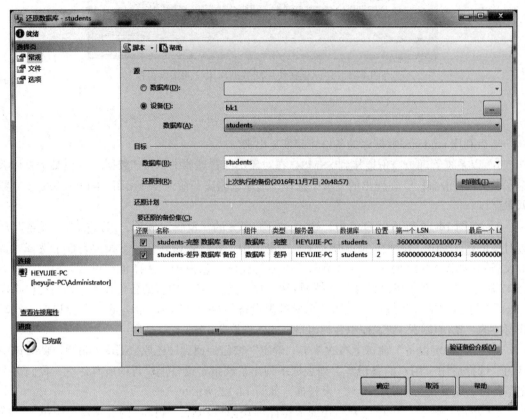

图 14-22   选中要还原的备份内容

恢复日志的 RESTORE 语句与恢复数据库的语句基本相同，其基本语法格式为：

```
RESTORE LOG 数据库名
FROM   备份设备名
    [ WITH FILE = 文件号
    [ , ] NORECOVERY
    [ , ] RECOVERY
    ]
```

其中各选项的含义与 RESTORE DATABASE 语句相同。

例 14-5   假设已将 students 数据库完整备份到 MyBK_1 备份设备上，假设此备份设备只包含 students 数据库的完整备份。则恢复 students 数据库的语句为：

```
RESTORE DATABASE students FROM MyBK_1
```

例 14-6   假设对 Students 数据库进行了如图 14-23 所示的备份过程，假设在最后一个日志备份完成之后的某个时刻系统出现故障，现利用已有的备份对其进行恢复。恢复过程为：

1）首先恢复完整备份：

```
RESTORE DATABASE Students FROM bk1
    WITH FILE=1, NORECOVERY
```

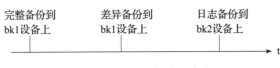

图 14-23　students 数据库的备份过程

2）然后恢复差异备份：

```
RESTORE DATABASE Students FROM bk1
    WITH FILE=2, NORECOVERY
```

3）最后恢复日志备份：

```
RESTORE LOG Students FROM bk2
```

小结

本章介绍了维护数据库中很重要的工作：备份和恢复数据库。SQL Server 2012 支持三种数据库备份方式，即完整备份、差异备份和日志备份。完整备份是将数据库的全部内容均备份下来，对数据库进行的第一个备份必须是完整备份；差异备份是备份数据库中相对完整备份之后对数据库的修改部分；日志备份是备份自前一次备份之后新增的日志内容，而且日志备份要求数据库的恢复模式不能是"简单"模型，因为"简单"恢复模式下，系统会自动清空不活动的日志。完整备份和差异备份均对日志进行备份。数据库的恢复是先从完整备份开始，然后恢复最近的差异备份，最后再按备份的顺序恢复后续的日志备份。在恢复数据库的过程中，如果是手工逐个恢复数据库的备份，则在恢复最后一个备份之前，应保持数据库为不可用状态。SQL Server 支持在备份的同时允许用户访问数据库，但在恢复数据库过程中是不允许用户访问数据库的。

习题

1. 在确定用户数据库的备份周期时，应考虑哪些因素？
2. 对用户数据库和系统数据库分别应该采取什么备份策略？
3. SQL Server 的备份设备是一个独立的物理设备吗？
4. 在创建备份设备时需要指定备份设备占用的空间大小吗？备份设备的空间大小是由什么决定的？
5. SQL Server 2012 提供了几种数据库备份方式？
6. 日志备份对数据库恢复模式有什么要求？
7. 第一次对数据库进行备份时，必须使用哪种备份方式？
8. 差异备份方法备份的是哪段时间的哪些内容？
9. 日志备份方法备份的是哪段时间的哪些内容？
10. 差异备份方法备份数据库日志吗？
11. 恢复数据库时，对恢复的顺序有什么要求？
12. SQL Server 在备份数据库时允许用户访问数据库吗？在恢复数据库时呢？

上机练习

分别用 SSMS 工具和 T-SQL 语句，利用第 5、第 6 章建立的 students 数据库和 Student、Course 和 SC 表，完成下列各操作。

1. 利用 SSMS 工具按顺序完成下列操作。

（1）创建永久备份设备：backup1，backup2。

（2）对 students 数据库进行一次完整备份，并以追加的方式备份到 backup1 设备上。

（3）执行下述语句删除 students 数据库中到 SC 表：

```
DROP TABLE SC
```

（4）利用 backup1 设备上对 students 数据库进行的完整备份，恢复 students 数据库。

（5）查看 SC 表是否被恢复。

2. 利用 SSMS 工具按顺序完成下列操作。

（1）对"students"数据库进行一次完整备份，并以覆盖的方式备份到 backup1 设备上，覆盖掉 backup1 设备上已有的备份内容。

（2）执行下述语句向 Course 表中插入一行新记录：

```
INSERT INTO Course VALUES('C201','离散数学',3,4)
```

（3）将 students 数据库以覆盖的方式差异备份到 backup2 设备上。

（4）执行下述语句删除新插入的记录：

```
DELETE FROM Course WHERE Cno = 'C201'
```

（5）利用 backup1 和 backup2 备份设备对 students 数据库的备份，恢复 students 数据库。完全恢复完成后，在 Course 表中有新插入的记录吗？为什么？

3. 利用 SSMS 工具按顺序完成下列操作。

（1）将 students 数据库的恢复模式设置为"完整"。

（2）对 students 数据库进行一次完整备份，并以覆盖的方式备份到 backup1 设备上。

（3）执行下述语句向 Course 表中插入一行新记录：

```
INSERT INTO Course VALUES('C202','编译原理',5,4)
```

（4）对 students 数据库进行一次差异备份，并以追加的方式备份到 backup1 设备上。

（5）执行下述语句删除新插入的记录：

```
DELETE FROM Course WHERE Cno = 'C202'
```

（6）对 students 数据库进行一次日志备份，并以覆盖的方式备份到 backup2 设备上。

（7）利用 backup1 和 backup2 备份设备恢复 students 数据库，恢复完成后，在 Course 表中有新插入的记录吗？为什么？

4. 利用 T-SQL 语句按顺序完成下列操作。

（1）新建备份设备 back1 和 back2，它们均存放在 D:\BACKUP 文件夹下（假设此文件夹已存在），对应的物理文件名分别为 back1.bak 和 back2.bak。

（2）对 students 数据库进行一次完整备份，以覆盖的方式备份到 back1 上。

（3）删除 SC 表。

（4）对 students 数据库进行一次差异备份，以追加的方式备份到 back1 上。

（5）删除 students 数据库。

（6）利用 back1 备份设备恢复 students 数据库的完整备份，并在恢复完成之后使数据库成为可用状态。

（7）在 SSMS 工具的对象资源管理器中查看是否有 students 数据库？为什么？如果有，展开此数据库中的"表"节点，查看是否有 SC 表？为什么？

（8）再次利用 back1 备份设备恢复 students 数据库，首先恢复完整备份并使恢复后的数据库成为正在恢复状态，然后再恢复差异备份并使恢复后的数据库成为可用状态。

（9）在 SSMS 工具的对象资源管理器中展开 students 数据库和其下的"表"节点，这次是否有 SC 表？为什么？

（10）对 students 数据库进行一次完整备份，直接备份到 D:\BACKUP 文件夹下，备份文件名为 students.bak。

（11）对 students 数据库进行一次事务日志备份，以追加的方式备份到 back2 设备上。

第 15 章　NoSQL 数据库

15.1　NoSQL 简介

NoSQL（Not Only SQL，意即"不仅仅是 SQL"），泛指非关系型数据库。随着互联网 Web 2.0 网站的兴起，传统的关系数据库在应付 Web 2.0 网站，特别是超大规模和高并发的 SNS（Social Network Site，即"社交网站"）类型的 Web 2.0 纯动态网站时已经显得力不从心，暴露了很多难以克服的问题，而非关系型数据库则由于其本身的特点得到了非常迅速的发展。NoSQL 数据库的产生就是为了解决大规模数据集合、多重数据种类带来的挑战，尤其是大数据应用难题。

关系型数据库在处理大规模、高并发数据时存在以下问题。

（1）对数据库高并发读写的需求

Web 2.0 网站要根据用户个性化信息来实时生成动态页面和提供动态信息，所以基本上无法使用动态页面静态化技术，因此数据库并发负载非常高，往往要达到每秒上万次读写请求。关系数据库应付上万次 SQL 查询还勉强顶得住，但是应付上万次 SQL 写数据请求，硬盘 I/O 就无法承受了。

（2）对海量数据的高效率存储和访问的需求

对于大型的 SNS，每天用户产生海量的用户动态，以国外的 Friendfeed 为例，一个月就达到 2.5 亿条用户动态。对于关系数据库来说，在一张 2.5 亿条记录的表里面进行 SQL 查询，效率是极其低下乃至不可忍受的。

（3）对数据库的高可扩展性和高可用性的需求

在基于 Web 的架构当中，数据库是最难进行横向扩展的，当一个应用系统的用户量和访问量与日俱增的时候，关系数据库却没有办法像 Web Server 和 App Server 那样，简单地通过添加更多的硬件和服务节点来扩展性能和负载能力。对于很多需要提供 24 小时不间断服务的网站来说，对数据库系统进行升级和扩展是非常痛苦的事情，往往需要停机维护和数据迁移。

在上面提到的这三个问题面前，关系数据库遇到了难以克服的障碍，而对于 Web 2.0 网站来说，关系数据库的很多主要特性也往往无用武之地。

1）数据库事务一致性需求。很多 Web 实时系统并不要求严格的数据库事务，对读一致性的要求不高，有些场合对写一致性要求也不高。因此数据库事务管理成为数据库高负载下一个沉重的负担。

2）数据库的写实时性和读实时性需求。对关系数据库来说，插入一条数据之后立刻查询，必须能够查询出该新插入的数据。

3）对复杂的 SQL 查询，特别是多表关联查询的需求。任何大数据量的 Web 系统，都非常忌讳多个大表的关联查询，以及复杂的数据分析类型的复杂 SQL 报表查询，特别是 SNS 类型的网站，从需求以及产品设计角度，就避免了这种情况的产生，往往只是单表的主键查询，以及单表的简单条件分页查询，SQL 的功能被极大地弱化了。

因此，关系数据库在越来越多的此类应用场景下显得不那么合适了，而解决这类问题的非关系型数据库应运而生。

NoSQL 是非关系型数据存储的广义定义，它打破了长久以来关系型数据库与 ACID 理论大一统的局面。NoSQL 数据存储不需要固定的表结构，通常也不存在连接操作。在大数据存取上具备关系型数据库无法比拟的性能优势。

NoSQL 并没有一个明确的范围和定义，但是它们都普遍存在如下一些共同特征。

1）不需要预定义模式：不需要事先定义数据模式、预定义表结构。数据中的每条记录都可能有不同的属性和格式。当插入数据时，并不需要预先定义它们的模式。

2）无共享架构：相对于将所有数据存储在存储区域网络中的全共享架构，NoSQL 往往将数据划分后存储在各个本地服务器上。因为从本地磁盘读取数据的性能往往好于通过网络传输读取数据的性能，从而提高了系统的性能。

3）弹性可扩展：可以在系统运行的时候，动态增加或者删除节点。不需要停机维护，数据可以自动迁移。

4）分区：相对于将数据存放在同一个节点，NoSQL 数据库是对数据进行分区，将记录分散在多个节点上。并且通常分区的同时还要复制。这样既提高了并行性能，又能保证没有单点失效的问题。

5）异步复制：与 RAID 存储系统不同的是，NoSQL 中的复制往往是基于日志的异步复制。这样，数据就可以尽快地写入一个节点，而不会因网络传输引起迟延。缺点是并不总是能保证一致性，这样的方式在出现故障时可能会丢失少量的数据。

6）BASE：相对于关系数据库中事务严格的 ACID 特性，NoSQL 数据库保证的是 BASE 特性。BASE 是 ACID 的一种变种，包括如下内容。

① Basic Availability：基本可用。

② Soft-state：软状态 / 柔性事务。可以理解为"无连接"的，而"Hard state"是"面向连接"的。

③ Eventual consistency：最终一致性。最终整个系统（时间和系统的要求有关）看到的数据是一致的。

在 BASE 中，强调可用性的同时引入了"最终一致性"这个概念。与 ACID 不同，BASE 并不需要每个事务都是一致的，只需要整个系统经过一定时间后最终达到一致。比如亚马逊的卖书系统，也许在卖的过程中，每个用户看到的库存数是不一样的，但最终买完后，库存数都为 0。再比如 SNS 网络中，C 更新状态，A 也许 1 分钟后才看到，而 B 甚至 5 分钟后才看到，但最终大家都可以看到这个更新。

从本质上来讲，ACID 强调一致性，而 BASE 强调可用性。

NoSQL 数据库并没有一个统一的架构，两种 NoSQL 数据库之间的不同，甚至远远超过两种关系型数据库的不同。可以说，NoSQL 各有所长，成功的 NoSQL 必然特别适用于某些场合或者某些应用，在这些场合中会远远胜过关系型数据库和其他 NoSQL。

15.2　NoSQL 数据库常见分类

由于 NoSQL 数据库没有明确的定义，因此无法精确地对 NoSQL 数据库进行分类。在现阶段，常用的 NoSQL 数据库根据其存储特点及存储内容可以分为以下四类。

1. 键值（Key-Value）存储数据库

这一类数据库主要会使用到一个散列表。这个表中有一个特定的键和一个指针指向特定的数据。Key-Value 模型对于 IT 系统来说，其优势在于简单、易部署。但是如果 DBA 只对部分值进行查询或更新时，Key-Value 模型就显得效率低下。常见的键值存储数据库包括 Tokyo Cabinet/Tyrant、Redis、Voldemort 和 Oracle BDB 等。

2. 列存储数据库

这种数据库通常是用来应对分布式存储的海量数据。键仍然存在，但是它们的特点是指向了多个列。这些列是由列族来安排的，如 Cassandra、HBase、Riak。

3. 文档型数据库

文档型数据库的灵感来自于 Lotus Notes 办公软件。它与第一种键值存储类似。该类型的数据模型是版本化的文档、半结构化的文档以特定的格式存储，比如 JSON。文档型数据库可以看作键值数据库的升级版，允许之间嵌套键值。而且文档型数据库比键值数据库的查询效率更高。常见的文档型数据库有 CouchDB、MongoDB。

4. 图形（Graph）数据库

图形结构的数据库同其他行列以及刚性结构的 SQL 数据库不同，它使用灵活的图形模型，并且能够扩展到多个服务器上。

15.3   NoSQL 的优缺点

15.3.1   优点

1. 易扩展

NoSQL 数据库种类繁多，但是一个共同的特点是去掉关系数据库的关系型特性。数据之间无关系，这样就非常容易扩展。无形之间也在架构的层面上带来了可扩展的能力。

2. 折叠大数据量，高性能

NoSQL 数据库都具有非常高的读写性能，尤其在大数据量下同样表现优秀。这得益于它的无关系性，数据库的结构简单。一般 MySQL 使用 Query Cache，这是一种大粒度的 Cache，这种方式针对 Web 2.0 的交互频繁的应用，Cache 性能不高。而 NoSQL 的 Cache 是记录级的，是一种细粒度的 Cache，性能高很多。

3. 折叠灵活的数据模型

NoSQL 无需事先为要存储的数据建立字段，它随时可以存储自定义的数据格式。而在关系数据库里，增删字段是一件非常麻烦的事情。如果是非常大的数据量的表，增加字段简直就是一个噩梦。这一点在大数据量的 Web 2.0 时代尤其明显。

4. 折叠高可用

NoSQL 在不太影响性能的情况下，就可以方便地实现高可用的架构。比如 Cassandra、HBase 模型，通过复制模型也能实现高可用。

15.3.2   缺点

NoSQL 并未形成一定标准，各种产品层出不穷，内部混乱，各种项目还需时间来检验。而且，NoSQL 没有正式的官方支持，万一出了差错将是很可怕的。

15.4   目前一些常见的 NoSQL 数据库

15.4.1   Hypertable

Hypertable 是一个开源、高性能、可伸缩的数据库，它采用与 Google 的 BigTable 相似的模型。在过去数年中，Google 为在 PC 集群上运行的可伸缩计算基础设施设计建造了三个关键部分。

第一个关键的基础设施是 Google File System (GFS)。这是一个高可用的文件系统，提供了一个全局的命名空间。它通过跨机器（和跨机架）的文件数据复制来达到高可用性，并因此免受传统文件存储系统无法避免的许多失败的影响，比如电源、内存和网络端口等失败。

第二个基础设施是名为 Map-Reduce 的计算框架。它与 GFS 紧密协作，帮助处理收集到的海量数据。

第三个基础设施是 BigTable，它是传统数据库的替代。BigTable 让用户可以通过一些主键来组织海量数据，并实现高效的查询。Hypertable 是 BigTable 的一个开源实现。

Hypertable 系统的高层结构如图 15-1 所示。

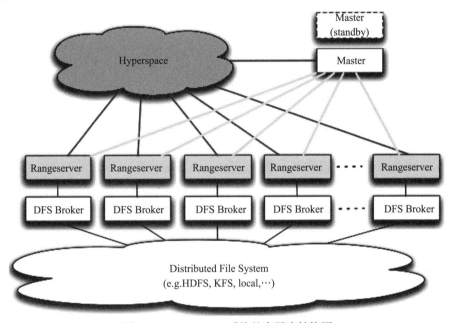

图 15-1　Hypertable 系统的高层次结构图

1）Hyperspace：可以认为是一个文件存储系统，用来存储一些元数据信息，同时提供一些锁的功能。

2）DFS Broker：文件系统抽象层，支持 Hadoop、KFS 或者本地文件系统等。需要运行在 Master 和 RangeServer 上。

3）Master：元数据管理，运行信息采集和 RangeServer 上的失败管理。元数据管理涉及表空间或者表操作，RangeServer 的管理涉及 RangeServer 状态探测和数据迁移。

4）RangeServer：数据中心，负责具体实体数据的读取和写入。这些数据都存放在内存和 DFS 上，因此本身一定程度来说是无状态的。Master 随时可以将其负责的数据职责转移到其他机器上。

Hypertable 的官方下载网址：http://hypertable.org/。

15.4.2　MongoDB

MongoDB 是一个介于关系数据库和非关系数据库之间的产品，是非关系数据库当中功能最丰富、最像关系数据库的。MongoDB 支持的数据结构非常松散，类似 JSON 的 bjson 格式，因此可以存储比较复杂的数据类型。MongoDB 最大的特点是它支持的查询语言非常强大，其语法有点类似于面向对象的查询语言，几乎可以实现类似关系数据库单表查询的绝大部分功能，而且还支持对数据建立索引。

MongoDB 是一个基于分布式文件存储的数据库。由 C++ 语言编写。它主要解决的是海量数据的访问效率问题，为 Web 应用提供可扩展的高性能数据存储解决方案。当数据量达到 50 GB 以上的时候，MongoDB 的数据库访问速度是 MySQL 的 10 倍以上。MongoDB 的并发读写效率不是特别出色，根据官方提供的性能测试表明，大约每秒可以处理 0.5 万 ~ 1.5 万次读写请求。MongoDB 还自带了一个出色的分布式文件系统 GridFS，可以支持海量的数据存储。

MongoDB 服务端可运行在 Linux、Windows 或 OS X 平台，支持 32 位和 64 位应用，默认端口为 27017。推荐运行在 64 位平台，因为 MongoDB 在 32 位模式运行时支持的最大文件尺寸为 2 GB。

MongoDB 集群包括一定数量的 mongod（分片存储数据）、mongos（路由处理）、config server（配置节点）、clients（客户端）、arbiter（仲裁节点：为了选举某个分片存储数据节点为主节点）。

MongoDB 的分布原理如图 15-2 所示。

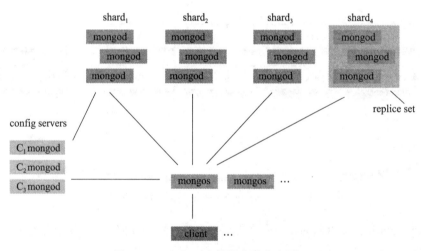

图 15-2　MongoDB 数据库的分布原理

1）shards：一个 shard 为一组 mongod，通常一组为两台，主从或互为主从，这一组 mongod 中的数据是相同的。数据分割按有序分割方式，每个分片上的数据为某一范围的数据块，故可支持指定分片的范围查询，这同 Google 的 BigTable 类似。数据块有指定的最大容量，一旦某个数据块的容量增长到最大容量时，这个数据块会切分为两块；当分片的数据过多时，数据块将被迁移到系统的其他分片中。另外，新的分片加入时，数据块也会迁移。

2）mongos：可以有多个，相当于一个控制中心，负责路由和协调操作，使得集群像一个整体的系统。mongos 可以运行在任何一台服务器上，有些选择放在 shards 服务器上，也有放在 client 服务器上的。mongos 启动时需要从 config servers 上获取基本信息，然后接受 client 端的请求，路由到 shards 服务器上，然后整理返回的结果发回给 client 服务器。

3）config server：存储集群的信息，包括分片和块数据信息。主要存储块数据信息，每个 config server 上都有一份所有块数据信息的拷贝，以保证每台 config server 上的数据的一致性。

MongoDB 官网下载地址：http://www.mongodb.org/。

15.4.3 HBase

HBase（Hadoop Database）是一个分布式的、面向列的开源数据库，该技术来源于 Changetal 所撰写的 Google 论文"BigTable：一个结构化数据的分布式存储系统"。同 BigTable 利用了 Google 文件系统（File System）所提供的分布式数据存储一样，HBase 在 Hadoop 之上提供了类似于 BigTable 的能力。HBase 是 Apache 的 Hadoop 项目的子项目。HBase 不同于一般的关系数据库，它是一个适合于非结构化数据存储的数据库，另一个不同点是 HBase 是基于列而不是基于行的模式。

HBase 是一个高可靠性、高性能、面向列、可伸缩的分布式存储系统，利用 HBase 技术可在廉价 PC Server 上搭建大规模结构化存储集群。HBase 是 Google BigTable 的开源实现，类似 Google BigTable 利用 GFS 作为其文件存储系统，HBase 利用 Hadoop HDFS 作为其文件存储系统；Google 运行 MapReduce 来处理 BigTable 中的海量数据，HBase 同样利用 Hadoop MapReduce 来处理 HBase 中的海量数据；Google BigTable 利用 Chubby 作为协同服务，HBase 利用 Zookeeper 作为对应。

HBase 在 Hadoop 生态系统中的位置如图 15-3 所示。

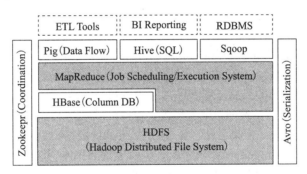

图 15-3　HBase 在 Hadoop 生态系统中的位置

HBase 中的表具有如下特点。

1）大：一个表可以有上亿行、上百万列。

2）面向列：面向列（族）的存储和权限控制，列（族）独立检索。

3）稀疏：对于为空（null）的列，并不占用存储空间，因此，表可以设计得非常稀疏。

HBase 的官方下载地址：http://hbase.apache.org/。

15.4.4 MemcacheDB

MemcacheDB 是一个分布式、Key-Value 形式的持久存储系统。它不是一个缓存组件，而是一个基于对象存取的、可靠的、快速的持久存储引擎。协议跟 Memcache 一致（不完整），所以很多 Memcached 客户端都可以跟它连接。MemcacheDB 采用 Berkeley DB 作为持久存储组件，故很多 Berkeley DB 的特性它都支持。

MemcacheDB 的前端是 Memcached 的网络层，后端是 BerkeleyDB 存储。

写速度：从本地服务器通过 Memcache 客户端 (libmemcache) set 2 亿条 16 字节长的键，10 字节长的值的记录，耗时 16572 秒，平均速度 12000 条记录 / 秒。

读速度：从本地服务器通过 Memcache 客户端 (libmemcache) get100 万条 16 字节长的键，10 字节长的值的记录，耗时 103 秒，平均速度 10000 条记录 / 秒。

MemcacheDB 的官方下载地址：http://memcachedb.org/。

15.4.5　Redis

Redis 是一个 Key-Value 存储系统。与 Memcached 类似，它支持存储的 value 类型更多，包括 string（字符串）、list（链表）、set（集合）和 zset（有序集合）。这些数据类型都支持 push/pop、add/remove 及取交集、并集和差集及其他更丰富的操作，而且这些操作都是原子性的。在此基础上，Redis 支持各种不同方式的排序。与 Memcached 一样，为了保证效率，Redis 的数据都是缓存在内存中。区别是 Redis 会周期性地把更新的数据写入磁盘或者把修改操作写入追加的记录文件，并且在此基础上实现了 master-slave（主从）同步。

Redis 的主要功能特点有：安全性；主从复制；运行异常快；支持 sets（同时也支持 union/diff/inter）；支持列表（同时也支持队列；阻塞式 pop 操作）；支持散列表（带有多个域的对象）；支持排序 sets（高得分表，适用于范围查询）；支持事务；支持将数据设置成过期数据（类似快速缓冲区设计）；Pub/Sub 允许用户实现消息机制。

redis 官方下载地址：http://redis.io/。

15.4.6　Tokyo Cabinet/Tokyo Tyant

Tokyo Cabinet (TC) 和 Tokyo Tyrant (TT) 的开发者是日本人 Mikio Hirabayashi，主要用于日本最大的 SNS 网站 mixi.jp。TC 出现的时间最早，现在已经是一个非常成熟的项目，也是 Key-Value 数据库领域最大的热点，现在广泛应用于网站，是一个高性能的存储引擎。而 TT 提供了多线程高并发服务器，性能也非常出色，每秒可以处理 4 万 ~ 5 万次读写操作。

TC 除了支持 Key-Value 存储之外，还支持 Hashtable 数据类型，因此很像一个简单的数据库表。TC 还支持基于 Column 的条件查询、分页查询和排序功能，基本上相当于支持单表的基础查询功能，所以可以简单地替代关系数据库的很多操作。这也是 TC 受到大家欢迎的主要原因之一。

TC/TT 在 Mixi 的实际应用当中存储了 2000 万条以上的数据，同时支撑了上万个并发连接，是一个久经考验的项目。TC 在保证了极高的并发读写性能的同时，还具有可靠的数据持久化机制，是一个很优越的 NoSQL 数据库。

TC 的主要缺点是，在数据量达到上亿级别以后，并发写数据性能会大幅度下降。开发人员发现在 TC 里面插入 1.6 亿条 2 ~ 20 KB 的数据时，写入性能开始急剧下降。

Tokyo Cabinet/Tokyo Tyant 官方下载地址：http://fallabs.com/tokyocabinet/。

15.4.7　db4o

db4o 是一个开源的纯面向对象数据库引擎。对于 Java 与 .NET 开发者来说它是一个简单易用的对象持久化工具，使用简单。同时，db4o 已经被第三方验证为具有优秀性能的面向对象数据库，db4o 的一个特点就是无需 DBA 的管理，占用资源很小，这很适合嵌入式应用以及 Cache 应用。因此，自从 db4o 发布以来，迅速吸引了大批用户将 db4o 用于各种各样的嵌入式系统，包括流动软件、医疗设备和实时控制系统。

db4o 基于 GPL 协议。db4o 的目标是提供一个功能强大的、适合嵌入的数据库引擎，可以工作在设备、移动产品、桌面以及服务器等各种平台。它的主要特性如下。

1）开源模式。与其他 ODBMS 不同，db4o 为开源软件，通过开源社区的力量驱动开发db4o 产品。

2）原生数据库。db4o 是 100% 原生的面向对象数据库，直接使用编程语言来操作数据库。程序员无需进行 OR 映射来存储对象，大大节省了程序员在存储数据的开发时间。

3）高性能。db4o 官方公布的基准测试数据，db4o 比采用 Hibernate/MySQL 方案在某些测试线路上速度高出 44 倍之多。并且它安装简单，仅仅需要 400KB 左右的 jar 或 dll 库文件。

4）易嵌入。使用 db4o 仅需引入 400 KB 左右的 jar 文件或是 dll 文件，内存消耗极小。

5）零管理。使用 db4o 无需 DBA，实现零管理。

6）支持多种平台。db4o 支持从 Java 1.1 到 Java 5.0，此外还支持 .NET、CompactFramework、Mono 等 .NET 平台，也可以运行在 CDC、PersonalProfile、Symbian、Savaje 以及 Zaurus 中，还可以运行在 CLDC、MIDP、RIM/Blackberry、Palm OS 这种不支持反射的 J2ME 环境中。

15.4.8 Versant

Versant Object Database (V/OD) 提供强大的数据管理，面向 C++、Java 或 .NET 的对象模型，支持大并发和大规模数据集合。

Versant 对象数据库是一个对象数据库管理系统（Object Database Management System, ODBMS），主要被用在复杂的、分布式的和异构的环境中，用来减少开发量和提高性能。尤其当程序是使用 Java 和（或）C++ 语言编写的时候，尤其有用。

Versant 是一个完整的电子基础设施软件，简化了事务的构建和部署的分布式应用程序。

作为一个卓越的数据库产品，Versant ODBMS 在设计时的目标就是满足客户在异类处理平台和企业级信息系统中对于高性能、可量测性、可靠性和兼容性方面的需求。

Versant 对象数据库已经在为企业业务应用提供可靠性、完整性和高性能方面获得了建树，Versant ODBMS 所表现出的高效的多线程架构、内在的并行性（internal parallelism）、平稳的 Client-Server 结构和高效的查询优化，都体现了其非常卓越的性能和可扩展性。

Versant 对象数据库包括 Versant ODBMS、C++ 和 Java 语言接口、XML 工具包和异步复制框架。

Versant Object Database 8.0 适用于应用环境中包含复杂对象模型的数据库，其设计目标是能够处理这些应用经常需要的导航式访问、无缝的数据分发以及企业级的规模。

Versant 的主要特征有：C++、Java 及 .NET 的透明对象持久；支持对象持久标准，如 JDO；跨多数据库的无缝数据分发；企业级的高可用性选项；动态模式更新；管理工作量少（或不需要）；端到端的对象支持架构；细粒度并发控制；多线程，多会话；支持国际字符集；高速数据采集。

Versant 官方下载地址：http://www.versant.com/index.aspx。

15.4.9 CouchDB

Apache CouchDB 是一个面向文档的数据库管理系统。它提供以 JSON 作为数据格式的

REST 接口来对其进行操作，并可以通过视图来操纵文档的组织和呈现。CouchDB 是 Apache 基金会的顶级开源项目。

CouchDB 是用 Erlang 开发的面向文档的数据库系统，其数据存储方式类似 Lucene 的 Index 文件格式。CouchDB 最大的意义在于它是一个面向 Web 应用的新一代存储系统。事实上，CouchDB 的口号就是：下一代的 Web 应用存储系统。

CouchDB 的主要功能特性如下。

1）CouchDB 是分布式数据库，可以把存储系统分布到多台物理的节点上面，并且很好地协调和同步节点之间的数据读写一致性。对于基于 Web 的大规模应用文档应用，这样的分布式可以让它不必像传统的关系数据库那样分库拆表，在应用代码层进行大量的改动。

2）CouchDB 是面向文档的数据库，存储半结构化的数据，比较类似 Lucene 的 index 结构，特别适合存储文档，因此很适合 CMS、电话本、地址本等应用，在这些应用场合，文档数据库要比关系数据库更加方便，性能更好。

3）CouchDB 支持 REST API，可以让用户使用 JavaScript 来操作 CouchDB 数据库，也可以用 JavaScript 编写查询语句。可以想象一下，用 AJAX 技术结合 CouchDB 开发出来的 CMS 系统会是多么的简单和方便。其实 CouchDB 只是 Erlang 应用的冰山一角，在最近几年，基于 Erlang 的应用也得到了蓬勃的发展，特别是在基于 Web 的大规模、分布式应用领域，几乎都是 Erlang 的优势项目。

15.4.10　DynamoDB

DynamoDB 是亚马逊的 Key-Value 模式的存储平台，可用性和扩展性都很好，性能也不错。读写访问中 99.9% 的响应时间都在 300 毫秒内。DynamoDB 的 NoSQL 解决方案，也是使用键/值对存储的模式，并且通过服务器把所有的数据存储在 SSD 上的三个不同的区域。如果有更高的传输需求，DynamoDB 也可以在后台添加更多的服务器。

15.4.11　Cassandra

Cassandra 是一个混合型的非关系数据库，类似于 Google 的 BigTable。其主要功能比 Dynomite（分布式的 Key-Value 存储系统）更丰富，但支持度却不如文档存储 MongoDB。Cassandra 最初由 Facebook 开发，后转变成了开源项目。它是一个网络社交云计算方面理想的数据库。以亚马逊专有的完全分布式的 Dynamo 为基础，结合了 Google BigTable 基于列族（Column Family）的数据模型，P2P 去中心化的存储，可以称之为 Dynamo 2.0。

Cassandra 官方下载地址：http://cassandra.apache.org/。

15.4.12　Flare

TC 是日本第一大 SNS 网站 mixi.jp 开发的，而 Flare 是日本第二大 SNS 网站 green.jp 开发的。简单地说，Flare 就是给 TC 添加了可扩展功能。它替换了 TT 部分，自己另外给 TC 写了网络服务器。Flare 的主要特点是支持可扩展能力。它在网络服务端之前添加了一个 Node Server，用来管理后端的多个服务器节点，因此可以动态添加数据库服务节点、删除服务器节点，也支持 Failover。

Flare 唯一的缺点就是它只支持 Memcached 协议，因此当使用 Flare 的时候，就不能使用 TC 的 table 数据结构了，只能使用 TC 的 Key-Value 数据结构存储。

Flare 官方下载地址：http://flare.prefuse.org/。

15.4.13　Berkeley DB

Berkeley DB 是一个高性能的嵌入数据库编程库，与 C、C++、Java、Perl、Python、PHP 以及其他很多语言都有绑定。Berkeley DB 可以保存任意类型的键 / 值对，而且可以为一个键保存多个数据。Berkeley DB 可以支持数千并发线程同时操作数据库，支持最大 256 TB 的数据，广泛用于各种操作系统，包括大多数 UNIX 类操作系统和 Windows 操作系统以及实时操作系统。

Berkeley DB 官方下载地址：http://www.oracle.com/us/products/database/overview/index. html?origref=http://www.oschina.net/p/berkeley+db。

15.4.14　Memlink

Memlink 是天涯社区开发的一个高性能、持久化、分布式的 Key-list/queue 数据引擎。正如其名称所示，Memlink 的所有数据都建构在内存中，保证了系统的高性能（大约是 Redis 的几倍），同时使用了 redo-log 技术保证数据的持久化。Memlink 还支持主从复制、读写分离、List 过滤操作等功能。

与 Memcached 不同的是，Memlink 的 value 是一个 list/queue，并且提供了诸如持久化、分布式的功能。听起来有点像 Redis，但它在 Redis 的基础上进行了很多改进和完善。提供的客户端开发包包括 C、Python、PHP、Java 四种语言。

Memlink 的特点如下：

1）内存数据引擎，性能极为高效。

2）List 块链结构，精简内存，优化查找效率。

3）Node 数据项可定义，支持多种过滤操作。

4）支持 redo-log，数据持久化，非 Cache 模式。

5）分布式，主从同步。

Memlink 官方下载地址：http://code.google.com/p/memlink/。

15.4.15　BaseX

BaseX 是一个 XML 数据库，用来存储紧缩的 XML 数据，提供高效的 XPath 和 XQuery 的实现，还包括一个前端操作界面。

BaseX 的一个比较显著的优点是有 GUI，界面中有查询窗口，可采用 XQuery 查询相关数据库中的 XML 文件，也有能够动态展示 XML 文件层次和节点关系的图。

与 Xindice 相比，BaseX 更能支持大型 XML 文档的存储；而 Xindice 对大型 XML 没有很好的支持，是为管理中小型文档的集合而设计的。

BaseX 官方下载地址：http://basex.org/。

15.4.16　Neo4j

Neo4j 是一个嵌入式的、基于磁盘的、支持完整事务的 Java 持久化引擎，它在图像中而不是表中存储数据。Neo4j 提供了大规模可扩展性，在一台机器上可以处理数十亿节点 / 关系 / 属性的图像，可以扩展到多台机器并行运行。相对于关系数据库来说，图形数据库善于处理大量复杂、互连接、低结构化的数据，这些数据变化迅速，需要频繁的查询——在关系数据库中，这些查询会导致大量的表连接，因此会产生性能上的问题。Neo4j 重点解决了拥有大量连接的传统 RDBMS 在查询时出现的性能衰退问题。通过围绕图形进行数据建模，Neo4j 会以相同的速度遍历节点与边，其遍历速度与构成图形的数据量没有任何关系。此外，Neo4j 还提供了非常快的图形算法、推荐系统和 OLAP 风格的分析，而这一切在目前的 RDBMS 系统中都是无法实现的。

Neo4j 是一个用 Java 实现、完全兼容 ACID 的图形数据库。数据以一种针对图形网络进行过优化的格式保存在磁盘上。Neo4j 的内核是一种极快的图形引擎，具有数据库产品期望的所有特性，如恢复、两阶段提交、符合 XA 等。

Neo4j 官方下载地址：http://neo4j.org/。

15.4.17　NoSQL Database

Oracle 作为全球最大的关系型数据库提供商，在其产品链条中也加入了 NoSQL 数据库这一环，开发了新的数据库 NoSQL Database。

NoSQL Database 是 Big Data Appliance 的其中一个组件。Big Data Appliance 是一个集成了 Hadoop、NoSQL Database、Oracle 数据库 Hadoop 适配器、Oracle 数据库 Hadoop 装载器及 R 语言的系统。

NoSQL Database 的特征如下：

1）数据模型简单。

2）扩展性强行为可预测性。

3）高可用性。

4）管理与维护简单。

15.5　NoSQL 数据库发展现状及挑战

随着互联网业务的不断发展，NoSQL 数据库的使用也越来越多，不同种类的 NoSQL 数据库也层出不穷。由于 NoSQL 数据库本身是针对某类特定问题提出的，因此在实际使用中，仅仅依靠 NoSQL 数据库可能很难完成用户的所有需求，于是就出现了 NoSQL 数据库和传统关系数据库同时使用的情况。

归结起来，NoSQL 数据库仍然存在如下一些挑战：

1）已有 Key-Value 数据库产品大多是面向特定应用自治构建的，缺乏通用性。

2）已有产品支持的功能有限（不支持事务特性），导致其应用具有一定的局限性。

3）已有一些研究成果和改进的 NoSQL 数据存储系统，但它们都是针对不同应用需求而提出的相应解决方案，如支持组内事务特性、弹性事务等，很少从全局考虑系统的通用性，也没有形成系列化的研究成果。

4）缺乏类似关系数据库所具有的强有力的理论、技术（如成熟的基于启发式的优化策略、两段封锁协议等）、标准规范（如 SQL）的支持。

5）缺乏足够的安全措施，很多数据库都需要采用网络控制等方式进行安全控制。但随着 NoSQL 的发展，越来越多的人开始意识到安全的重要性，部分 NoSQL 产品逐渐开始提供一些安全方面的支持。

小结

NoSQL 数据库泛指非关系型数据库，它是随着互联网 Web 2.0 网站的兴起而产生和发展的。NoSQL 数据库主要是为解决大规模数据集合、多重数据种类带来的挑战，尤其是大数据应用难题。NoSQL 数据库具有易扩展、高性能的特点，特别适用于大型数据库和非结构化数据。但目前 NoSQL 尚未形成官方标准，还需要进一步的发展和完善。

习题

1. NoSQL 数据库指的是什么类型的数据库？
2. NoSQL 数据库根据其存储特点及存储内容可以分为几类？分别是什么？
3. NoSQL 数据库的优点有哪些？

附录 数据库分析与设计示例

本附录通过一个具体的示例来说明数据库应用系统的设计过程，使读者对数据库及其应用开发有一个更真切的理解。

A.1 需求说明

假设要实现一个简化的教学管理系统，此教学管理系统中只涉及对学生、课程和教师的管理，要求能够记录学生的选课情况、教师的授课情况以及学生、课程、教师的基本信息。该系统的业务要求为：

1）一门课程可以同时由多名教师讲授。

2）一名教师可以讲授多门课程，但在同一个学期对一门课程只能讲授一次。

3）一名学生可以同时选修多门课程，而且可以在不同学期对同一门课程选修多次，但不能在同一个学期选修多次。

4）一门课程可以被多名学生选修。

5）对学生选课情况，要记录每个学生在哪个学年哪个学期选了哪些课程，学年用年份表示，学期取值为 {1，2}，1 表示上半年学期，2 表示下半年学期。同时要记录每个学生每门课程的平时成绩、考试成绩和总评成绩。如果是第 1 次考试（正常考试），则总评成绩 = 平时成绩 × 平时成绩比例 + 考试成绩 × 考试成绩比例；如果是补考，则平时成绩不计，只需录入考试成绩，而且总评成绩即为考试成绩。

6）一个学生对一门课程最多有 3 次考试机会，第 1 次为正常考试，以后两次为补考。对正常考试，要求记录平时成绩、考试成绩和总评成绩；对补考，只需记录考试成绩。

7）在录入学生考试成绩时，如果是首次考试，则要求系统自动将考试次数置为 1，对以后考试成绩的录入，要求系统自动将考试次数加 1，但最终不能超过 3。

8）对教师授课情况，要记录教师在每个学年和学期对每一门课程的授课时数、授课类别，其中授课类别为：主讲、辅导和带实验。一个教师对同一门课程可以同时担任主讲、辅导和带实验的工作。

该系统的基本信息包括：

1）学生基本信息：学号，姓名，性别，所在系，专业，班号。

2）课程基本信息：课程号，课程名，学分，开课学期，课程性质，考试性质，授课时数，实践时数，平时成绩比例。其中课程性质为必修、选修；考试性质为考试、考查；学分为 1 ~ 8 范围的整数；开课学期为 1 ~ 12 范围的整数；授课时数和实践时数为小于或等于 68 的正整数；平时成绩比例的取值为 0 ~ 1 的定点小数，小数点后保留 1 位。

3）教师基本信息：教师号，教师名，性别，职称，学历，出生日期，所在部门。其中学历为本科、硕士、博士、博士后，职称为助教、讲师、副教授、教授。

除了上述要求外，该系统还需要产生如下报表：

1）学生选课情况报表：每个学期开学初以班为单位生成一份该学年和学期某班学生的选

课情况表，内容包括班号、学号、姓名、课程名。

2）学生考试成绩报表：每个学期结束时以班为单位生成一份该学年和学期某班学生的正常考试成绩表，内容包括班号、学号、姓名、课程名和总评成绩。

3）教师授课报表：每个学期在确定好教师授课任务后以部门为单位生成一份该学年和学期某部门的教师授课情况表，内容包括部门名、教师名、授课学年、授课学期、授课课程名、授课类别、授课时数、辅导时数、带实验时数。

4）学生累计修课总学分及累计补考门次报表：每学期考试结束后，以班为单位生成一份学生累计修课总学分和累计补考门次报表，内容包括班号、学号、姓名、累计总学分、累计补考门次。如果一门课程补考过 2 次，则补考门次为 2。

A.2 数据库结构设计

A.2.1 概念结构设计

概念结构设计是根据需求分析的结果产生概念结构设计的 E-R 模型。由于这个系统比较简单，因此这里采用自顶向下的设计方法。自顶向下设计的关键是首先要确定系统的核心活动。所谓核心活动就是系统中的其他活动都要围绕这个活动展开或与此活动密切相关。确定了核心活动之后，系统就有了可扩展的余地。对于这个教学管理系统，其核心活动是课程，学生与课程之间是通过学生选课发生联系的，教师与课程之间是通过教师授课发生联系的。至此，此系统包含的实体有：

- 课程：用于描述课程的基本信息，由课程号标识。
- 学生：用于描述学生的基本信息，由学号标识。
- 教师：用于描述教师的基本信息，由教师号标识。

由于一名学生可以选修多门课程，并且一门课程可以被多个学生选修，因此，学生和课程之间是多对多的联系。又由于一门课程可由多名教师讲授，而且一名教师可以讲授多门课程，因此，教师和课程之间也是多对多联系。

其基本 E-R 模型如图 A-1 所示。

图 A-1   教学管理系统的基本 E-R 图

如果实体的属性比较多，则在构建 E-R 模型时不一定把所有的属性都标识在 E-R 模型上，可以另外用文字说明，这样也使得 E-R 模型简明清晰，便于分析。

该 E-R 模型中各实体所包含的基本属性如下：

- 学生：学号，姓名，性别，所在系，专业，班号。
- 课程：课程号，课程名，学分，开课学期，课程性质，考试性质，授课时数，实践时数，平时成绩比例。
- 教师：教师号，教师名，性别，职称，学历，出生日期，所在部门。

各联系应具有的基本属性为：

- 选课：选课学年，选课学期，考试次数，平时成绩，考试成绩，总评成绩。
- 授课：学年，学期，授课时数，辅导时数，带实验时数。

A.2.2 逻辑结构设计

1. 设计关系模式

有了基本 E-R 模型之后，下一步就可以进行逻辑结构设计了，也就是设计关系模式。设计关系模式主要是从 E-R 模型出发，根据转换规则将其直接转换为关系模式。根据第 10 章数据库设计中介绍的转换规则，这个 E-R 模型转换出的关系模式如下（其中主键用下划线标识）：

1）学生（<u>学号</u>，姓名，性别，所在系，专业，班号）。

2）课程（<u>课程号</u>，课程名，学分，开课学期，课程性质，考试性质，授课时数，实践时数，平时成绩比例）。

3）教师（<u>教师号</u>，教师名，性别，职称，学历，出生日期，所在部门）。

4）选课（<u>学号</u>，<u>课程号</u>，<u>选课学年</u>，<u>选课学期</u>，考试次数，平时成绩，考试成绩，总评成绩），其中学号为引用"学生"关系模式的外键，课程号为引用"课程"关系模式的外码。

5）授课（<u>课程号</u>，<u>教师号</u>，<u>学年</u>，<u>学期</u>，授课时数，辅导时数，带实验时数），课程号为引用"课程"关系模式的外键，教师号为引用"教师"关系模式的外键。

（1）确定各关系模式是否是第三范式的

在将 E-R 图转换为关系模式之后，首先需要分析各关系模式是否符合第三范式的要求，如果不符合，则需要将其分解为符合第三范式要求的。

经过分析发现，在"学生"、"课程"、"教师"和"授课"四个关系模式中，都不存在部分依赖和传递依赖关系，因此都属于第三范式。

现在分析"选课"关系模式，根据需求分析中的要求：一个学生对同一门课程能够有多次考试，该关系模式存在下列函数依赖：

1）（学号，课程号，考试次数）→平时成绩

2）（学号，课程号，考试次数）→考试成绩

3）（学号，课程号，考试次数）→总评成绩

因此平时成绩、考试成绩和总评成绩与学生的选课学年和选课学期无关，存在部分函数依赖关系，需要对该关系模式进行进一步的分解，分解为如下两个关系模式：

- 选课（<u>学号</u>，<u>课程号</u>，<u>选课学年</u>，<u>选课学期</u>）
- 成绩（<u>学号</u>，<u>课程号</u>，<u>考试次数</u>，平时成绩，考试成绩，总评成绩）

这两个关系模式都是第三范式的。

（2）确定信息的完整性

确定好关系模式的结构之后，接下来需要分析一下这些关系模式是否满足生成报表的信息需求。

该教学管理系统要产生学生选课情况、学生考试成绩、学生累计修课总学分及累计补考门次和教师授课四个报表，分别分析如下：

- "学生选课情况报表"，内容包括班号、学号、姓名、课程名。其中的"班号"、"学号"、"姓名"可由"学生"关系模式得到，"课程名"可由"课程"关系模式得到。
- "学生考试成绩报表"，内容包括班号、学号、姓名、课程名、总评成绩，这些信息可从"学生"、"课程"和"成绩"三个关系模式得到。
- "教师授课报表"，内容包括部门名、教师名、授课学年、授课学期、授课课程名、授课类别、授课时数、辅导时数、带实验时数。其中"部门名"、"教师名"可从"教师"

关系模式得到，"授课时数"、"辅导时数"和"带实验时数"可从"授课"关系模式
得到，"授课课程名"可根据"授课"关系模式中的课程号，从"课程"关系模式中
得到。

- "学生累计修课总学分及累计补考门次报表"，内容包括班号、学号、姓名、累计总学
  分、累计补考门次。其中"学号"、"姓名"、"班号"可从"学生"关系模式得到，而
  "总学分"虽然在所有关系模式中都没有，但这个信息可以根据学生选的课程，从"课
  程"关系模式中的"学分"累计得到。"累计补考门次"信息可从"成绩"关系模式中
  得到（根据学号，统计该学生考试次数大于 0 的行数）。

因此，所设计的关系模式满足所有报表的信息要求。

至此，关系模式设计完毕，共设计了如下几个关系模式：

1）学生（学号，姓名，性别，所在系，专业，班号）。

2）课程（课程号，课程名，学分，开课学期，课程性质，考试性质，授课时数，实践时
数，平时成绩比例）。

3）教师（教师号，教师名，性别，职称，学历，出生日期，所在部门）。

4）选课（学号，课程号，选课学年，选课学期），学号为引用学生的外键，课程号为引
用课程的外键。

5）成绩（学号，课程号，考试次数，平时成绩，考试成绩，总评成绩），学号为引用学
生的外键，课程号为引用课程的外键。

6）授课（课程号，教师号，学年，学期，授课时数，辅导时数，带实验时数），课程号
为引用课程的外键，教师号为引用教师的外键。

下面给出创建这些表的 SQL 语句示例，其中的数据类型可根据实际情况调整，为方便理
解，表名、列名均用中文表示。

```
CREATE TABLE 学生表 (
    学号    char(8) PRIMARY KEY,
    姓名    char(8),
    性别    char(2) CHECK (性别 IN ('男','女')),
    所在系  char(20),
    专业    char(20),
    班号    char(6)
)
CREATE TABLE 课程表 (
    课程号          char(10) PRIMARY KEY,
    课程名          varchar(30) NOT NULL,
    学分            tinyint CHECK( 学分 BETWEEN 1 AND 8),
    开课学期        tinyint CHECK (开课学期 BETWEEN 1 AND 12),
    课程性质        char(4) CHECK (课程性质 IN('必修','选修')),
    考试性质        char(4) CHECK (考试性质 IN('考试','考查')),
    授课时数        tinyint CHECK (授课时数 <= 68),
    实践时数        tinyint CHECK (实践时数 <= 68),
    平时成绩比例    numeric(1,1))

CREATE TABLE 教师表 (
    教师号  char(10) PRIMARY KEY,
    教师名  char(8) NOT NULL,
    性别    char(2) CHECK (性别 IN ('男','女')),
    职称    char(6) CHECK (职称 IN ('助教','讲师','副教授','教授')),
```

```
    学历        char(6) CHECK（学历 IN（'本科','硕士','博士','博士后')),
    出生日期    smalldatetime,
    所在部门    varchar(30))

CREATE TABLE 选课表（
    学号        char(8) NOT NULL,
    课程号      char(10) NOT NULL,
    选课学年    char(4),
    选课学期    char(1) CHECK（选课学期 LIKE '[12]'),
    PRIMARY KEY（学号，课程号，选课学年，选课学期），
    FOREIGN KEY（学号）REFERENCES 学生表（学号），
    FOREIGN KEY（课程号）REFERENCES 课程表（课程号））

CREATE TABLE 成绩表（
    学号        char(8),
    课程号      char(10),
    考试次数    tinyint CHECK（考试次数 BETWEEN 1 AND 3),
    平时成绩    tinyint,
    考试成绩    tinyint,
    总评成绩    tinyint,
    PRIMARY KEY（学号，课程号），
    FOREIGN KEY（学号）REFERENCES 学生表（学号），
    FOREIGN KEY（课程号）REFERENCES 课程表（课程号））

CREATE TABLE 授课表（
    课程号      char(10) NOT NULL,
    教师号      char(10) NOT NULL,
    学年        char(4),
    学期        tinyint,
    主讲时数    tinyint,
    辅导时数    tinyint,
    带实验时数  tinyint,
    PRIMARY KEY（课程号，教师号，学年，学期），
    FOREIGN KEY（课程号）REFERENCES 课程表（课程号），
    FOREIGN KEY（教师号）REFERENCES 教师表（教师号））
```

2. 设计外模式

在数据库应用系统中，用户需要产生大量的报表，而报表的内容均来自数据库中的关系模式。我们可以将报表看成满足不同用户需求的外模式，而且在实际实现中，报表也常常用外模式来定义。在设计关系模式阶段我们已经确定了教学管理系统所包含的全部关系模式的结构，并且这些关系模式能够满足生成报表的需求。因此在设计外模式阶段，应该确定各报表的生成方法。

（1）学生选课情况报表

由于要在每个学期开学初以班为单位生成一份该学年和学期某班学生的选课情况表，因此，用定义视图的方法就不太合适。因为视图没有设置参数的功能，而该报表的内容是某个指定学年和学期的，是动态条件的查询，而视图本身并不支持动态条件的查询。因此，我们用类似于带参数视图的内联表值函数来生成该报表，将学年、学期和班号作为输入参数。代码如下：

```
CREATE FUNCTION dbo.f_SnoCno(@xn char(4),@xq chr(1),@bh char(6))
    RETURNS TABLE
```

```
AS
  RETURN (
    SELECT 班号，S.学号，姓名，课程名
      FROM 学生表 S JOIN 选课表 SC ON S.学号 = SC.学号
      JOIN 课程表 C ON C.课程号 = SC.课程号
      WHERE 选课学年 = @xn  AND 选课学期 = @xq AND 班号 = @bh )
```

（2）学生考试成绩报表

该报表要求每个学期结束时以班为单位生成，并且是生成指定学年和学期中指定班学生的正常考试成绩表（考试次数为1）。学年、学期、班号应作为输入参数，因此应该用内联表值函数实现。代码如下：

```
CREATE FUNCTION dbo.f_StudentGrade(@xn char(4),@xq char(1),@bh char(6))
  RETURNS TABLE
AS
  RETURN (
    SELECT 班号，S.学号，姓名，课程名，总评成绩
      FROM 学生表 S JOIN 成绩表 G ON S.学号 = G.学号
      JOIN 课程表 C ON C.课程号 = G.课程号
      JOIN 选课表 SC ON SC.课程号 = G.课程号 AND SC.学号 = G.学号
        WHERE 考试次数 = 1 AND 选课学年 = @xn
          AND 选课学期 = @xq AND 班号 = @bh )
```

（3）教师授课报表

该报表是每个学期在确定好教师授课任务后以部门为单位生成的报表。学期、学年以及部门名都应该作为输入参数，因此也适合用内联表值函数实现。代码如下：

```
CREATE FUNCTION dbo.f_Teaching(@xn char(4),@xq char(1),@bm varchar(30))
  RETURNS TABLE
AS
  RETURN (
    SELECT 所在部门 as 部门名，教师名，学年 as 授课学年，学期 as 授课学期，
        课程名 as 授课课程名，授课时数，辅导时数，带实验时数
      FROM 教师表 T JOIN 授课表 S ON T.教师号 = S.教师号
      JOIN 课程表 C ON C.课程号 = S.课程号
      WHERE 学年 = @xn AND 学期 = @xq AND 所在部门 = @bm )
```

（4）学生累计修课总学分及累计补考门次报表

该报表是以班为单位，生成一份学生修课总学分和累计补考门次报表，输入参数为班号。

由于该报表的"累计修课总学分"需要根据每个学生的学号累计得到，因此需要用到分组子句，若将查询语句写为

```
SELECT 班号，学生表.学号，姓名，总学分 = SUM(学分)
  FROM 学生表 JOIN 成绩表 ON 学生表.学号 = 成绩表.学号
    JOIN 课程表 ON 课程表.课程号 = 成绩表.课程号
  WHERE 总评成绩 >= 60
GROUP BY 学生表.学号
```

则是错误的，因为我们在第6章已经介绍过，当使用分组语句时，查询列表中只能是分组依据列和统计函数，因此该语句无法执行。对累计补考门次也是同样的道理。

为此，我们分如下几个步骤来实现该报表：

1）定义统计每个学生的累计修课总学分的视图，语句如下：

```
CREATE VIEW v_SumCredit(学号，总学分)
AS
   SELECT S.学号，SUM(学分)
     FROM 学生表 S JOIN 成绩表 G ON S.学号 = G.学号
     JOIN 课程表 C ON C.课程号 = G.课程号
     WHERE 总评成绩 >= 60
   GROUP BY S.学号
```

2）定义统计每个学生的累计补考门次的视图，语句如下：

```
CREATE VIEW v_Count(学号，补考门次)
AS
   SELECT S.学号，COUNT(*)
     FROM 学生表 S JOIN 成绩表 G ON S.学号 = G.学号
     WHERE 考试次数 > 1
     GROUP BY S.学号
```

3）利用（1）、（2）生成的视图，定义生成该报表的内联表值函数，语句如下：

```
CREATE FUNCTION dbo.f_Report(@bh varchar(6))
   RETURNS TABLE
AS
   RETURN (
     SELECT 班号，S.学号，姓名，累计总学分 = 总学分，累计补考门次 = 补考门次
       FROM 学生表 S JOIN v_SumCredit V1 ON S.学号 = V1.学号
       JOIN v_Count V2 ON S.学号 = V2.学号 )
```

A.2.3 实现

1. 考试次数的实现

在需求分析中要求在录入学生考试成绩时，如果是首次考试，则要求系统自动将考试次数置为 1，而对以后考试成绩的录入，要求系统自动将考试次数加 1，但最终不能超过 3。

实现基本思路为：如果是首次录入考试成绩，则修改考试次数的值为 1，如果某学生对某门课程已有考试成绩，则新录入的考试成绩对应的考试次数为该学生该门课程的最大考试次数加 1（但不能超过 3）。这可用触发器实现，具体代码如下：

```
CREATE TRIGGER tri_UpdateTimes
   ON 成绩表 FOR insert
AS
   declare @cs int
   IF (SELECT COUNT(*) FROM 成绩表              -- 如果是第 1 次考试成绩
         WHERE 学号 IN (SELECT 学号 FROM INSERTED)
         AND 课程号 IN (SELECT 课程号 FROM INSERTED))= 1
     UPDATE 成绩表 SET 考试次数 = 1
       WHERE 学号 IN (SELECT 学号 FROM INSERTED)
       AND 课程号 IN (SELECT 课程号 FROM INSERTED)
   ELSE            -- 如果不是第 1 次考试成绩
   BEGIN
     SELECT @cs = MAX(考试次数) FROM 成绩表       -- 取最大考试次数
       WHERE 学号 IN (SELECT 学号 FROM INSERTED)
       AND 课程号 IN (SELECT 课程号 FROM INSERTED)
     -- 修改考试次数
     IF @cs < 3
     UPDATE 成绩表 SET 考试次数 = @cs + 1
```

```
      WHERE 学号 IN (SELECT 学号 FROM INSERTED)
  AND 课程号 IN (SELECT 课程号 FROM INSERTED)
END
```

2. 总评成绩的实现

在需求分析中，已说明学生的总评成绩按考试性质的不同而处理方法不同。如果是正常考试，则总评成绩＝平时成绩 × 平时成绩比例＋考试成绩 × 考试成绩比例；如果是补考，则平时成绩不计，只需录入考试成绩，且总评成绩即为考试成绩。因此，应根据考试次数来处理总评成绩。这种维护数据一致性的要求用触发器实现比较合适。具体代码如下：

```
CREATE TRIGGER tri_FinalGrade
  ON 成绩表 FOR insert
AS
  UPDATE 成绩表 SET 总评成绩 = CASE
    WHEN 考试次数 = 1 THEN 平时成绩 * 平时成绩比例 +
                              考试成绩 * (1 - 平时成绩比例)
    ELSE 考试成绩
    END
    FROM 成绩表 a JOIN 课程表 b ON a.课程号 = b.课程号
    WHERE 学号 IN (SELECT 学号 FROM INSERTED)
      AND a.课程号 IN (SELECT 课程号 FROM INSERTED)
```

A.3 数据库行为设计

对于数据库应用系统来说，最常用的功能是安全控制功能，数据的增、删、改、查功能以及生成报表的功能。本系统也应包含这些基本的操作。

A.3.1 安全控制

任何数据库应用系统都需要安全控制功能，这个教学管理系统也不例外。假设将系统的用户分为如下几类：

- 系统管理员：具有系统的全部权限。
- 教务部门：具有对学生基本数据、课程基本数据和教师授课数据的维护权。
- 人事部门：具有对教师基本数据的维护权。
- 各个系：具有对学生的选课情况的维护权。
- 普通用户：具有对数据的查询权。

在实现时，将每一类用户定义为一个角色，这样在授权时只需对角色授权，而无需对每个具体的用户授权。

A.3.2 数据操作功能

数据操作功能包括对这些数据的录入、删除、修改、查询功能。具体如下：

（1）数据录入

包括对这 6 张表数据的录入，只有具有相应权限的用户才能录入相应表中的数据。

（2）数据删除

包括对这 6 张表数据的删除，只有具有相应权限的用户才能删除相应表中的数据。数据的删除要注意表之间的关联关系，比如当某个学生退学时，在删除学生表中的数据之前，应先删除该学生在选课表和成绩表中的信息，然后再在学生表中删除该学生，以保证不违反参照完整性约束。另外，在实际执行删除操作之前应该提醒用户是否真的要删除数据，以免发生误操作。

（3）数据修改

当某些数据发生变化或某些数据录入不正确时，应该允许用户对数据库中的数据进行修改。修改数据的操作一般是先根据一定的条件查询出要修改的记录，然后再对其中的某些记录进行修改，修改完成后再写回到数据库中。与数据的录入与删除一样，只有具有相应权限的用户才能修改相应表中的数据。

（4）数据查询

在数据库应用系统中，数据查询是最常用的功能。数据查询应根据用户提出的查询条件进行，在设计系统时应首先征求用户的查询需求，然后根据这些查询需求整理出系统应具有的查询功能。一般允许所有使用数据库的人都具有查询数据的权限。本系统提出的查询要求主要有：

- 根据系、专业、班等信息查询学生的基本信息。
- 根据学期查询课程的基本信息。
- 根据部门查询教师的基本信息。
- 根据班号查询学生在当前学期和学年的选课情况。
- 根据班号查询学生在当前学期和学年的考试情况。
- 根据课程查询当前学期和学年学生的选课及考试情况。
- 根据部门、职称查询教师的授课情况。
- 统计每个部门的各种职称的教师人数。
- 统计当前学期和学年每门课程的选课人数。
- 按班统计当前学期和学年每个学生的考试平均成绩。
- 按班统计每个班考试平均成绩最高的前三名学生。

这些查询均可通过存储过程实现，具体代码省略。

参考文献

［1］ 马俊，袁暋 . SQL Server 2012 数据库管理与开发［M］. 北京：人民邮电出版社，2016.

［2］ Adam Jorgensen, 等 . SQL Server 2012 管理高级教程（原书第 2 版）［M］. 宋沄剑，曹仰杰，译 . 北京：清华大学出版社，2013.

［3］ 王珊 . 数据库系统概论［M］. 4 版 . 北京：高等教育出版社，2006.

［4］ 王能斌 . 数据库系统原理［M］. 北京：电子工业出版社，2000.

［5］ Patrick O'Neil, Elizabeth O'Neil. 数据库原理、编程与性能（原书第 2 版）［M］. 周傲英，俞荣华，季文赟，等译 . 北京：机械工业出版社，2005.

［6］ 徐保民，孙丽君，李爱萍 . 数据库原理与应用［M］. 北京：人民邮电出版社，2008.

［7］ S K Singh. 数据库系统概念、设计及应用［M］. 何玉洁，王晓波，车蕾，等译 . 北京：机械工业出版社，2010.

［8］ Dan Sullivan. NoSQL 实践指南：基本原则、设计准则及实用技巧［M］. 爱飞翔，译 . 北京：机械工业出版社，2016.

数据挖掘与商务分析：R语言

作者：约翰尼斯·莱道尔特 ISBN: 978-7-111-54940-6 定价：69.00元

统计学习导论——基于R应用

作者：加雷斯·詹姆斯 等 ISBN: 978-7-111-49771-4 定价：79.00元

数据科学：理论、方法与R语言实践

作者：尼娜·朱梅尔 等 ISBN: 978-7-111-52926-2 定价：69.00元

商务智能：数据分析的管理视角（原书第3版）

作者：拉姆什·沙尔达 等 ISBN: 978-7-111-49439-3 定价：69.00元